Sitzungsberichte
der Heidelberger Akademie der Wissenschaften
Mathematisch-naturwissenschaftliche Klasse
Jahrgang 1965, 1. Abhandlung

Revision der europäischen Amphicyoninae
(Canidae, Carnivora, Mamm.) ausschließlich der voroberstampischen Formen

Von

Siegfried E. Kuss, Freiburg/Br.

Mit 90 Abbildungen im Text und 3 Tafeln

(Vorgelegt in der Sitzung vom 30. Mai 1964)

Heidelberg 1965
Springer-Verlag

ISBN-13: 978-3-540-03399-8 e-ISBN-13: 978-3-642-99886-7
DOI: 10.1007/978-3-642-99886-7

Dem Andenken an meinen Lehrer

Ludwig Rüger

† 15. 5. 1955

Revision der europäischen Amphicyoninae (Canidae, Carnivora, Mamm.) ausschließlich der voroberstampischen Formen

Von

Siegfried E. Kuss, Freiburg/Br.

Mit 90 Abbildungen im Text und 3 Tafeln

Inhalt

I. Vorwort

Vorliegende Arbeit wäre ohne die wohlwollende und vielfältige Unterstützung zahlreicher aus- und inländischer Fachkollegen nicht durchführbar gewesen. Dafür bedanke ich mich herzlichst bei den Damen: Mlle. R. CINTRACT (Paris), Dr. M. MOTTL (Graz), Dr. TH. Prinzessin zu OETTINGEN-SPIELBERG (München), Museumsdirektorin Mlle. C. SUDRE (Toulouse) und Mme. Prof. Dr. TAXY-FABRE (Marseille). Ebenso danke ich den Herren: Dr. ADAM (Stuttgart), Prof. Dr. ASTRE (Toulouse), Prof. Dr. AUGUSTA (Prag), Prof. Dr. BACHMAYER (Wien), Prof. Dr. CORROY (Marseille), Prof. Dr. CRUSAFONT PAIRO (Sabadell), Prof. Dr. DEHM (München), Dr. FISCHER (seinerzeit Halle), Dr. FORCART (Basel), Dr. GINSBURG (Paris), Prof. Dr. HÖLDER (seinerzeit Tübingen), Prof. Dr. KÜPPER (Wien), Abbé Prof. Dr. LAVOCAT (Paris), Prof. Dr. LEHMAN (Paris), Dr. PAULUS (Marseille), Dr. RÖSLER (seinerzeit Heidelberg), Prof. Dr. SOUGY (Orléans), Dr. THALER (Montpellier), Prof. Dr. TOBIEN (Darmstadt), Prof. Dr. VIRET (Lyon), Dr. WEISMANTEL (Mainz) und Prof. Dr. ZAPFE (Wien).

Besonders hervorheben möchte ich meine Dankesschuld gegenüber den benachbarten Baseler Kollegen Prof. Dr. HÜRZELER und Dr. SCHAEFER, die meine zahlreichen Material- und Literaturwünsche unter erheblichen persönlichen Opfern an Zeit und Mühe immer wieder auf das freundlichste zu erfüllen bemüht waren.

Materiell unterstützten mich bei Durchführung erforderlicher Studienreisen die DEUTSCHE FORSCHUNGSGEMEINSCHAFT unter ihrem Präsidenten Prof. Dr. HESS, die WISSENSCHAFTLICHE GESELLSCHAFT IN FREIBURG unter ihrem Präsidenten Prof. Dr. JANSSEN und der NATURKUNDLICHE VEREIN in Karlsruhe unter dem Vorsitz von Prof. Dr. OBERDORFER. Ihnen gilt in gleicher Weise mein herzlicher Dank.

Schließlich habe ich zu danken der HEIDELBERGER AKADEMIE DER WISSENSCHAFTEN unter ihrem Präsidenten Prof. Dr. REICKE für die Drucklegung der Arbeit, sowie meinem Institutsdirektor, Herrn Prof. Dr. Dr. M. PFANNENSTIEL, Mitglied der Heidelberger Akademie, der die Arbeit bei der Akademie zum Druck vorschlug.

II. Einleitung

Bei meinen Aufsammlungen in der Tongrube Büchelberg (Pfalz) kam ich erstmals mit den Amphicyoninae in engeren wissenschaftlichen Kontakt. Dabei wurde mir bewußt, daß eine Revision dieser Unterfamilie dringend erforderlich sei. Aber schon in den ersten Anfängen meiner Bemühungen ergaben sich prinzipielle Schwierigkeiten. Die Hoffnung, daß es genügen würde, das bereits bekannte Material neu zu ordnen, erwies sich als trügerisch. Vielmehr mußte zur Beseitigung zahlreicher Unklarheiten systematisch nach inediten Funden gefahndet werden. Tatsächlich ist dadurch auch manche Aufklärung gelungen. Versagt blieb mir jedoch die Durchführung des Vorsatzes, auch das Skelett zu berücksichtigen, weil Situs-Funde gar zu selten sind. So blieb nichts anderes übrig, als mich ganz auf die Zähne zu beschränken. — Ein weiterer Mangel dieser Arbeit liegt in dem Umstand begründet, daß ich mich in den mir zur Verfügung stehenden Möglichkeiten überfordert sah, auch die außereuropäischen Formen in die Untersuchung einzubeziehen.

Spezielle Schwierigkeiten erwuchsen meiner Arbeit aus dem Material selbst. Es liegt verstreut in zahlreichen Sammlungen Mittel- und Westeuropas, und der Krieg hat in die Bestände schmerzliche Lücken gerissen. Viele Typen gingen verloren. Darüber hinaus ist die Dokumentation schon primär schlecht insofern, als in der Überzahl nur isolierte Zähne vorliegen. Dem Bearbeiter fällt die Aufgabe zu, Zusammengehöriges zu erkennen. Sie konnte nicht immer befriedigend gelöst werden, und deshalb mußte eine Reihe von Fragen offen bleiben.

Eines der wesentlichsten Probleme, das mehr oder weniger wohl bei jeder Revision auftritt, liegt in der Frage nach der biologisch sinnvollen Umgrenzung der Taxa. SCHINDEWOLF (1962) hat sich unlängst mit den Möglichkeiten und Erfordernissen einer „Neuen Systematik" auseinandergesetzt. Hier ist nicht der Platz zur Diskussion seiner Thesen. Ich fühle mich jedoch veranlaßt zu erklären, daß seine Auffassung vom absoluten „Primat der Morphologie innerhalb der Systematik" nur bedingt Anwendung finden konnte. Nach jahrelangen vergeblichen Bemühungen um die Lösung der Aufgabe auf rein morphologischer Basis hat mich die Praxis zu der Einsicht geführt, daß man den Zeitfaktor — zumindest in diesem speziellen Fall — unter gar keinen Umständen vernachlässigen darf. Zeit ist genau so von der Natur vorgegeben wie Ähnlichkeit, auf die sich die Morphologie stützt. Zeit kann man vernachlässigen, wo der Formenwandel gering oder nicht vorhanden ist. Wo sich jedoch, wie in der tertiären Säugetier-Entwicklung, viel ereignet, darf sie nicht außer acht gelassen werden, weil man

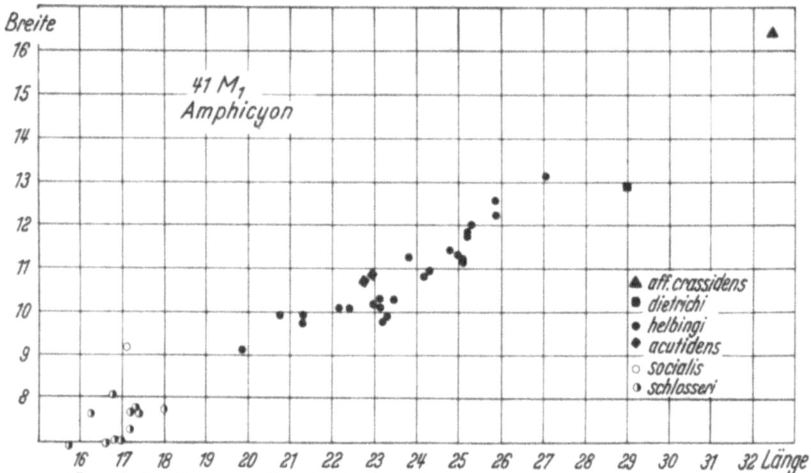

Länge-Breite-Diagramm für 41 M_1 des Genus Amphicyon von Wintershof-West (nach DEHM 1950)

Abb. 1

sie nicht zur „geologischen Dimension" vergröbern kann, ohne zugleich auch das morphologische Spektrum zu vergröbern. Ebenso meine ich, daß der Zeitfaktor dort in die Diagnose eingehen darf, wo er als formendes Element der Morphologie erkannt wurde. Das gleiche gilt sinngemäß für den natürlichen Faktor Raum.

Besonders aufschlußreich ist in diesem Zusammenhang die umfangreichste Amphicyoniden-Aufsammlung auf europäischem Boden. DEHM (1950) hat sie vorzüglich bearbeitet. Sie fand sich in Wintershof-West in Bayern und darf als echte Lebensgemeinschaft gelten. Sie umfaßt nach DEHM acht Amphicyoniden-Arten. Sieben davon teilte DEHM dem Genus *Amphicyon* zu, eine dem Genus *Pseudocyon*. Größenmäßig vertreten die Arten alle möglichen Abstufungen, intraspezifisch variieren sie auch morphologisch zum Teil verwirrend. Welche Kriterien sind hier typisch und welche nicht? Man vergleiche das beigefügte Länge-Breite-Diagramm (Abb. 1) von 41 M_1 und versuche, eine Entscheidung zu treffen. Als korrekter Bearbeiter hat DEHM aus seinen Skrupeln hinsichtlich der zu treffenden Entscheidungen ja auch keinen Hehl gemacht. — Aber das ist nur der Anfang, denn die Schwierigkeiten wachsen ins Ungemessene, sobald das gesamte Material ohne Berücksichtigung seines Alters zusammengeworfen wird. — Erst die Hinzuziehung des Zeitfaktors hat es ermöglicht, den Knäul zu entwirren. — Obwohl SCHINDEWOLF bezweifelte, daß eine unter dem phylogenetischen Gesichtspunkt gewonnene Systematik zur Verringerung der Artenzahl führen würde, trifft es hier doch zu. Es zeigte sich nämlich, daß der Art-Bestand während des Mio- und Pliozäns nur geringfügig schwankt. Andererseits sind die Arten in mehr oder weniger raschem Wandel begriffen. Aus den phylogenetischen Varianten haben frühere Autoren in Unkenntnis der Zusammenhänge Arten gemacht. Hier werden die meisten „Arten" zu Unterarten degradiert.

Erst 1963 habe ich, um der Bagatellisierung des zeitbedingten Gestaltwandels entgegen zu wirken, betont, daß es „keine einzige Amphicyoniden-Art gibt, die den Zeitraum zwischen Unterem Aquitan (bzw. Oberem Chatt) und Sarmat auch nur annähernd umspannte". Damit waren Arten im bisherigen Sinne gemeint. Nachdem ich inzwischen eingesehen habe, daß viele sogenannte Arten nichts anderes sind als phylogenetische Varianten, die nur den Rang von Unterarten einnehmen dürfen, muß ich mich entsprechend korrigieren und die obige Feststellung sinngemäß auf die Unterarten übertragen.

Bei oberflächlicher Betrachtung könnte der Eindruck entstehen, als ob sich gegenüber früheren Darstellungen nur wenig geändert hätte. Beispielsweise stellte ZAPFE an Hand der Literatur eine Tabelle (1950, S. 138) mit der Lebensdauer von *Amphicyon major* und *A.* cf. *steinheimensis* (cf.!!) zusammen. Danach reicht *major* vom Beginn des Burdigals bis zum Ende des Sarmats, während *steinheimensis* von Jüngeren Burdigal ebenfalls bis zum Ende des Sarmat ausdauert. In meiner Tabelle (Abb. 90) erstrecken sich beide Linien bis in das Pont. Der Beginn verschiebt sich nur bei *major* auf das Helvet. Also hat sich wenig geändert? Der Eindruck täuscht, denn was bei ZAPFE als *A. major* figuriert, umfaßt Fehlbestimmungen aus mindestens drei verschiedenen Genera *(Amphicyon, Arctamphicyon, Megamphicyon)*, andererseits wurden zweifelsfrei dazugehörige Materialien ausgelassen, weil sie andere Namen trugen. Nicht viel besser steht es um den *A.* cf. *steinheimensis.* — Scheinbar ähnliche Ergebnisse beruhen auf reinem Zufall, ihr detaillierter Inhalt ist nicht im entferntesten vergleichbar.

Auch in der phylogenetischen Aussage komme ich zu wesentlich anderen Ergebnissen, als sie die Literatur beinhaltet. [Ausgenommen sind entsprechende Ausführungen DEHMS (1950), der Zusammenhänge bewundernswert genau gesehen hat.] Die häufig praktizierte Methode, große Formen von großen und kleine Formen von kleinen abzuleiten, hat sich keineswegs als grundsätzlich falsch erwiesen. Irrtümer kamen dadurch zustande, daß die morphologischen Kriterien vernachlässigt wurden. So läßt sich jetzt beispielsweise unwiderleglich nachweisen, daß *A. major* und der sog. *A. crassidens,* die man regelmäßig wegen ihrer gleichen Größe als enge Verwandte betrachtet hat, stammesgeschichtlich nicht verknüpft sind.

Schlecht steht es nach wie vor um die alt- und mitteloligozänen Formen. Hier sind die Dokumentationslücken so groß, daß sich weder taxonomisch noch phylogenetisch etwas Definitives über die wenigen beschriebenen Funde aussagen läßt. Ich sehe mich vorerst außerstande, ihnen den gebührenden Platz im System zuzuweisen, hoffe jedoch, die Lücke in einer speziellen Studie ausfüllen zu können.

1962 habe ich den Versuch unternommen, vorliegende Arbeit bereits im voraus von solchen Formen zu entlasten, von denen ich glaubte, daß sie entweder keine echten Amphicyoniden sind oder aber ihre Aufklärung einstweilen nicht weiter voranzutreiben sei. In dem Bemühen um Erfassung typischer Merkmale habe ich dort auch die so auffällige Verwachsung von Zahnwurzeln als taxonomisches Kriterium in Anspruch genommen. Dies ist nun ein bezeichnendes Beispiel dafür, wie der Systematiker in die Irre laufen kann, wenn er allein der Morphologie vertraut. Heute, nachdem ich gelernt habe, daß in unserem Falle nur die phylogenetische Betrachtungsweise verläßliche Ordnungsprinzipien gewährleisten kann, weiß ich, daß ich damals falsche Wege gegangen bin. Verschmelzung von Zahnwurzeln ist zwar ein charakteristischer Effekt bei chronologisch und phylogenetisch jüngeren Amphicyoniden, bezeichnet jedoch kein systematisches Merkmal erster Ordnung. Sie entsteht unabhängig in verschiedenen Genera und fällt unter den Begriff Konvergenz.

Unter diesem Aspekt haben sich meine schon von Anfang an bestehenden Bedenken gegen die Daseinsberechtigung einer Subfamilie Thaumastocyoninae, wie HÜRZELER (1940a) sie einführte, soweit verstärkt, daß ich sie aussprechen möchte. Vermutlich handelt es sich auch hier bloß um konvergente Phänomene. Sie äußern sich in fortgeschrittener Reduktion der Prämolaren, „felinoider" Abkauung und Reduktion des M_1-Metaconides unter Beibehaltung des Entoconides. Sowohl die Prämolaren-Reduktion als auch der Erwerb felinoider Abkauung erweisen sich jetzt als Entwicklungsrichtungen, auf die mehr oder weniger alle Amphicyoniden zustreben. Wenn dann Metaconid-Reduktion am M_1 hinzutritt, entsteht ein scheinbar grundverschiedener Carnivoren-Typ. Wahrscheinlich ist den inhomogenen Thaumastocyoninae eines gemeinsam: Sie haben den spezifisch thaumastocyoniden Entwicklungsabschnitt schneller und konsequenter hinter sich gelegt als die Amphicyoniden im allgemeinen. — In Ermangelung neuer Dokumente kann ich diesen Fragenkomplex hier nicht weiter verfolgen. Sollte sich aber die soeben geäußerte Vermutung als richtig erweisen, würden die Thaumastocyoninae wieder den Amphicyoninae angeschlossen werden müssen.

Rücksichten auf den — leider sehr kleinen — Satzspiegel der „Sitzungsberichte" brachten es mit sich, daß nicht alle Abbildungen in natürlicher Größe geliefert werden konnten. Es empfiehlt sich deshalb, den Abbildungsmaßstab genau zu beachten.

III. Terminologie, Abkürzungen

In weitgehender Anlehnung an die Bezeichnungsweise TEILHARD DE CHARDINs (1915) werde ich zur Benennung der Höcker-Elemente von Zähnen folgende Termini verwenden:

P^4 Haupthügel = Protoconus
vorderer Innenhügel = Tritoconus
Hinterhügel = Deuteroconus

M^1—M^3 Innenhügel = Protoconus
vorderer Außenhügel = Paraconus
hinterer Außenhügel = Metaconus
vorderer Zwischenhügel = Protoconulus
hinterer Zwischenhügel = Metaconulus

M_1—M_3 vorderer Trigonid-Hügel = Paraconid
Haupthügel = Protoconid
innerer Trigonid-Hügel = Metaconid
äußerer Talonid-Hügel = Hypoconid
innerer Talonid-Hügel = Entoconid
hinterer Talonid-Zwischenhügel = Hypoconulid

Verwendete Abkürzungen:

UK = Unterkiefer
OK = Oberkiefer
Slg. = Sammlung
Mus. = Museum
(v) = dem Verfasser stand ein Abguß zur Verfügung

IV. Kritisches Namenverzeichnis europäischer Amphicyoniden im Schrifttum

(alphabetisch geordnet)

Amphicyon acutidens DEHM 1950

1950 DEHM, Wintershof-West, S. 28.
Subjektives Synonym von *Cynelos lemanensis helbingi* (DEHM). — Vgl. S. 57, 60.

Amphicyon agnotus POMEL 1853

1853 POMEL, Catal. meth., S. 73.
Jüngeres Synonym von *Agnotherium antiquum* KAUP 1832. — Vgl. KUSS 1962, S. 131.

Amphicyon ambiguus FILHOL 1877

1877 FILHOL, Quercy, S. 55ff.
Art unsicherer Gattungszugehörigkeit. — Vgl. S. 156.

Amphicyon ? astrei KUSS 1962

1962 KUSS, Nouveaux Canidés, S. 336ff.
Älteres objektives Synonym von *Pseudocyon sansaniensis astrei* (KUSS) 1962. — Vgl. S. 108.

Amphicyon aurelianensis MAYET 1908

1908 MAYET, l'Orléanais, S. 214.
Höchstwahrscheinlich subjektives Synonym von *Phoberocyon aurelianensis* (FRICK) 1926. — Vgl. GINSBURG 1955, S. 89.

Amphicyon bavaricus SCHLOSSER 1926

1926 SCHLOSSER, Oggenhausen, S. 198ff.
Objektives Synonym von *Pseudarctos bavaricus socialis* (SCHLOSSER) 1904. — Vgl. S. 148.

Amphicyon ? blainvillii GERVAIS 1848—1852

1848—1852 GERVAIS, Zool. et Pal. fr., S. 112.
Objektives Synonym von *Cynelos lemanensis lemanensis* (POMEL) 1846. — Vgl. S. 53. (Der Name wurde von GERVAIS häufig auch ohne ? gebraucht.)

Amphicyon bohemicus (SCHLOSSER) 1899

1899 *Pseudocyon bohemicus* n. sp. — SCHLOSSER, Bären, S. 124.
Objektives Synonym von *Amphicyon steinheimensis bohemicus* (SCHLOSSER) 1899. — Vgl. S. 41, 43.

Amphicyon brevirostris POMEL 1853

1853 POMEL, Catal. meth. S. 70.
Jüngeres Synonym von *Cephalogale gracilis* (POMEL) 1846.

Amphicyon claverensis GERVAIS

1898—1899 TROUESSART, Catalogus, S. 289.
Inkorrekte sekundäre Schreibweise von *A.* ? *elaverensis* GERVAIS.

Amphicyon crassidens POMEL 1853

1853 POMEL, Catal. meth., S. 71.
Jüngeres subjektives Synonym von *Pseudocyon sansaniensis intermedius* (H. v. MEYER) 1849. — Vgl. S. 106, 110.

Amphicyon crucians FILHOL 1879

1879 FILHOL, Etudes, S. 106.
Älteres objektives Synonym von *Haplocyon crucians* (FILHOL) 1879. — Vgl. KUSS 1962, S. 165.

Amphicyon cultridens POMEL 1853

1853 POMEL, Catal. meth., S. 72.
Jüngeres objektives Synonym (unter Einschränkung des Begriffsinhaltes) von *A. major* BLAINVILLE, entspricht hier *A. major major* BLAINVILLE 1841. — Vgl. S. 25, 26.

Amphicyon cultridens KAUP

1888 *Amphicyon cultridens* KAUP. — SCHLOSSER, Affen, S. 77.
Älteres subjektives Synonym von *A. major eppelsheimensis* WEITZEL 1930. — Vgl. S. 37.

Amphicyon curtus FILHOL

1896 ROGER, Verzeichnis, S. 51.
Von TROUESSART (1898—1899) zu *Pseudamphicyon* gestellt.

Amphicyon (Ictiocyon) dehmi CRUSAFONT, VILLALTA & TRUYOLS 1955

1955 CRUSAFONT & Mitarb., Vallés-Penedés, S. 103ff.
Älteres objektives Synonym von *Pseudarctos bavaricus dehmi* (CRUS., VILL. & TRUY.) 1955. — Vgl. S. 147.

Amphicyon diaphorus POMEL 1853

1853 POMEL, Catal. meth., S. 73.
Objektives Synonym von *Simocyon (Metarctos) diaphorus* (KAUP) 1853. — Vgl. TOBIEN & WEITZEL 1952, S. 13.

Amphicyon dietrichi DEHM 1950

1950 DEHM, Wintershof-West, S. 30ff.
Jüngeres subjektives Synonym von *A. steinheimensis bohemicus* (SCHLOSSER) 1899. — Vgl. S. 41, 44.

Amphicyon dominans H. v. MEYER 1843

1843 H. v. MEYER, Summ. Übersicht, S. 388.
Nomen nudum, höchstwahrscheinlich Synonym von *Cynelos lemanensis lemanensis* (POMEL) 1846. — Vgl. S. 53, 55.

Amphicyon eibiswaldensis PETERS 1868

1896 *Amph. giganteus*, LAUR., Syn. *A. Eibiswaldensis* PET. — ROGER, Verzeichnis, S. 52.
1898—1899 *Amphicyon eibiswaldensis* PETERS 1869. — TROUESSART, Catal. mamm. S. 290.
Ersatzname für *A. intermedius* H. v. MEYER (pars) von Eibiswald, publiziert von PETERS 1868, bzw. *A. intermedius* PETERS. Objektives Synonym von *Arctamphicyon tolosanus eibiswaldensis* (TROUESSART) 1898—1899. — Vgl. S. 90.

Amphicyon ? elaverensis GERVAIS 1848—1852

1848—1852 GERVAIS, Zool. et Pal. fr., S. 112.
Objektives Synonym von *Cynelos lemanensis lemanensis* (POMEL) 1846. — Vgl. S. 54.

Amphicyon elaverii GERVAIS

1853 POMEL, Catal. meth., S. 71.
Inkorrekte sekundäre Schreibweise für *A. ? elaverensis* GERVAIS.

Amphicyon elegans ROGER 1904

1904 ROGER, 36. Ber., S. 5—6.
? Subjektives jüngeres Synonym von *A. steinheimensis steinheimensis* FRAAS 1885. — Vgl. S. 159.

Amphicyon eppelsheimensis WEITZEL 1930

1930 WEITZEL, Amphicyoniden, S. 96ff.
Älteres objektives Synonym von *A. major eppelsheimensis* WEITZEL 1930. — Vgl. S. 32.

Amphicyon eseri PLIENINGER 1850

1850 PLIENINGER, *Amphicyon*, S. 216.
Nomen dubium. Wahrscheinlich älteres subjektives Synonym von *Cynelos rugosidens rugosidens* (SCHLOSSER) 1899. — Vgl. S. 61, 113.

Amphicyon genettoides GERVAIS 1859

1859 GERVAIS, Zool. et Pal. fr., II. Ausg., S. 248.
Jüngeres Synonym von *Martes (Sansanictis) sansaniensis* (LARTET) 1851.— Vgl. GINSBURG 1961, S. 107.

Amphicyon giganteus LAURILLARD 1843

1843 LAURILLARD in Dict. Univ. Hist. Nat. III, S. 567.
Objektives Synonym von *Megamphicyon giganteus* (SCHINZ) 1825. — Vgl. S. 67.

Amphicyon göriachensis TOULA 1884

1884 TOULA, *Amphicyon*, S. 407.
Objektives Synonym von *Hemicyon göriachensis* (TOULA) 1884. — Vgl. GINSBURG 1955, S. 88.

Amphicyon gracilis POMEL 1846

1846 POMEL, Note, S. 379.
Objektives Synonym von *Cephalogale gracilis* (POMEL) 1846.

Amphicyon gutmanni KITTL 1891

1891 KITTL, Mannersdorfer Ziegelei, S. 95/96.
Objektives Synonym von *Amphicyon major gutmanni* KITTL 1891. — Vgl. S. 37.

Amphicyon guttmanni Kittl

1893 Zittel, Handbuch IV, S. 637.
Inkorrekte sekundäre Schreibweise von *A. gutmanni* Kittl 1891.

Amphicyon heggbachensis Schlosser 1888

1888 Schlosser, Affen, S. 73/74.
Nomen dubium. Mit gewisser Wahrscheinlichkeit Synonym von *A. steinheimensis* Fraas.

Amphicyon helbingi Dehm 1950

1950 Dehm, Wintershof-West, S. 23ff.
Objektives Synonym von *Cynelos lemanensis helbingi* (Dehm) 1950. — Vgl. S. 57.

Amphicyon ? helveticus Pictet & Humbert 1869

1869 Pictet & Humbert, Mémoire, S. 134ff.
Älteres objektives Synonym von *Pseudamphicyon helveticus* (Pictet & Humbert) 1869. — Vgl. Schlosser 1899, S. 134 und hier S. 158.

Amphicyon incertus Pomel 1853

1853 Pomel, Catal. meth., S. 71.
Älteres objektives Synonym von *Haplocyon incertus* (Pomel) 1853. — Vgl. Kuss 1962, S. 165.

Amphicyon intermedius H. v. Meyer 1849

1849 H. v. Meyer, N. Jb. Min., S. 379.
Älteres objektives Synonym von *Pseudocyon sansaniensis intermedius* (H. v. Meyer) 1849. Vgl. S. 112.

Amphicyon intermedius Peters (non H. v. Meyer)

1888 Schlosser, Affen, S. 74.
Älteres objektives Synonym von *Arctamphicyon tolosanus eibiswaldensis* (Trouessart) 1898—1899. — Vgl. S. 89.

Amphicyon intermedius Suess (non H. v. Meyer)

1888 Schlosser, Affen, S. 74.
Älteres objektives Synonym von *A. steinheimensis bohemicus* (Schlosser) 1899. — Vgl. S. 40—42.

Amphicyon issiodorensis

1853—1856 Bronn, Lethaea, S. 1082.
Jüngeres objektives Synonym von *Canis issiodorensis* Blainville und *Cephalogale gracilis* (Pomel). — Vgl. Viret 1929b, S. 135.

Amphicyon issiodurensis Gervais

1877 Filhol, Quercy, S. 87
Inkorrekte sekundäre Schreibweise von *Canis issiodorensis* Blainville.

Amphicyon klipsteinii H. de Mey.

1853 Pictet, Traité de Paléont. I, S. 195.
Fälschlich H. v. Meyer in N. Jb. f. Min. 1843, S. 388 zugeschrieben. Als Manuskript-Name in H. v. Meyers Manuskript enthalten. Bezieht sich auf einen P^4 von Weisenau. Dieser vermutlich identisch mit demjenigen, den Schlosser (1910, S. 233) erwähnt und „*A. eseri*" unterstellt.

Amphicyon lactorensis ASTRE 1928

1928 ASTRE, *Amphicyon*, S. 238
Jüngeres subjektives Synonym von *Arctamphicyon* ? *depereti* (MAYET) 1908. — Vgl. S. 100.

Amphicyon landesquei HELBING 1928

1928a HELBING, Carnivoren, S. 12ff.
Älteres objektives Synonym von *Pseudocyonopsis landesquei landesquei* (HELBING) 1928. — Vgl. S. 140.

Amphicyon langensis JOURDAN *(Cynelos)*

1898—1899 TROUESSART, Catalogus, S. 289.
Jüngeres Synonym von *Cynelos langensis* JOURDAN. (Vgl. dort)

Amphicyon larteti BLAINVILLE

1896 ROGER, Verzeichnis, S. 52.
Von ROGER als Synonym von *Amphicyon lemanensis* POMEL aufgeführter Name. Identisch mit *A. larteti* BRAVARD? BLAINVILLE hat keine Art *A. larteti* beschrieben.

Amphicyon larteti BRAVARD

1879 FILHOL, Etudes, S. 77.
Nomen dubium. Von FILHOL als Synonym von *A. lemanensis* POMEL gebraucht, keine Literatur-Angabe. Der Name muß nach 1850 entstanden sein.

Amphicyon laurillardi MENEGHINI 1862

1929 MATTHEW, Crit. obs., S. 479.
Nach MATTHEW Synonym (pars?) von *Hyaenarctos anthracites* SCHLOSSER 1890.

Amphicyon laurillardi POMEL 1853

1853 POMEL, Catal. meth., S. 72.
Älteres subjektives Synonym (pars) von *Plithocyon armagnacensis* GINSBURG 1955 mit Prioritätsanspruch. — Vgl. GINSBURG 1955, S. 92.

Amphicyon lemanensis POMEL 1846

1846 POMEL, Note, S. 379.
Älteres subjektives Synonym von *Cynelos lemanensis lemanensis* (POMEL) 1846. — Vgl. S. 53.

Amphicyon leptorynchus POMEL 1853

1853 POMEL, Catal. meth., S. 70.
Älteres subjektives Synonym von *Cynelos lemanensis lemanensis* (POMEL) 1846. — Vgl. S. 53. Gerechtfertigte Emendation (*leptorhynchus*) durch FILHOL 1879, S. 77ff.

Amphicyon lundgreeni HELBING

1962 DE BEAUMONT, Observations, S. 90.
Inkorrekte sekundäre Schreibweise von *A. landesquei* HELBING 1928. (Briefliche Mitteil. d. Autors vom 30. 10. 1963).

Amphicyon major DE BLAINVILLE 1841

1841 BLAINVILLE, Ostéographie, *Subursus*, S. 113.
Älteres objektives Synonym (pars) von *A. major major* DE BLAINV. 1841. — Vgl. S. 25.

Amphicyon major BLAINV. var. *grivensis* VIRET 1929

1929a VIRET, *Tomocyon*, S. 221/222.
Vgl. *Amphicyon major grivensis* VIRET 1929 auf S. 30.

Amphicyon major BLAINV. var. *serbica* LASKAREV 1942

1942 LASKAREV, Üb. d. Auftreten, S. 50ff.
? Jüngeres subjektives Synonym von *A. major grivensis* VIRET 1929? — Ungültiger Unterartname. Vgl. S. 30.

Amphicyon major, LARTET. Var. *pyrenaicus* DEPÉRET & RÉROLLE 1885

1885 DEPÉRET & RÉROLLE, Note, S. 499.
Älteres objektives Synonym von *Pseudocyon sansaniensis* aff. *serus* n. subsp. — Vgl. S. 136.

Amphicyon minimus DEHM 1942

1942 DEHM, Amphicyoniden, S. 12/13.
Ersatzname für *Amphicyon minor* DEHM 1935. — Taxonomische Stellung ungeklärt. Vgl. S. 159.

Amphicyon minor BLAINVILLE 1841

1841 BLAINVILLE, Ostéographie, *Subursus*, S. 91.
Nomen dubium. Kein Amphicyonide. — Vgl. S. 24.

Amphicyon minor DEHM 1935

1935 DEHM, Spaltenfüllungen, S. 28.
Jüngeres Homonym des (nicht verfügbaren) Namens *A. minor* BLAINVILLE 1841. Ersatzname: *A. minimus* DEHM 1942 (vgl. dort).

Amphicyon (minor) sansaniensis

1926 FRICK, Hemicyoninae, S. 21.
Jüngeres objektives Synonym von *Pseudocyon sansaniensis* LARTET.

Canis (Amphicyon) palaeolycos GERVAIS 1872

1872 GERVAIS, Mammifères, S. 261—268.
Taxonomische Stellung ungeklärt. — Vgl. S. 157.

Amphicyon praecursor SCHLOSSER 1902

1902 SCHLOSSER, Bohnerze, S. 38.
Taxonomische Stellung ungeklärt. — Vgl. S. 158.

Amphicyon pyrenaicus DEPÉRET

1927 ROMAN, Mammifères, S. 380. (Non *A. major* LART., var. *pyrenaicus* DEPÉRET & RÉROLLE 1885).
Fehlbestimmung. Wahrscheinlich zu *Dinocyon thenardi* gehörig. — Vgl. KUSS 1962, S. 147.

Amphicyon robustus WEITZEL 1930

1930 WEITZEL, Amphicyoniden, S. 81ff.
Jüngeres subjektives Synonym von *Arctamphicyon tolosanus tolosanus* (NOULET) 1876. — Vgl. S. 84.

Amphicyon rugosidens SCHLOSSER 1899

1899 SCHLOSSER, Bären, S. 130.
Älteres objektives Synonym von *Cynelos rugosidens rugosidens* (SCHLOSSER) 1899. — Vgl. S. 61.

Amphicyon schlosseri Dehm 1950

1950 Dehm, Wintershof-West, S. 20ff.
Älteres objektives Synonym von *Cynelos rugosidens schlosseri* (Dehm) 1950. — Vgl. S. 63.

Amphicyon socialis Schlosser 1904

1904 Schlosser, Notizen, S. 496ff.
Älteres objektives Synonym von *Pseudarctos bavaricus socialis* (Schlosser) 1904. — Vgl. S. 148.

Amphicyon steinheimensis Fraas 1885

1885 Fraas, Beiträge, S. 314ff.
Älteres objektives Synonym von *A. steinheimensis steinheimensis* Fraas 1885. — Vgl. S. 47.

Amphicyon tolosanus Noulet 1876

1876 Noulet, Notes, S. 3—6.
Älteres objektives Synonym von *Arctamphicyon tolosanus tolosanus* (Noulet) 1876. — Vgl. S. 80.

Amphicyon turicensis

1898 Roger, Wirbelthierreste II, S. 389.
Nomen nudum.

Amphicyon ulmensis Schlosser 1888

1888 Schlosser, Affen, S. 73.
Nomen dubium für einige Zähne aus dem Aquitanium von Ulm. Ihre Maße passen zu *Pseudocyon sansaniensis intermedius* (H. v. Meyer). — Der Name wurde 1910 (S. 233) von Schlosser — irrtümlich zugunsten von „*Amphicyon eseri* Plieninger 1850" — wieder verworfen. — Vgl. S. 112.

Amphicyon zibethoides (Blainville)

1859 Gervais, Zool. et Pal. fr., II, S. 216.
Älteres objektives Synonym von *Ischyrictis zibethoides* (Blainville) 1841. — Vgl. Ginsburg 1961, S. 95.

Amphicyonopsis Viret 1929

1929a Viret, *Tomocyon*, S. 225/226.
Gattung ohne Art. Älteres objektives Synonym von *Pseudocyon sansaniensis* aff. *serus* n. subsp. — Vgl. S. 131.

Cynelos major Jourdan 1862

1862 Jourdan, La description, S. 130.
Vgl. *Cynelos langensis* Jourdan.

Cynelos langensis Jourdan

1848—1852, Gervais, Erl. zu Taf. XXVIII, S. 14.
Manuskript-Name Jourdan's, von ihm selbst 1862 zugunsten von *Cynelos major* verworfen. Beide Spezies-Namen sind jüngere subjektive Synonyme von *Cynelos lemanensis lemanensis* (Pomel) 1846. — Vgl. S. 53.

Pseudarctos albanensis Viret 1951

1951 Viret, Catal. crit. S. 33/34.
Problematische Form, kein *Pseudarctos*. — Vgl. S. 154.

Pseudarctos bavaricus SCHLOSSER 1899

1899 SCHLOSSER, Bären, S. 117.
Älteres objektives Synonym von *Pseudarctos bavaricus bavaricus* SCHLOSSER 1899. — Vgl. S. 150.

Pseudarctos vindobonensis THENIUS 1949

1949b THENIUS, Neudorf, S. 6.
Jüngeres subjektives Synonym von *Pseudarctos bavaricus bavaricus* SCHLOSSER 1899. — Vgl. S. 153.

Pseudocyon bohemicus SCHLOSSER 1899

1899 SCHLOSSER, Bären, S. 124/125.
Älteres objektives Synonym von *Amphicyon steinheimensis bohemicus* (SCHLOSSER) 1899. — Vgl.S. 41, 43.

Pseudocyon depereti MAYET 1908

1908 MAYET, l'Orléanais, S. 218—223 (pars).
Älteres objektives Synonym von *Arctamphicyon ? depereti* (MAYET) 1908. — Vgl. S. 100.

Pseudocyon gerandianus VIRET 1929

1929b VIRET, Limagne Bourb., S. 120—125.
Älteres objektives Synonym von *Pseudocyonopsis landesquei gerandianus* (VIRET) 1929. — Vgl. S. 141.

Pseudocyon gerandicus

1961 GINSBURG, Sansan, S. 48.
Inkorrekte sekundäre Schreibweise von *Ps. gerandianus* VIRET.

Pseudocyon robustus WAGNER 1857

1857 WAGNER, Neue Beiträge, S. 123.
Älteres objektives Synonym von *Simocyon primigenius* (ROTH & WAGNER).

Familie Canidae GRAY 1821

V. Subfamilie Amphicyoninae TROUESSART 1885

Diagnose: Caniden mit der Zahnformel $\frac{3-2\ 1\ 4\ 3}{3-2\ 1\ 4\ 3}$, langem Schädel und schmalem Hinterhaupt. I mit oder ohne Nebenzacken. C stets mit innerer und hinterer Kante. P $\pm$ reduziert und durch Diasteme getrennt. P^4 etwa so lang wie M_1, sein vorderes Inneneck nur mäßig betont, Tritoconus schwach bis fehlend. M^{1-2} groß, querverlängert, M^2 nur wenig kleiner als M^1, Umriß des M^1 subtriangulär, Umriß des M^2 subrectangulär. M^3 klein und variabel. M_1 stets mit Metaconid und Entoconid, sein Talonid nimmt über ein Drittel der Zahnlänge ein. Metaconid des M_2 niedriger als das Protoconid. M_3 variabel.

Bemerkung: SIMPSON (1945) zählte zur Subfamilie Amphicyoninae vier auf Nordamerika beschränkte Genera (*Paradaphaenus, Pericyon, Daphoenodon, Mammocyon*), zwei asiatische (*Vish-*

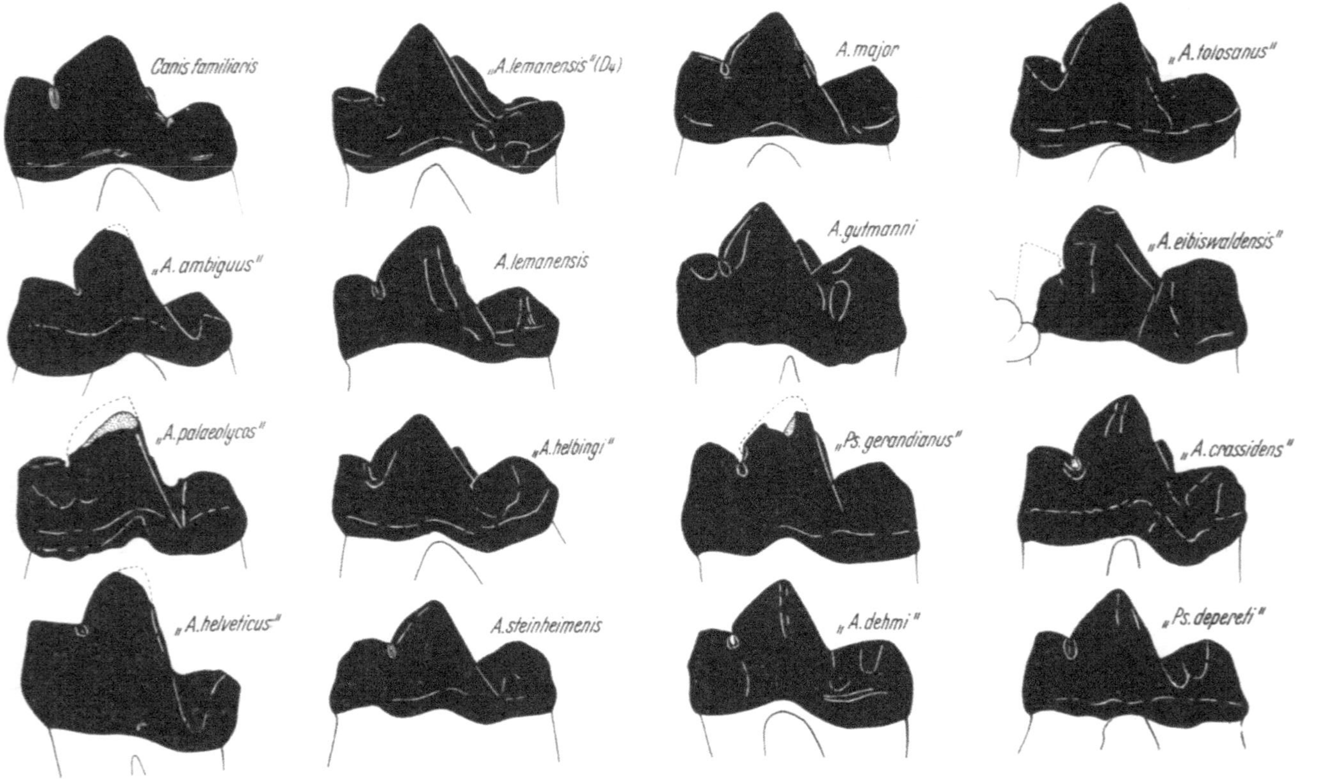

Abb. 2. Um die morphologische Verschiedenheit der M_1 unbeeinflußt von ihrer absoluten Größe zum Ausdruck zu bringen, wurden 14 Amphicyoniden-M_1 und ein D_4 auf gleiche Größe gebracht. M_1 von *Canis familiaris* zum Vergleich. Die verwendete Nomenklatur entspricht dem bisherigen Gebrauch.

nucyon, Arctamphicyon), vier europäische *(Pseudamphicyon, Pseudocyon, Amphicyonopsis, Pseudarctos)* und ein Genus, das sowohl aus Nordamerika wie aus Eurasien bekannt ist *(Amphicyon)*. Incertae sedis fügte er das europäische Genus *Tomocyon* hinzu. — Hier stehen nur die europäischen Gattungen zur Diskussion.

Tomocyon gehört als Synonym von *Agnotherium* zu den Thaumastocyoninae (KUSS 1962) und entfällt in diesem Zusammenhang. (Über die Thaumastocyoninae vgl. S. 11). Die oben gegebene Diagnose schließt allein auf Grund der Zahnformel auch das Genus *Pseudamphicyon* aus. Ob die Diagnose damit einem natürlichen Sachverhalt gerecht wird, soll einer späteren Untersuchung vorbehalten bleiben. Gattung *Amphicyonopsis* erweist sich als Synonym von *Pseudocyon*. Von den herkömmlichen Gattungen bleiben also nur drei übrig: *Amphicyon, Pseudocyon* und *Pseudarctos*. Hinzu treten drei weitere Genera: *Cynelos, Megamphicyon gen. nov.* und *Pseudocyonopsis gen. nov.* Für *Arctamphicyon* kann außerdem der Nachweis geführt werden, daß es auch europäische Vertreter dieser Gattung gibt.

Auf HOUGH (1948a) geht die Feststellung zurück, *Amphicyon sinapius* verfüge trotz eines Caniden-artigen Gebisses über eine urside Gehörregion. Dies bestimmte THENIUS (1949a, S. 716) zu der Bemerkung, die systematische Zugehörigkeit der Amphicyoninae werde dadurch „in ein neues Licht gerückt". Hoffentlich wird deswegen niemand auf den Gedanken kommen, die Amphicyoninae etwa den Ursiden zu unterstellen, wie HOUGH es mit *sinapius* getan hat[1]. Es wird sich zeigen, daß es zwischen den Amphicyoninae und den Ursidae keine stammesgeschichtliche Beziehung gibt. Infolge dessen kann eine Ähnlichkeit im Bau der Gehörregion, falls sie sich überhaupt in größerem Umfange nachweisen läßt, nur als Konvergenz, auf keinen Fall aber als Homologie gewertet werden.

---

[1] Es ist schon geschehen! Nach Abschluß des Manuskripts erscheint ein Aufsatz von L. GINSBURG: „Les Mammifères fossiles récoltés à Sansan au cours du XIXe siècle" (Bull. Soc. Géol. Fr., 7, 5, 3—15, 4 Abb., Paris 1963, ersch. Februar 1964), in dem er die Amphicyoniden den Ursiden unterstellt: „Je place d'abord dans cette famille (Usidés, Verf.) les Amphicyoninés, traditionellement classe parmı les Canidés en raison de leurs caractères dentaires, mais dont la région auditaire, étudiée par HOUGH (1948), est incontestablement ursoide". — Es erscheınt mir doch ein wenig leichtfertig, den Wert und dıe Aussage von odontologischen Befunden auf der schmalen Basis eines singulär ermittelten Merkmals en bloc aufzugeben.

VI. Genus *Amphicyon* LARTET 1836

1836 LARTET, Bull. Soc. Géol. Fr., S. 219.

Typus durch spätere Festlegung: *Amphicyon major* BLAINVILLE 1841. (Festgelegt durch MATTHEW 1924, S. 104.)

Diagnose: Mittelgroße bis große Amphicyoniden mit der Zahnformel $\frac{3\ 1\ 4\ 3}{3\ 1\ 4\ 3}$. I einspitzig und ohne Nebenzacken, nach außen an Größe zunehmend. C von längs-ovalem Durchmesser, in sagittaler Richtung mit schwacher Krümmung. C inf. etwas stärker gebogen als C sup. — Pl-3 gedrungen, kurz, ohne Hinterzacken, mit kräftigem Basalband und — einschließlich P_4 — durch weite Diasteme getrennt. P_4 mit Hinterzacken und zum Teil mit Parastyl-artiger, schwacher Knospe. $P^4 \pm$ dreieckig, etwas kürzer als M_1, zum Teil mit Tritocon und bei stratigraphisch jüngeren Formen mit abgeschwächtem und etwas zurückgezogenem vorderem Inneneck. — M_1 relativ niederkronig, Paraconid unterhalb der Spitze etwas verkürzt und mit vorderer Kante, Entoconid schwach, Hypoconid von der Höhe des Paraconides, Vorder- und Hinterfront im Profil senkrecht oder spitzenwärts etwas konvergierend. M^1 streng triangulär oder distal etwas konkav, inneres Basalband meist nur hinter dem Protocon durch eine kurze, sichelförmige Grube abgesetzt, Zwischenhügel unscharf, Protocon nahe dem Vorderrand. M2 und M3 relativ groß. M^2 wenig schmaler als M^1, im Kiefer außen über den M^1 hinausragend, Vorderrand gerade, Hinterrand etwas konkav, Innencingulum breit, halbkreisförmig gerundet und durch eine breite Furche vom Protocon getrennt, Protocon nur sehr wenig dem Vorderrand genähert. $M_2 \pm$ longitudinal-rechteckig, Talonid meist kürzer und schmaler als das Trigonid. M3 einwurzelig und im Kronenbau variabel.

Bemerkung: Der Gattungsname *Amphicyon* wurde erstmals 1836 in einer Mitteilung LARTETs veröffentlicht, aus der ich den Wortlaut des bezüglichen Abschnitts der Wichtigkeit halber wiedergebe:

„Ces paisibles ruminants (von Sansan, Verf.) avaient un redoutable contemporain dans un très grand carnivore que j'ai provisoirement appelé *Amphicyon*. J'en ai envoyé deux demi-mâchoires et quelques ossements au Museum. Par ses incisives unilobées et ses canines comprimées, il se rapprochait des Ratons; sa molaire carnassière et les deux premières tuberculeuses sont conformes à celles des chiens, mais ce qui en ferait, si je me trompe, un genre à part de tous les carnivores connus, c'est l'existence d'une troisième tuberculeuse à la machoire supérieure. Cette dent ne se retrouve, que je sache, dans aucun autre carnivore."

Diese provisorisch gedachte Mitteilung des Autors wurde später nicht ergänzt. Deshalb beruhte der inzwischen so fest verwurzelte Gattungsname weder auf einer Art, noch auf einem eindeutig charakterisierten Fundgut. HÜRZELER (1945, S. 636, Fußnote) hat bereits darauf hingewiesen, daß der Name in dieser Form „eigentlich ein nomen nudum" sei. BLAINVILLE habe aber 1841 durch seine ausgezeichneten Abbildungen, mit denen er einen Art-Namen verband, — in Wirklichkeit waren es ja zwei Arten — dem LARTETschen Genus-Namen auch einen bestimmten Begriffsinhalt gegeben. Als Typus-Art sei *Amphicyon major* BLAINVILLE zu betrachten.

Die letzte Feststellung entspricht durchaus einer eingebürgerten Gepflogenheit. Schließlich hatte MATTHEW schon 1924 lakonisch vermerkt: „Genotype: *Amphicyon major* (BLAINVILLE, 1841)." Ohne sich über die Konsequenzen klar zu sein, vollzog MATTHEW damit die solange verabsäumte „Festlegung" der Typus-Art und zugleich einen nomenklatorisch wirksamen Akt. — Es hatte auch andere Ansichten über den Typus gegeben. SCHLOSSER (1901, S. 63) äußerte beispielsweise: „Als Typus von *Amphicyon* müssen wir unbedingt *A. lemanensis* festhalten." Wie wir sehen werden, wäre das zwar inhaltlich, aber nicht nomenklatorisch möglich, denn vor ihm hatte BLAINVILLE der Gattung bereits zwei nominelle Arten zugeordnet: *A. major* und *A. minor*. Die Entscheidung konnte allein zwischen diesen beiden Namen getroffen werden. MATTHEW hat sie gefällt, nur wäre es wünschenswert gewesen, wenn er sich zugleich auch über den Holo-Spezietypus geäußert hätte, denn BLAINVILLE vereinigte in seinem *major* Materialien folgender (heutiger) Arten: *Hemicyon sansaniensis* LARTET, *Plithocyon armagnacensis* GINSBURG, *Simocyon (Metarctos) diaphorus* (KAUP), „*Amphicyon giganteus* LAURILLARD" und schließlich das, was sich gewohnheitsmäßig als *Amphicyon major* herauskristallisierte. Man sieht, das Problem hat sich zwanglos und von selbst geregelt, nachdem in den genannten Arten der gesamte Begriffsinhalt BLAINVILLEs ausgeschöpft ist. Ebenso unbemerkt bürgerte sich schließlich auch ein Typus für *A. major* ein. An dem schönen Oberkiefer-Fragment von Sansan, das BLAINVILLE auf Tafel XIV abbildete und sich heute im Pariser Museum befindet, klebt ein Zettelchen mit dem Aufdruck „Type". In ihrem Katalog (1950, S. 26) führte R. CINTRACT diesen Vermerk denn auch getreulich auf, und selbst GINSBURG ließ es anläßlich seiner Sansan-Revision bei einer stillschweigenden Weitergabe bewenden. Damit haben wir also auch einen Lectotypus für *A. major.* Wem wir ihn verdanken, konnte ich nicht in Erfahrung bringen. — Es fragt sich nur, ob damit der ursprünglichen Absicht des Gattungsautors Gerechtigkeit widerfuhr oder nicht. Aus folgender Überlegung muß ihm Gerechtigkeit geworden sein: LARTETs spärliche Indikation liefert die Anhaltspunkte „Sansan" und „très grand carnivore". Sansan hat bisher nur vier große Carnivoren mit Hunde-artiger Dentition geliefert: *A. major, Pseudocyon sansaniensis* und die beiden Hemicyoniden. Da nun LARTET *Pseudocyon* und *Hemicyon* selbst benannt hat und demnach von *Amphicyon* wohl zu unterscheiden wußte, liegt der eingebürgte Begriffsinhalt auf jeden Fall im Sinne des Autors.

Im Gegensatz dazu würde *A. lemanensis* als Typus-Art, wie SCHLOSSER wollte, diesem Sinne widersprechen, weil die Spezies weder in Sansan gefunden wird, noch die Prämisse der Größe erfüllt. Indessen hätte sich ein kompliziertes Problem ergeben, wenn SCHLOSSER statt „*A. lemanensis*" „*A. minor*" geschrieben hätte. Nach den zuvor praktizierten Normen einer Bequemlichkeits-Priorität könnte man beide Namen durchaus als synonym erachten, denn das am einfachsten diagnostizierbare Stück dieser Ansammlung von heterogensten Bestandteilen ist nun einmal jenes Schädelfragment von Digoing, das POMEL 1846 mit *lemanensis* identifizierte. Es war überhaupt das einzige näher bezeichnete Stück bei Aufstellung des Namens. Zwar bemerkte POMEL dazu, es sei verschieden von *A. minor,* doch geschah das wohl nur, um das nomen novum zu rechtfertigen. *A. minor* setzt sich nämlich zusammen aus Resten von *Hemicyon sansaniensis,* Material aus dem Sparnacium von Meudon und aus dem Villafranchium der Auvergne, ferner aus diversen Knochen von Sansan. Nun, im Sparnac und Villafranchium gibt es keine Amphicyoniden; der einzige kleine Amphicyonide von Sansan, *Pseudarctos bavaricus,* dürfte mit ziemlicher Sicherheit in den vorgelegten Resten nicht enthalten sein[2]. Schon aus dieser Überlegung heraus bleibt der Schädel von Digoing das einzige Stück, das den Namen *A. minor* entsprechend seinem Wortsinn verdienen würde. — Die Nachwelt hat POMEL in diesem Falle einen Erfolg

[2] 1963 (Lit. vgl. Fußnote 1, S. 21) bestätigt auch GINSBURG diesen Befund: „*Amphicyon minor* est une espèce composite créée par BLAINVILLE sur un certain nombre de pièces de plus petite taille. En fait, les ossements appartiennent tous au *Machairodus* de Sansan, *Sansanosmilus palmidens,* sauf le grand fragment de cubitus qui est de *Plithocyon armagnacensis.* Des dents figurées, la carnassière supérieure est celle d'un sujet femelle d'*Hemicyon sansaniensis* et la canine n'est pas d'un Carnivore."

gegönnt, den sie ihm bezüglich des Namens *Amphicyon cultridens* hartnäckig verwehrte. Denn auch bei *Amphicyon major* hatte der scharfsichtige POMEL sehr schnell die Inhomogenität des Belegmaterials durchschaut, die Rosine des heutigen Lectotypus aus dem Kuchen herausgepickt und als *A. cultridens* offeriert. Sie nahm man unbegreiflicherweise nicht an.

Der Nomenklatur kann es mitunter nur von Nutzen sein, wenn Gewohnheit vor rechtlichen Überlegungen rangiert. Deshalb sollte es, meine ich, bei den Namen *major* und *lemanensis* bleiben. *A. minor* scheidet als nomen dubium aus dem Formenkreis der Amphicyoniden aus.

Amphicyon major BLAINVILLE 1841

1841 *Amphicyon major.* — BLAINVILLE, Ostéographie, *Subursus,* S. 113ff.

Diagnose: Große Typus-Art des Genus *Amphicyon,* Länge des $M_1 \pm 33$—36 mm. C relativ schwach gekrümmt, ihre innere Kante bei Ansicht von der Innenseite fast mit dem Vorderrand kongruent. Außenseite des C sup. gefurcht. I^1 und I^2 transversal abgeplattet. I^3 erheblich stärker, mit spitzer zurückgebogener Krone. I inf. unbekannt. Pl-3 mit extrem niedriger Krone (obere etwas höher als untere). Schneide bei P^{1-3} diagonal. P_4 mit Spur eines Vorderzackens. P^4 im Helvetium mit kräftigem Tritocon, der sich bei chronologisch jüngeren Formen bis zum völligen Verlust abschwächt; zugleich wird das vordere Inneneck verschmälert und etwas zurückgezogen. Talonid des M_1 niemals breiter als die Protoconid-Basis; die Schneide seines Hypoconides in sich gebogen und sowohl auf den Hinterhang des Protoconides als auch auf das Entoconid übergreifend; dieses flach, jedoch mit mindestens einer deutlichen Erhebung. M^1 und M^2 meist mit betontem Metaconulus. Furche zwischen Protocon und Innencingulum am M^2 flacher als bei *A. steinheimensis.*

Verbreitung: Helvetium bis jüngeres Pontium (Pannonium).

Amphicyon major major BLAINVILLE 1841

(Form des Helvetiums)

Abb. 3—5

1837 *Amphicyon.* — BLAINVILLE, Rapport, S. 424.

pars v* 1841 *Amphicyon major.* — BLAINVILLE, Ostéographie, *Subursus,* S. 113ff., Taf. XIV (OK-Fragment mit C, P^1, P^4—M^2, Alv. P^{2-3}, Alv. M^3; UK-Fragm. ohne Zähne, P^4, M_3, I^3, C inf.) Abb. seitenverkehrt.

pars *1848—1852 Amphicyon major.* — Gervais, Zool. et Pal. fr., S. 112.
pars 1851 *Amphicyon major* Blainv. — Lartet, Notice, S. 16.
1853 *Amphicyon cultridens* Nob. — (*Amphicyon major*, part. Blainv.). — Pomel, Cat. méth., S. 72.
1853—1856 Amphicyon cultridens Pomel. — Bronn, Lethaea, S. 1082, Taf. LXI, Fig. 1 (kop. Blainville).
pars 1859 *Amphicyon major.* — Gervais, Zool. et Pal. fr., S. 215.
non v 1870 *Amphicyon major* Lartet. — Fraas, Steinheim, S. 158ff., Taf. IV, Fign. 11, 12.
1878 *Amphicyon major* de Blainv. — Gaudry, Enchaînements, Abb. 277 (Lectotypus, unvollständig).
non v 1879 *Amphicyon major*, de Blainv. — Filhol, Etudes, S. 75.
non v 1887 *Amphicyon major* Lartet. — Depéret, Recherches, Taf. XIII, Fign. 5—7.
pars 1889 *Amphicyon major* Blainv. = „verschiedene Arten". — Schlosser, Affen, S. 76.
1891 *Amphicyon major* (Blainv.). — Filhol, Etudes, S. 160ff, Taf. XI u. XII.
non 1896 *Amphicyon major* (Blv.) Filhol. — Studer, Brüttelen, S. 38, Abb. 9.
non (v) 1902 *Amphicyon major* Lart. — Schlosser, Bohnerze, Taf. III, Fig. 33.
non 1904 *Amphicyon major* Lart. — Roger, 36. Bericht, S. 5, 6 (Taf. III, Fign. 4 u. 6 im 33. Ber. v. 1898).
non ? 1907 *Amphicyon* cf. *major.* — Stehlin, Notices, S. 531 (Baigneaux).
1908 *Amphicyon major* Blainville. — Mayet, l'Orléanais, S. 213ff.
1923 *Amphicyon giganteus* Laurill. — Zittel, Grundzüge, II, S. 468, Abb. 592 (kop. Gaudry).
non (v) 1925 *Amphicyon major* Bl. — Stehlin & Helbing, Cat. Oss. Mamm., S. 27ff., Abb. 1—3 (M^1 fragm., M^2, UK-Fragm. mit M_1 u. M_2).
non v 1928 *Amphicyon major* Blainv. — Helbing, Carnivoren, S. 377ff., Abb. 1 u. 2. [1928d]
1929 *Amphicyon major* Blainville 1841. — Matthew, Crit. Obs., S. 481.
non v 1934 *Amphicyon major* de Blainville. — Roman & Viret, Faune de Mamm., S. 11ff., Taf. I, Fign. 1 u. 3.
v 1942 *Amphicyon* sp. — Dehm, Amphicyoniden, S. 17/18, Abb. 1 (P_4 sin.).
non v 1945 *Amphicyon* cfr. *major* Blainville. — Hürzeler, Extr.-Skelett, Fig. 18 (Mc IV).
1950 *Amphicyon major* Blainville H. M. D. de. — Cintract, Catalogue, S. 26.
non v 1950 *Amphicyon major* Blainville 1842. — Zapfe, Neudorf, S. 119ff., Abb. 8 u. 9 (OK-Fragm., C sup.).
non v 1951 *Amphicyon major* Blainville. — Viret, Catalogue, S. 27/28.
1953 *Amphicyon major* Blainville. — Erdbrink, Review, Fig. 46b (Lectotypus, kop. Gaudry).
1961 *Amphicyon major* Blainville. — Piveteau, Traité, VI, 1, S. 722, Abb. 101 A (kop. Gaudry).
pars 1961 *Amphicyon major* Blainville. — Ginsburg, Sansan, S. 10ff., Abb. 2—17, Taf. I—IV (non Abb. 2, Fig. 2, C inf.).

Diagnose: Nominat-Unterart von *Amphicyon major* BLAINVILLE. P^4 mit kräftigem Innenhügel (Tritocon) und fast rechteckigem Umriß. M^1 mit deutlich querverlängerter Krone, deren Umriß fast ein gleichseitiges Dreieck bildet. M^1 und M^2 mit meist gut entwickeltem Metaconulus und einem das Innencingulum beträchtlich überragendem Protoconus. P_4 noch mit gut abgesetztem Hinterzacken. Metaconid am M_1 von der Seite sichtbar. M_2 mit verschmälertem Talonid. M_3 relativ groß.

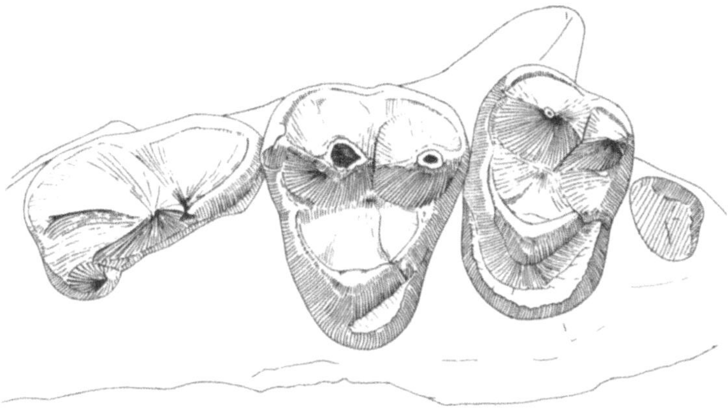

Abb. 3. P^4—M^2 und Alv. M^3 des Holotypus von *Amphicyon major major* BL. von Sansan (Mus. Paris, Sa. 1). 1:1.

Lectotypus: Linkes Oberkiefer-Fragment mit C, P^1, P^4—M^2, Alv. P^{2-3}, Alv. M^3, im Museum Paris, Nr. Sa. 1. — Abb. BLAINVILLE 1841, Taf. XIV, Fig. 1 (seitenverkehrt). — Hier Abb. 3.

Locus typicus: Sansan (Gers).

Stratum typicum: Helvetium (nach GINSBURG 1961).

Diskussion: GINSBURG (1961, S. 10) vermerkte in seiner Material-Liste hinter dem Stück Sa. 1, daß es den „Genotyp" darstelle. Nach den Nomenklaturregeln darf den Typus einer nominellen Gattung nur eine nominelle Art, aber kein Individuum bilden. Das Stück Sa. 1 kann also nur den Typus der Art *A. major*, bzw. der Unterart *A. m. major* verkörpern. Da BLAINVILLE mehrere Dokumente von *m. major* zur Verfügung standen, und er keinen Holotypus bezeichnet hat, muß Sa. 1 als Lectotypus gewertet werden.

Nachdem GINSBURG die Carnivoren von Sansan erst unlängst einer gründlichen Neubearbeitung unterzogen hat, erübrigen sich Einzelheiten an dieser Stelle. Bis auf zwei unbedeutende Einwände stimme ich GINSBURG vollinhaltlich zu. — Nicht zutreffend bestimmt erscheint mir C inf. dext. (Sa. 41, Abb. 2), den ich für einen *Pseudocyon*-Eckzahn halten möchte. Ferner muß ich die von

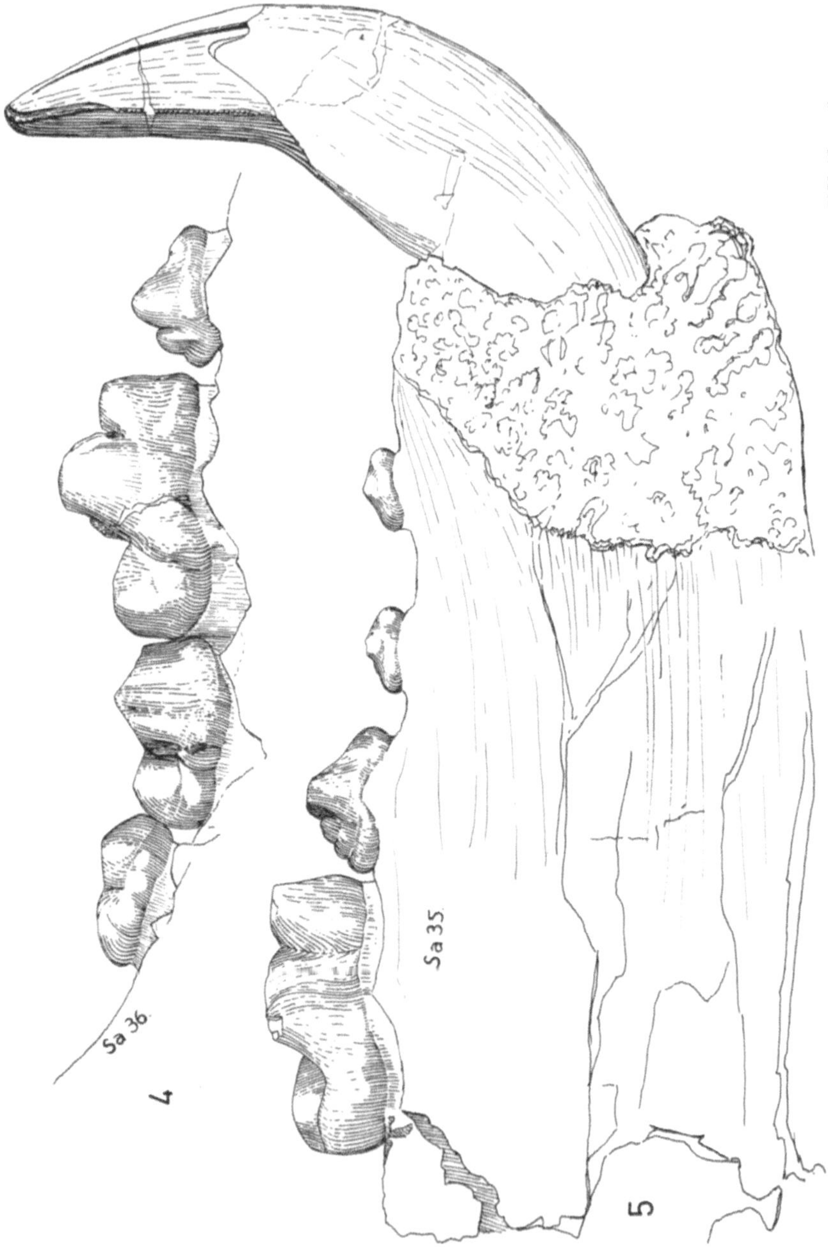

Abb. 4—5. Unterkiefer von *Amphicyon major major* BL. von Sansan im Mus. Paris. — Abb. 4: rechter UK (Sa. 36). — Abb. 5: linker UK (Sa. 35). — 1:1.

GINSBURG vermutete phylogenetische Beziehung zwischen „*A. crassidens Pomel*“ und *A. major* ablehnen. — Hinsichtlich der Größenschwankung des Caniden von Sansan gelangte GINSBURG zu Differenzen über 20% (d. h. ±10%). Die großen Tiere wertete er als ♂♂, die kleinen als ♀♀. Soweit ich sehe, lassen sich aber keineswegs etwa zwei deutliche Maxima erkennen. Die jüngere Entwicklungsgeschichte der Art lehrt vielmehr, daß die Variabilität zunehmend eingeschränkt wird. Demnach fragt es sich sehr, ob wirklich ein Sexualdimorphismus in diesem Falle zum Ausdruck kommt.

Von den zahlreichen *major*-Bestimmungen in der Literatur bleibt als einziger unzweifelhafter Fundpunkt nur Sansan übrig[3]. Ein P_4 aus einer Spaltenfüllung von Solnhofen (DEHM 1942) dürfte mit großer Wahrscheinlichkeit den gleichen Namen verdienen. Dennoch bleibt *m. major* ein viel selteneres Fossil, als man der Literatur nach hätte annehmen können.

Amphicyon major major BL. von Sansan
Einige Maße in mm:

Nr.	C	P 1	P 2	P 3	P 4	M 1	M 2	M 3
Oberkiefer (Mus. Paris)								
Sa. 1*	21 × 17	9,6 × 5,8	—	—	31,5 × 19	27 × 34,5	22 × 32,3	A ~13 × 11
Sa. 2	—	—	—	—	31 × 17[d]	25 × ~32[s]	22 × 32,5[s]	—
Sa. 4	—	9 × 5	12 × 6	13 × 6,5	30 × 15,3	25 × 32,3	—	—
Sa. 5	—	—	—	—	30,2 × 15	A 21,5 × 29	20,5 × 30	A 15 × 11,5
Unterkiefer (Mus. Paris)								
Sa. 36	—	A 7 × 3,5	A 11 × 4	A 13 × 4	18,5 × 9,5	35 × 16,5	25,5 × 18	20,5 × 16
Sa. 37	—	A 7 × 3,5	A 11 × +3	9,5 × 5,5	+15 × 9	~31 × 15	20,5 × 16	A 14 × 10
Sa. 35	28 × 18,5	A 5 × 3,5	11 × 6	11,5 × 6,8	19 × 10	36 × 18	—	—
Sa. 34	—	9,7 × 6,5	12,5 × 7	—	—	35,5 × 18	25 × 18	—

* A = Alveole, d = rechts, s = links.

[3] Das Museum Paris besitzt allerdings auch einen echten *m. major*-M_1 von Simorre. Da Sansan und Simorre räumlich und zeitlich nahe beieinander liegen, ergibt sich daraus kein Widerspruch.

Amphicyon major grivensis VIRET 1929

(Form des Tortoniums und Sarmatiums)

Abb. 6—9

v 1887 *Amphicyon major*, LARTET. — DEPÉRET, Recherches, Taf. XIII, Fign. 5—7 (P^4, P_4, M_3).

pars v 1892 *Dinocyon göriachensis*, TOULA. — DEPÉRET, Mamm. mioc. S. 38ff. (Material v. 1887).

v 1899 *Amphicyon* sp. — GAILLARD, La Grive, S. 48/49, Taf. III, Fign. 2, 2a (M^1 dext.).

(v) 1902 *Amphicyon major* LARTET. — SCHLOSSER, Bohnerze, S. 37, Taf. III, Fig. 3 (M_2 fragm.).

v 1928 *Amphicyon major* BLAINV. — HELBING, Carnivoren, S. 377ff., Abb. 1, 2 (M_1, P^4) [1928d].

v* 1929 *Amphicyon Major* BLAINV. var. *Grivensis*. — VIRET, *Tomocyon*, S. 221/222.

? 1942 *Amphicyon major* BLAINV. var. *serbica* n. v. — LASKAREV, Säugetierfauna, S. 51/52.

? 1945 *Amphicyon* cfr. *major* BLAINVILLE. — HÜRZELER, Extrem.-Skelett, Fig. 18 (Mc IV).

v 1951 *Amphicyon major* BLAINVILLE. — VIRET, Catalogue, S. 27—28.

Diagnose: P^4 mit sehr kleinem bis fehlendem Innenhügel (Tritocon) und $\pm$ verkürztem vorderem Inneneck. M^1 asymmetrisch-dreieckig (hintere Breite geringer als vordere), Metaconulus $\pm$ deutlich, Innencingulum $\pm$ auf die Vorderseite übergreifend. P_4 gedrungener als bei *m. major*. M_2 mehr rechteckig, äußere Protoconid-Flanke flacher, Entoconid wahrscheinlich unschärfer. P_3 wahrscheinlich relativ kleiner als bei *m. major*.

Lectotypus: P^4 dext. im Mus. Lyon, Nr. L. Gr. 1107. — Abb. DEPÉRET 1887, Taf. XIII, Fign. 5, 5a. — Hier Abb. 8.

Locus typicus: La Grive Saint-Alban (Isère).

Stratum typicum: Tortonium.

Neue Belege:

M_2 sin. von Stätzling im Mus. Augsburg.

Von diesem Stück steht mir ein Abguß im Museum Basel zur Verfügung. — Die Kronenbasis ist fast ringsum beschädigt, so daß vom Entoconid kaum etwas übrig blieb. Genau wie an dem von Meßkirch (SCHLOSSER 1902) abgebildeten Homologen fällt am meisten die Einwärtsverschiebung der Trigonid-Hügel ins Auge: Außenflanke des Metaconides fast senkrecht gestellt, Gegenseite am Protoconid flach abfallend. Hypo- und Paraconid durch gemeinsame longitudinal gerichtete Schneide verbunden. Paraconid nicht individualisiert. Zwei getrennte, lange Wurzeln.

Diskussion: Die Unterschiede des vorliegenden Materials gegenüber der älteren Unterart sind optisch beträchtlicher, als sie in den Meßwerten zum Ausdruck kommen. Eigene Zweifel machen es mir nur zu gut verständlich, daß VIRET (1929a) für La Grive zunächst eine neue Unterart einführte, sie später (1951) aber wieder aufgab. Wenn auch typische Kriterien außerordentlich schwer zu definieren sind, kann man trotzdem nicht einfach an den so augenfälligen Abweichungen von *m. major* vorbeigehen. Erst im Vergleich mit *eppelsheimensis* wird die Daseinsberechtigung der Subspezies *grivensis* klar. Im Torton und Sarmat — zeitlich vorerst noch nicht deutlich zu trennen — bahnen sich Merkmale an, die im Unterpliozän

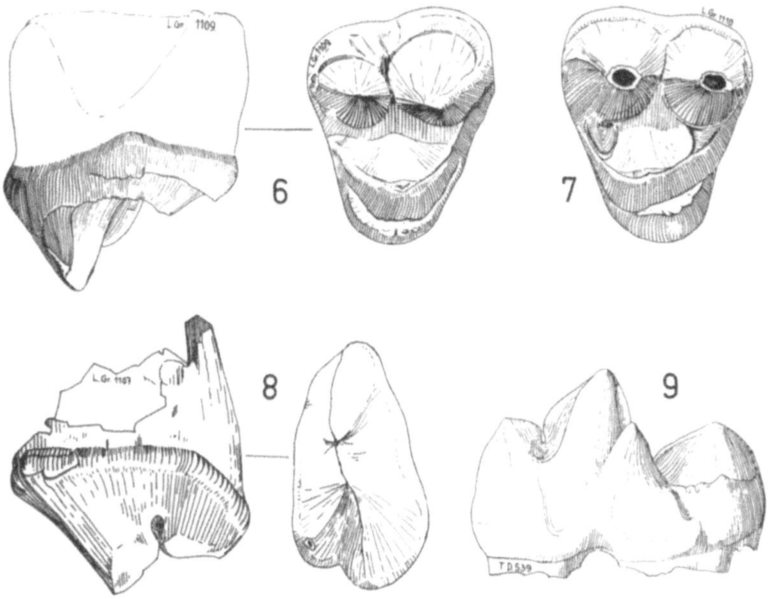

Abb. 6—9. Vier Backenzahne von *Amphicyon major grivensis* VIRET. — Abb. 6: M^1 dext. von La Grive (Mus. Lyon, L. Gr. 1109), Kauflache, Vorderansicht. — Abb. 7: M_1 sin. von La Grive (Mus. Lyon, L. Gr. 1110), Kauflache. — Abb. 8: P^4 dext. von La Grive (Mus. Lyon, L. Gr. 1107), Innenseite, Kauflache. — Abb. 9: M_1 dext. von Ravensburg (Mus. Basel, T.D. 539), Innenseite. — 1:1.

endgültig fixiert zu sein scheinen. Größenunterschiede sind immer noch feststellbar. Das Fehlen des Innenhügels am P^4 hat sich noch nicht vollends durchgesetzt. Am P_4 persistiert ein kleiner Hinterzacken. M^1 befindet sich in einem Umbildungsprozeß, dessen definitives Ergebnis an der pontischen Form in Ermangelung von Belegen vorerst nicht beurteilt werden kann. Wenn die jungmiozänen Dokumente nicht trügen, müßte bei *eppelsheimensis* der M_1-Protocon weiter erniedrigt und der Metacon noch stärker verkleinert sein. Ich vermute, daß der asymmetrische Umriß, wie er am M^1 Nr. 1109 (Abb. 6) zum Ausdruck kommt, zum festen Bestandteil gehören wird. Schon bei *grivensis* deutet sich eine Stauchung der Protocon-Arme an, wodurch die im Trigon eingeschlossene Grube verschmälert wird. Der Abkauungsprozeß verlagert sich von den Hügelspitzen der Molaren stärker auf die Flanken der Außenhügel. *A. major grivensis* hat also den Charakter einer Übergangsform von *m. major* zu *m. eppelsheimensis*.

Maße in mm:

P^4 dext. (Lectotypus, Mus. Lyon, L. Gr. 1107) = + 30,4 × + 18,0.
P^4 dext. (Mus. Lyon, L. Gr. 1105) = 29,5 × 15.
P^4 sin. (Mus. Basel, T. D. 540) = 33,3 × 19.
M^1 dext. (Mus. Lyon, L. Gr. 1109) = 25,5 × 31.
M^1 sin. (Mus. Lyon, L. Gr. 1110) = 25,7 × 31,5.
M^3 dext. (Mus. Lyon, L. Gr. 1111) = 17,5 × 14,8.
M_1 dext. (Mus. Basel, T. D. 539) = 41 × 19,1.
M_2 sin. fragm. (SCHLOSSER 1909, Abguß im Mus. Basel) = + 22,6 × 15,5.
M_2 sin. fragm. (von Stätzling, Abguß im Mus. Basel) = ca. 26,5 × 19.

Amphicyon major eppelsheimensis WEITZEL 1930

(Form des Älteren Pontiums)

Abb. 10—14

? 1861 *Amphicyon cultridens* POMEL. — KAUP, Beiträge, 5, Taf. II, Fig. 4 (M_1).
v* 1930 *Amphicyon eppelsheimensis* n. sp. — WEITZEL, Amphicyoniden, S. 96ff, Taf. VIII, Fign. 1—3 (Mand. sin. fragm., ? C sup.).
pars 1955 *Amphicyon eppelsheimensis* WTZL. — TOBIEN, Carnivoren, S. 28, non S. 10.

Diagnose: P_4 stärker reduziert als bei älteren Formen, Hinterzacken nur noch angedeutet. M_2 fast rechteckig. P^4 wahrscheinlich ganz ohne Innenhügel (Tritocon), Inneneck etwas zurückgesetzt. M^2 mit stark reduziertem Meta- und Protocon, besonders der hintere Protocon-Arm ganz schwach. — Etwas größer als ältere Formen, Größenschwankung geringer.

Holotypus: Linkes Unterkiefer-Fragment im Museum Darmstadt mit P_4—M_2, Alv. M_3. — Abb. WEITZEL 1930, Taf. VIII, Fig. 1a—c. — Hier Abb. 10.

Locus typicus: Eppelsheim in Rheinhessen.

Stratum typicum: Dinotheriensande (Älteres Pontium).

Neue Belege:

P^4 dext. fragm. im Geol. Inst. Halle a. S. aus dem rheinhessischen Dinotheriensand. Abb. 12.

Krone am vorderen und hinteren Inneneck mit kleinen Defekten. Vordere Wurzeln abgebrochen. Krone sehr ähnlich *m. major*, vorderes Inneneck

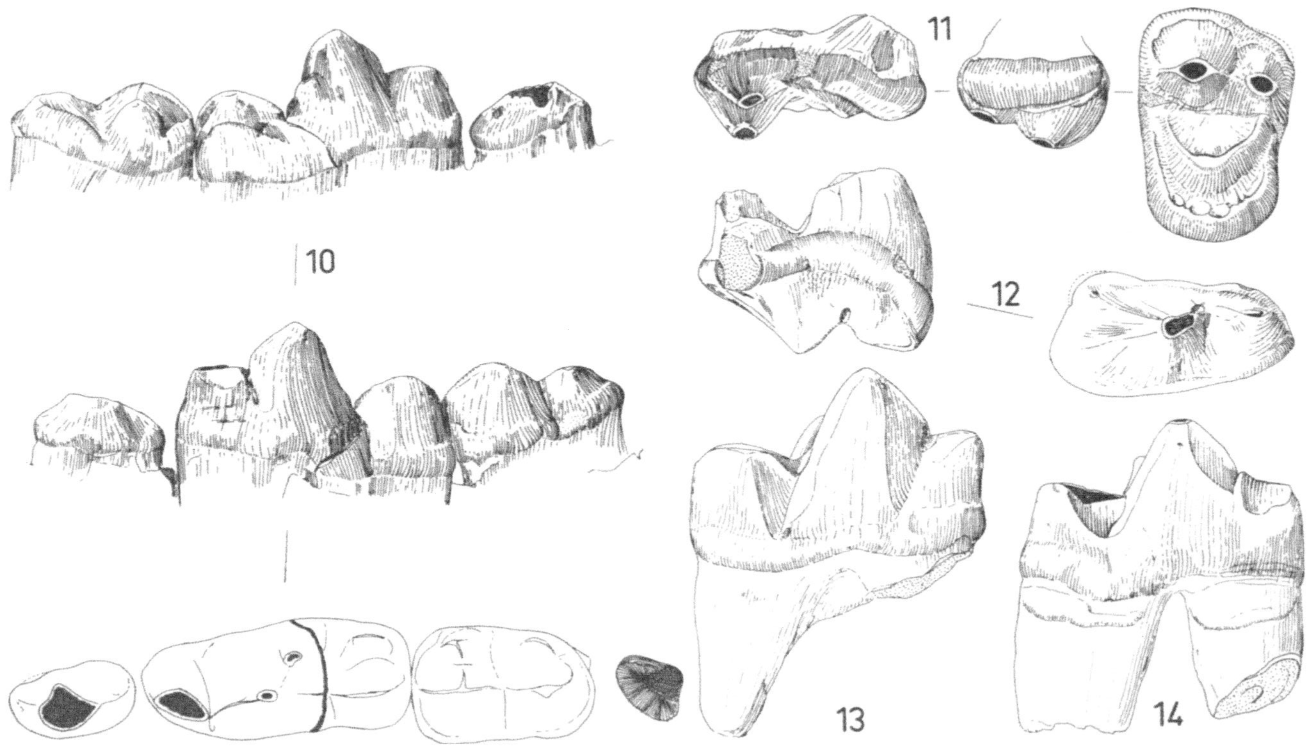

Abb. 10—14. Backenzahne von *Amphicyon major eppelsheimensis* WEITZEL. — Abb. 10: P_4—M_2 und Alv. M_3 des Holotypus von Eppelsheim (Mus. Darmstadt), Innenseite, Außenseite, Kauflache. — Abb. 11: M^2 sin. vom Wißberg bei Gau-Weinheim (Mus. Darmstadt, 1952/22), Hinterseite, Innenseite, Kaufläche. — Abb. 12: P^4 dext. aus dem rheinhessischen Dinotheriensand (Geol. Inst. Halle), Innenseite, Kauflache. — Abb. 13: M_1 dext. von Gau-Weinheim (Mus. Mainz, 1933/523), Außenseite. — Abb. 14: M_1 dext. vom Wißberg bei Gau-Weinheim (Abguß im Mus. Basel, Original verschollen), Außenseite. — 1:1.

jedoch zurückgesetzt. Der Abbruch an dieser Stelle läßt keine unmittelbare Entscheidung darüber zu, ob ein Tritoconus vorhanden war oder nicht. Da aber das Basalband an dieser Stelle noch in fast voller Stärke vorhanden ist und der Tritoconus sich gewöhnlich eng an die Protocon-Basis anschmiegt, erscheint es ziemlich sicher, daß er vollständig reduziert war. Eine winzige Falte an seiner Stelle könnte ein Rudiment dieses Gebildes darstellen. Für das primäre Fehlen spricht ferner die Tatsache des zurückgesetzten Innenecks. Darin stimmt der pontische P^4 gut überein mit Nr. 1107 von La Grive (DEPÉRET 1887, Fig. 5). Ein weiteres Unterscheidungsmerkmal gegenüber *m. major* besteht in dem völlig abgeschwächten Außencingulum. Auf der Innenseite hat das Basalband gleiche Stärke. Der Protocon trägt an seiner Rückseite eine transversal gerichtete und gegen das Quertal abfallende Facette. Die Innenseiten von Proto- und Deuteroconus sind mit steilen Usuren versehen, welche stellenweise bis auf das Basalband herabreichen.

M^2 sin. vom Wißberg bei Gau-Weinheim, Mus. Darmstadt, Nr. 1952/22. Abb. 11.

Auch dieser von *eppelsheimensis* bisher nicht belegte Zahn entspricht seinem ganzen Habitus nach *m. major* in vollkommener Weise. Metaconus und Protoconus haben allerdings beträchtlich an Stärke eingebüßt. Der Innenhügel besitzt nur mehr gleiche Höhe mit dem Innencingulum. Sein hinterer Arm wird gerade noch durch eine flache Falte repräsentiert. Unverändert kräftig erweist sich das Innencingulum, dessen Zerfurchung ich wieder als Symptom einer „alternden“ Form auffassen möchte. — Wurzeln fehlen.

M_1 dext. von Westhofen im Mus. Darmstadt (charakterisiert durch den Vermerk: Lg. 36,5; Br. 18,0).

Der Zahn ist kräftig usiert, Para- und Hypoconid mit leichten Defekten. Auf dem Etikett steht von WEITZEL's Hand vermerkt: „Auffallender Gegensatz zwischen Hypoconid und Entoconid, letzteres fast rückgebildet wie bei *Pseudocyon* (vgl. HELBING, 1929, S. 181)“. Bei unmittelbarem Vergleich mit dem Holotypus finde ich, daß bei diesem das Entoconid noch schwächer ausgebildet ist. — Das Metaconid steht soweit zurück, daß es von der Seite sichtbar wird.

M_1 sin. von Westhofen im Mus. Darmstadt (charakterisiert durch den Vermerk: Lg. 34,5).

Hier ist das Entoconid gar nicht erhoben, sondern vollständig platt und stellenweise nach außen umgeschlagen. Seine Vorderkante strahlt einen im rechten Winkel gegen das Hypoconid vorspringenden Wulst aus. Dieser ist auch beim Holotypus vorhanden, fehlt hingegen dem vorigen Zahn. Kräftiger als bei diesem und dem Holotypus ist das Metaconid entwickelt.

M_1 dext. von Gau-Weinheim im Mus. Mainz, Nr. 1933/523. Abb. 13.

Vorderwurzel fehlt, Hinterwurzel beschädigt, Para- und Hypoconid kräftig usiert. — Von der Seite wird das Metaconid eben noch sichtbar. Das Etikett verweist auf *A. gutmanni* KITTL, doch steht der Zahn dem Holotypus eindeutig näher als jenem.

M_1 dext. von Eppelsheim. Abguß in der Bayer. Staatsslg. München, Nr. 1903 I 5. — (Das Original soll in Darmstadt liegen, ist aber dort anscheinend nicht mehr vorhanden).

Lingual ist die Kronenbasis auffallend eben. Das stark erhobene Hypoconid fällt nach vorn steil ab und bildet in Seitenansicht ein V-förmiges Quertal. Durch Ausgliederung von zwei Teilhügeln erhält das flache Entoconid eine wellige Kontur. Das Metaconid steht relativ weit zurück.

M_1 sin. unbekannter Herkunft im Geol.-Pal. Institut Heidelberg (Wirbeltier-Übungssammlung). Auf altem Etikett der Vermerk: „*Amphicyon cultridens*? POMEL. Syn.: *A. major* BLAINV., *Agnotherium antiquum* KP. ?. *A. major*.

Vordere Hügel bis auf den Grund des Metaconides abgekaut. — Neben Größe, Kronengestalt und Erhaltung sprechen auch die Bestimmungsversuche für die Herkunft aus den Eppelsheimer Sanden. — Bemerkenswert ist das hohe Maß der horizontalen Abrasion, währenddessen die vertikale Usur in den Anfangsstadien stehen geblieben ist. Ungewöhnlich lang (vorn 35,7; hinten 32,0 mm) und von gleichmäßiger Stärke bis zum Ende sind die Wurzeln. Dies erklärt sich aus dem hohen individuellen Alter.

M_1 dext. vom Wißberg bei Gau-Weinheim. Abguß im Museum Basel. Abb. 14.

Wie am vorigen M_1 kommt auch hier der scharfe Gegensatz zwischen horizontaler und vertikaler Abtragung zum Ausdruck. Para- und Hypoconid verfügen über große horizontale Facetten, das Protoconid ist an der Spitze nur schwach usiert, Entoconid völlig frisch. Metaconid relativ klein, aber von der Seite sichtbar. Talonid-Hügel durch eine sagittale, scharf markierte Furche getrennt. Entoconid in Form eines scharfkantigen, von der Seite gesehen etwas konvex gebogenen Simses. Seine Verbindung zum Hypoconid ist auf der Rückseite fast gänzlich verloren gegangen. Darin ähnelt dieser Molar dem Holotypus von *A. m. gutmanni*.

M_2 dext. von Gau-Weinheim im Mus. Mainz, Nr. 1933/757.

Krone mäßig usiert, Wurzeln abgebrochen. — Der Zahn ist kleiner als am Holotypus und in seinem Grundriß betonter rechteckig durch ein schwächeres Basalband über der hinteren Außenkante. Außerdem weicht er durch Vorhandensein eines dem Metaconid vorgelagerten Paraconid-Reliktes ab, das durch Ausläufer sich sowohl dem Proto- wie dem Paraconid anschließt.

M_2 dext. von Geisselberg (Unt. Pannonium) im Mus. Wien, Zi.B.

Bis auf das etwas stärker abgestumpfte hintere Inneneck erreicht der Umriß fast rechteckige Form. Talonid wenig kürzer als das Trigonid. Eventuell vorhanden gewesene Paraconid-Relikte wären der Abkauung zum Opfer gefallen. Proto- und Hypoconid sind durch eine sagittal verlaufende Schneide verbunden. Diese biegt vorn und hinten nach dem seitlichen Nachbarhügel herum. Die longitudinale Trennfurche zwischen Proto- und Metaconid greift in gerade Richtung auf das Talonid über, wird hier jedoch abgeschwächt. Das Entoconid präsentiert sich im hinteren Abschnitt in Gestalt einer scharfkantigen, horizontalen Stufe, im vorderen endigt es blind. Cingulum nur außen schwach angedeutet.

Diskussion: WEITZELs Diagnose für *eppelsheimensis* beruht in einigen Punkten auf unzulässigen Verallgemeinerungen. Zweifellos ist der Kieferknochen des Holotypus keineswegs spezifisch schwächer als derjenige von *m. major*, denn schließlich handelt es sich um ein relativ junges Exemplar. Ebenso erweisen sich bei größerem Material Position und Stärke des M_1-Metaconides als variabel. Verläßliche Unterscheidungsmerkmale werden wahrscheinlich in dem verkürzten P_4 mit seinem rudimentären Hinterzacken und dem gleichermaßen verkürzten M_3 enthalten sein. Hinzu kommt, was WEITZEL nicht scharf genug formulierte, ein fortschrittlicherer

Abbau der Entoconide von M_1 und M_2, ferner die Einwärtsverschiebung der Hügel auf M_2 und die Querdehnung des M_2-Talonides, aus der ein nahezu rechteckiger Umriß resultiert. — Wenn WEITZEL festgestellt haben will, daß am Holotypus das M_2-Talonid „breiter als das Trigonid" sei, so entspricht das nicht den Tatsachen, denn am Trigonid messe ich eine Breite von 17 (WEITZEL = 16,5), am Talonid von 15,4 mm.

Bei zwei Mandibeln von Sansan beträgt der Index Lg. P_4:Lg. M_1 = 0,530. Für *eppelsheimensis* bleibt er mit 0,472 deutlich darunter, ist aber nicht besonders klein. Für *grivensis* kann deshalb kaum mit einem spezifisch verschiedenen Wert gerechnet werden. — Die nunmehr größere Materialkenntnis gestattet auch ein sichereres Urteil über die Größenvariation. Während die absolute Länge von M_1 nur unbedeutenden Schwankungen unterliegt (mittlere Länge = 36,6 ± 3,4 %), variiert die Breite in höherem Maße (mittlere Breite = 17,7 ± 7 %). Im Vergleich zu *m. major* bedeutet das einmal eine mittlere Längenzunahme um 3 mm und zum anderen eine Einengung der Längenschwankung um 6,3 %, denn die Vergleichszahlen für *m. major* betragen: Mittlere Länge = 33,6 mm ± 9,7 %.

Da sich im Eppelsheimer Material mehrere große Amphicyoniden verbergen, fiel die richtige Zuordnung von Oberkieferzähnen zu dem bisher nur in Elementen des Unterkiefers belegten *eppelsheimensis* nicht ganz leicht. Nachdem aber einmal erkannt war, daß diese pontische Form letzten Endes nichts anderes als ein evoluierter *major* ist, scheint doch wohl jeder Zweifel an der Richtigkeit der getroffenen Auswahl ausgeschlossen. P^4 steht denn auch seinen älteren Vorläufern im gesamten Habitus nahe, und M^2 bietet genau das Bild, das man von ihm in Anbetracht des erwiesenermaßen reduzierten M_3 erwarten muß. Sein Metacon wurde entsprechend verkleinert und der Protocon entspricht dem Maße der Abschwächung im M_1-Entoconid. — Der einstweilen unbekannte M^1 wird vermutlich den asymmetrischen Umriß von *grivensis* fixiert und seinen Protoconus ebenfalls erniedrigt haben. (Zwei M^1 im Mainzer Museum, die TOBIEN [1955, S. 10] auf *eppelsheimensis* beziehen wollte, können schon allein ihrer viel geringeren Größe wegen nicht diese Deutung erfahren).

Anders als man nach den obermiozänen Dokumenten erwarten würde, äußert sich im Pontium der Abkauungsmodus. Im Helvetium handelte es sich um fast rein horizontale Abtragung. Im Obermiozän bahnte sich ein mehr felinoider Modus an. Im Pont zeigen die Jugendstadien zwar diesen Typus in reiner Weise, jedoch wird er dann in vorgeschrittenerem Lebensalter ganz abrupt zugunsten der ursprünglichen, nämlich horizontalen Abkauung aufgegeben. Genau umgekehrt verhält sich bekanntlich *Agnotherium antiquum* KAUP. Bei ihm überrwiegt anfangs die horizontale Usur und macht später der felinoiden Platz. Während bei *m. major* zuerst der Protocon des M_1 von der Abrasion erfaßt wird, bleibt er bei *m. eppelsheimensis* am längsten verschont. Nachdem Para- und Hypoconid längst erhebliche Substanz-Verluste erlitten haben, ist er noch $\pm$ völlig intakt. Der neubeschriebene P^4 klärt diese Merkwürdigkeit auf: Sein Protoconus usiert mit dem Paraconid des M_1. Infolgedessen trägt dieser Hügel auf der Rückseite eine Facette. Sein Deuteroconus trifft aber nicht mehr die Spitze des M_1-Protoconides, sondern gleitet an ihr vorbei und erzeugt auf der Flanke eine steilstehende Facette. Erst in einem fortgeschrittenen Stadium gleicht sich die Diskrepanz innerhalb der Hügel wieder aus.

Unter dem Namen „*Amphicyon cultridens* POMEL" hat KAUP (1861) einen M_1 von Westhofen abgebildet, der um 1900 im Darmstädter Museum verloren ging. Mit höchster Wahrscheinlichkeit handelt es sich hier um einen echten *eppelsheimensis*-Zahn. Glücklicherweise ergeben sich daraus keine nomenklatorischen Konsequenzen, denn *cultridens* ist ein jüngeres Synonym für *m. major.*

Maße in mm:

Holotypus (Mus. Darmstadt): $P_4 = 17 \times 11$; $M_1 = 36 \times 16$; $M_2 = 24 \times 16{,}5$; Alv. $M_3 = 10 \times 8$.
? C sup. fragm. (WEITZEL, Taf. VIII, Fig. 3): Lg. a. d. Basis = 33.
P^4 dext. (Geol. Inst. Halle) = $31{,}6 \times +17$ (ca. 17,5).
M^2 sin. (Mus. Darmstadt 1952/22) = 21×32.
M_1 dext. (Mus. Darmstadt) = $36{,}5 \times 18$.
M_1 sin. (Mus. Darmstadt) = $35 \times 16{,}5$.
M_1 dext. (Mus. Mainz, 1933/523) = $37{,}4 \times 18{,}8$.
M_1 dext. (Abguß, Slg. Munchen, 1903 I 5) = $37{,}5 \times 19$.
M_1 sin. (Geol. Inst. Heidelberg) = $+35{,}7$ (ca. 36,5) $\times 17$.
M_1 dext. (Abguß im Museum Basel) = $36{,}2 \times 18{,}2$.
M_2 sin. (WEITZEL, Taf. VIII, Fig. 2) = 26×19.
M_2 dext. (Mus. Mainz, 1933/757) = 23×16.
M_2 sin. (Mus. Wien, Zi B) = 26×19.

Amphicyon major gutmanni KITTL 1891

(Form des Jüngeren Pannoniums)

Abb. 15

v* 1891 *Amphicyon Gutmanni* KITTL. — KITTL, Mannersdorfer Ziegelei, Notizen, S. 96, Textabb. (M_1).
1893 *Amphicyon Guttmanni* KITTL. — ZITTEL, Handbuch, IV, S. 637.

Diagnose: Unterart von der Größe des *A. m. eppelsheimensis*. Hinteres Inneneck von M_1 stark abgestumpft, Entoconid deshalb ungewöhnlich kurz und ohne Zusammenhang mit dem Hypoconid, Paraconid-Basis schmaler als bei *eppelsheimensis*.

Holotypus: M_1 dext. im Naturhistorischen Museum Wien. — Abb. bei KITTL im Text. — Hier Abb. 15.

Locus typicus: Mannersdorfer Ziegelei a. d. March bei Angern (Österreich).

Stratum typicum: Jüngeres Pannonium (nach ZAPFE).

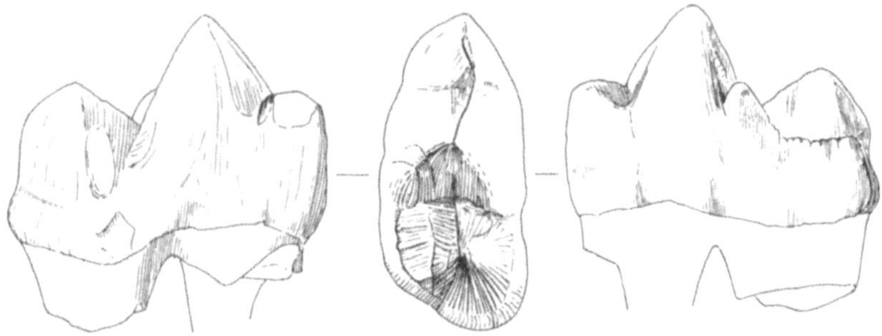

Abb. 15. M_1 dext. von *Amphicyon major gutmanni* KITTL (Holotypus, im Mus. Wien) aus der Mannersdorfer Ziegelei a. d. March bei Angern/Österreich. Außenseite, Kauflache, Innenseite. — 1 : 1.

Diskussion: Die von KITTL errichtete Art hat bisher im Schrifttum keine Berücksichtigung gefunden. Sie beruht nach wie vor auf einem einzigen Molaren (M_1). Taxonomie und eventuelle nomenklatorische Prioritätsansprüche müssen also auf sehr schmaler Basis abgeklärt werden[4].

In seiner Größe liegt der Mannersdorfer M_1 im Maximum der bekannten *eppelsheimensis*-Werte. Seinem Typus nach gehört er zu *major*. Es verträgt sich also anscheinend schlecht mit dem bisher angewandten Verfahren, zeitlich so nahestehende Formen getrennt zu führen.

Einem Vortrag ZAPFEs anläßlich der 50. Tagung der Paläontologischen Gesellschaft 1962 zufolge müssen die Eppelsheimer Sande älter eingestuft werden als Mannersdorf. Ein Altersunterschied zwischen *eppelsheimensis* und *gutmanni* ist also tatsächlich gegeben. An Hand des vorliegenden Materials bestehen auch morphologische

[4] Sollte sich *gutmanni* bei günstigerer Dokumentation als eine mit *eppelsheimensis* identische Unterart erweisen, würde dem Namen *gutmanni* die Priorität gebühren.

Unterschiede, die nicht bagatellisiert werden sollten. In drei Merkmalen weicht *gutmanni* von allen vergleichbaren *eppelsheimensis*-Zähnen deutlich ab: 1. ist sein Entoconid so verkürzt, daß Außen- und Hinterfront nicht mehr — wie üblich — einen rechten, sondern einen spitzen Winkel bilden (etwa 60 Grad), 2. liegt die Spitze des Metaconides unterhalb der Verbindungslinie, die sich zwischen den höchsten Erhebungen von Para- und Hypoconid ziehen läßt, (KITTLs Zeichnung stimmt hier nicht), 3. ist die Paraconid-Basis so stark zusammengekniffen wie an keinem Homologon von *eppelsheimensis*.

Im übrigen besteht gute Übereinstimmung. Alle Abweichungen können ohne weiteres als fortschrittliche Merkmale aufgefaßt werden, vorausgesetzt, daß sie sich später als konstant oder zumindest als dominierend herausstellen. Wenn das zuträfe, müßte man auf eine rasche Zunahme der Entwicklungsgeschwindigkeit im Pontium (Pannonium) schließen.

Nicht zu Unrecht hat KITTL auf einen M_1 von „?*Amphicyon palaeindicus* LYD." hingewiesen, den LYDEKKER (1884, Taf. XXXII, Fig. 5) abgebildet hat. Auch dieser — noch in Verbindung mit P_4 — besitzt eine deutliche Abstumpfung des hinteren Innenecks. Unvereinbar mit einer unmittelbaren Identität ist aber sowohl die geringere Größe, die bei *gutmanni* theoretisch höher liegen sollte als bei *eppelsheimensis*, wie auch die Tatsache, daß hier das Entoconid noch mit dem Hypoconid distal in Verbindung steht. Der Abbildung nach zu urteilen, liegt bei *palaeindicus* außerdem das Metaconid höher als selbst bei *m. major*. So gern auch pliozäne Formen immer wieder von Asien hergeleitet werden, so klar darf man in diesem Falle eine nähere Beziehung zwischen diesem sog. *palaeindicus* und *gutmanni* in Abrede stellen. Ich hoffe zuversichtlich, daß neues Material *gutmanni* überzeugend als *major*-Abkömmling ausweisen wird.

Maße in mm:
M_1 dext. (Mus. Wien) = 37,4 × 18,2.

Entwicklungsgeschichtlicher Rückblick

A. major konnte vom Helvetium bis ins Jüngere Pannonium nachgewiesen werden. Im Burdigal hat sich bisher keine gleich große Form gefunden, die auch nur den Verdacht auf eine nähere Beziehung aufkommen lassen würde (vgl. S. 9). Die Evolution zielt orthogenetisch auf eine absolute Größenzunahme, deren Schwankungsbreite zunehmend eingeengt wird. P_4 und M3 werden verkleinert. Der Hinterzacken auf P_4 schwindet. In kausalem Zusammenhang mit der Reduktion der M_1- und M_2-Entoconide nimmt auch die Höhe der Protoconi von M^1 (?) und M^2 ab, und ihre Zwischenhügel verfallen. Schräge Abkauungsweise scheint sich als proterogenetisches Merkmal zu erweisen: Bei *m. major* noch kaum zu bemerken, macht sie sich bei *grivensis* in frühestem individuellem Alter bemerkbar und hält bei *eppelsheimensis* bereits bis in mittleres Lebensalter durch, um dann abrupt von der horizontalen Abkauungsweise unterbrochen zu werden. Die Seltenheit von *A. major* — örtlich jedoch relativ häufig vertreten — legt den Verdacht auf strenge ökologische Gebundenheit nahe.

Amphicyon steinheimensis FRAAS 1885

1885 *Amphicyon Steinheimensis.* — FRAAS, Beiträge, S. 314ff.

Diagnose: Mittelgroße Art des Genus *Amphicyon.* (Länge des $M_1 \pm 29$ mm). C relativ stärker gekrümmt als bei *A. major*, ihre innere Kante meist etwas vom Vorderrand entfernt. Pl-3 gedrungen, ohne Hinterzacken, durch weite Diasteme getrennt, Wurzeln zum Teil verschmolzen. Schneide des P^3 (und der übrigen vorderen P?) in Richtung der Zahnachse und nicht diagonal. P_4 kurz und kräftig, mit niedrigem Hinterzacken. P^4 ohne Tritocon, vordere Basis konkav. M_1 meist mit verbreitertem Talonid, Schneide des Hypoconides in sich gerade. Entoconide von M_1 und M_2 schwach. Umriß des M^1 entweder streng triangulär oder distal etwas konkav. M^2 zwischen Protocon und Innencingulum mit breiter Furche, Metaconulus ab Helvetium vom Protocon völlig getrennt, im Sarmatium dem Innencingulum angeschlossen.

Verbreitung: Burdigalium bis Pontium.

Amphicyon steinheimensis bohemicus (SCHLOSSER) 1899

(Form des Burdigaliums bis Tortoniums)

Abb. 16—23

1861 *Amphicyon intermedius* MEY. — SUESS, Raubthiere, S. 224ff, Taf. II, Fign. 1—12 (Div. C, I, P, M).

1888 *Amphicyon intermedius* SUESS (non H. v. MEYER). — SCHLOSSER, Affen, S. 74.

v 1891 *Amphicyon intermedius* SUESS. — HOFMANN, Feisternitz, S. 520ff., Taf. IV, Fign. 1—10 (Ob. Schnauzenfragm. mit C, P^{1-4}, P^4—M^1; M^2, P_3, M_1).

pars (v)* 1899 *Pseudocyon bohemicus* n. sp. — SCHLOSSER, Bären, S. 124/125, Taf. XIV, Fign. 3, 4, 9 (non M_2 in Fig. 4), (P^4—M^3 z. T. kop. SUESS, z. T. rekonstr., M_1 u. M_3 kop. SUESS).

? pars (v) 1901 *Amphicyon bohemicus* SCHLOSSER. — SCHLOSSER, Böhm. Braunkohlenform., S. 62ff, Taf. I, Fign. 18, 23—26, 29—30 (C sup., M_1, M_2 ergänzt, M_3, P^4, M^1 ergänzt, ? M^2 ergänzt ?, M^3), ? non M^2 ?

1929 *Amphicyon bohemicus*. — VIRET, Limagne Bourb., S. 113, 123.

v 1929 *Amphicyon* aff. *steinheimensis* FRAAS. — VIRET, *Tomocyon*, S. 222/223, Taf. XIX, Fign. 10—12 (M^1, M_1 fragm. —M_2).

? pars v 1934 *Amphicyon* aff. *steinheimensis* FRAAS. — ROMAN & VIRET, La Romieu, Taf. I, ? Fig. 6 ? (C inf.), non Fign. 4, 5; Taf. II, Fign. 1—2.

v 1949 *Amphicyon steinheimensis* FRAAS 1885. — THENIUS, Göriach, S. 716ff, Abb. 7 (P_3—M_3).

v 1950 *Amphicyon dietrichi* n. sp. — DEHM, Wintershof-West, S. 30ff, Abb. 51—53 (fragm. UK mit C, Alv. P_1, P_2—M_2, Alv. M_3 fragm.; OK-Fragm. mit C fragm., P^1, Alv. P^2, P^3, P^4 fragm., M^1).

? pars v 1950 *Amphicyon* cf. *steinheimensis* FRAAS. — ZAPFE, Neudorf, S. 123ff, Abb. 10B, C (P^4, M_3 sin. nec dext.), ? non Abb. 10 A ?.

pars v 1951 *Amphicyon* aff. *steinheimensis* FRAAS. — VIRET, Catalogue, S. 29, Taf. I, Fign. 1 u. 3 (C sup., M_1), non Fign. 2 u. 4.

Diagnose: P2 bis P3 ohne Wurzelverschmelzung. Inneneck des P^4 nicht zurückgestellt. Protoconus-Arme des M^2 nicht reduziert. P_4 mit breiter, eckiger Hinterfront. Talonid des M_1 meist breiter als das Trigonid.

Lectotypus: M_1 sin. im Geolog. Institut Prag (Praha), Nr. 4330, vidi. — Abb. SUESS 1861, Fig. 8a—c; SCHLOSSER 1901, Taf. I, in Fign. 23, 26, 30.

Locus typicus: Tuchorschitz (Tuchorice) in Böhmen, CSR.

Stratum typicum: Burdigalium (nach THENIUS 1959).

Neuer Beleg:

P^4 dext. von Meßkirch im Geol.-Pal. Inst. Tübingen (Schausammlung). — Drei getrennte Wurzeln, Umriß der Krone dreieckig. Proto- und Deuterocon mittelmäßig abgekaut. Steile Usuren reichen auf der Innenseite bis auf das Basalband herab. Das vordere Inneneck erlitt leichte Verletzungen. Ein Tritocon dürfte an dieser Stelle nicht vorhanden gewesen sein. Vorderseite der Kronenbasis konkav, vorderes Inneneck voluminöser als das Außeneck. Vom Protocon ziehen zwei divergierende Kanten gegen die beiden vorderen Ecken herab. Kronenbasis ringsum von einem deutlichen, aber nicht besonders kräftigen Basalrand umgeben.

Diskussion: Die Bestimmung des Amphicyoniden von Tuchorschitz (SUESS 1861) als *A. intermedius* H. v. MEYER geht nach Mitteilung des Autors auf H. v. MEYER persönlich zurück, dem er

Zeichnungen des Materials zusandte. Daß die Benennung falsch war, erkannte SCHLOSSER alsbald (1888) und änderte sie ab in „*A. intermedius* SUESS". In dieser Form wurde der Name auch von HOFMANN für den etwas jüngeren Fund von Feisternitz übernommen. Anläßlich einer genaueren Beschäftigung mit dem Tuchor-

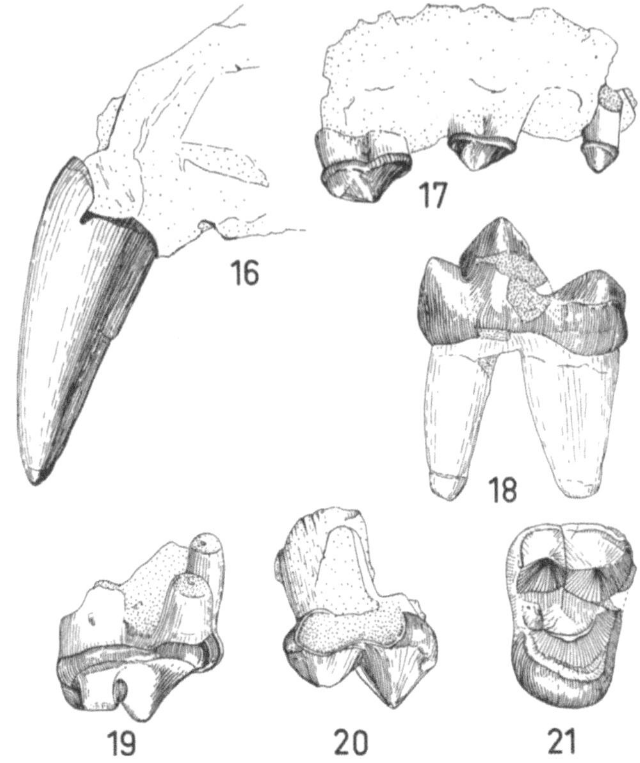

Abb. 16—21. *Amphicyon steinheimensis bohemicus* (SCHLOSSER) von Feisternitz (Mus. Graz). — Abb. 16: C sup. sin. (Nr. 59 575), Außenseite. — Abb. 17: P^1—P^3 sin. (Nr. 59 575), zum gleichen Individuum gehörig wie Abb. 16, Innenseite. — Abb. 18: M_1 dext. (Nr. 59 590), Innenseite. — Abb. 19: P^4 sin. (Nr. 59 598), Innenseite. — Abb. 20: M^1 sin. fragm. (Nr. 59 597), Innenseite. — Abb. 21: M^2 dext. (Nr. 59 596), Kauflache. — Alle Stucke Originale zu A. HOFMANN 1891. — 1:1.

schitzer Caniden glaubte SCHLOSSER (1899), ihn als einen *Pseudocyon* neuer Spezies deuten zu müssen. Aber bereits 2 Jahre später revidierte er seine Ansicht dahingehend, daß er durch die Zeichnungen von SUESS irregeführt worden sei und nach dem Studium der Originale *bohemicus* in das Genus *Amphicyon* zurückverweisen müsse.

SCHLOSSER war übrigens nicht der einzige, der *bohemicus* mit *Pseudocyon* in Verbindung brachte. So bemerkte VIRET 1929b,

S. 124: „Je considérais celui („*Ps. gerandianus*", Verf.) de St. Gérand comme l'ancêtre de celui de Tuchorschitz". SCHLOSSERs Rekonstruktionen des M^1 und M^2 legen diesen Gedanken in der Tat auch recht nahe. Später berief sich DEHM (1950) in der Charakteristik seines „*Amphicyon dietrichi*" von Wintershof-West auf Ähnlichkeiten mit „*A. crassidens* POMEL", der, wie sich zeigen wird, ein echter *Pseudocyon* ist. So nimmt es nicht wunder, wenn auch verschiedentlich direkte Verwechslungen zwischen *Pseudocyon* (vgl. dort) und *steinheimensis* vorgekommen sind. Trotz aller Robustheit läßt sich M_1 jedoch leicht auseinander halten, weil die Zahnkrone von *steinheimensis* niedriger ist als bei *Pseudocyon*. Komplizierter liegen die Dinge im Falle des M^1, der, soweit man bei der schlechten Dokumentation beurteilen kann, bei beiden Formen im Umriß recht ähnlich zu werden scheint. Im M^1 von *steinheimensis* steht der Protoconus aber mehr dem Vorderrande genähert als bei *Pseudocyon*, und die Trigonid-Grube ist breiter.

Mit seinen teilweise ziemlich verunglückten Gebiß-Kombinationen und -Rekonstruktionen von *bohemicus* hat SCHLOSSER der Beurteilung dieses Caniden keinen Dienst erwiesen. Darum gilt es, das Typus-Material genauer anzusehen. Zwar stand mir davon allein der Lectotypus zur Verfügung, den Prager Kollegen mir freundlicherweise übersandten, doch konnte ich außerdem in der Münchener Sammlung die alten, von SCHLOSSER gefertigten Abgüsse und Rekonstruktionsversuche studieren. Danach trifft SCHLOSSERS Vorwurf gegen die schlechte Abbildungsweise von SUESS zu für dessen Figuren 8c (M_1 von oben), 7c (P^4 von unten), sowie für Fig. 11 und 12b. Alle anderen Abbildungen sind keineswegs schlecht. SCHLOSSER hat auch Recht mit der Behauptung, daß sich im Tuchorschitzer Material mehrere Individuen verbergen. Seine Vermutung, daß sich das Material außerdem auf mehrere Spezies, vielleicht gar auf verschiedene Genera verteile, scheint mir durch kein echtes Argument gestützt. Caninen von der Größe des bei SUESS abgebildeten dürfen für *bohemicus* durchaus erwartet werden. Das beweist der Fund von Wintershof-West. Ebenso belegt er starke I 3 durch vorhandene Alveolen. Selbst der auf den ersten Blick so merkwürdig spitz erscheinende Protocon eines P^4 bei SUESS (Fig. 6) ordnet sich bei richtiger Orientierung in das Gesamtbild von *bohemicus* ein. — SCHLOSSER unterlag aber einem — später von ihm selbst korrigierten — Irrtum, als er in seine Rekonstruktion den M_2 von Weisenau einfügte. Dieser klärte sich später (VIRET 1929b) als Element von „*Pseudocyon gerandianus* VIRET" auf. Trotz der Korrektur fiel aber auch der Rekonstruktionsversuch von 1901 für den M_2 viel zu *Pseudocyon*-haft aus, denn die Breite des M_1-Talonides macht es ganz unwahrscheinlich, daß M_2 ein derartig breites Trigonid besessen haben könnte.— M^1, von dem nur Bruchstücke des Para- und Metaconus zur Verfügung standen, kommt in den Rekonstruktionen der Wirklichkeit noch am nächsten. Für das Vorhandensein eines besonders markanten Protoconulus liefert das Material jedoch keinen Anhaltspunkt. Besonders irreführend ist der relativ viel zu kleine M^2. Nach SCHLOSSERs Angaben entstammt er nicht dem Material von SUESS, sondern Beständen der Münchener Sammlung. Wenn er sich wirklich auf *bohemicus* beziehen lassen sollte, würde es sich um ein extrem kleines Exemplar handeln, dessen M^1 entsprechend klein sein müßte. Wahrscheinlicher handelt es sich aber um eine kleinere Spezies, etwa „*A. helbingi* DEHM", wie sie im Burdigal nachweislich auch vorkommt. Der Paraconus dieses M^2 wurde als viel zu mächtiges Gebilde ergänzt.

Über das Aussehen von *bohemicus* können wir uns heute an günstigeren Objekten orientieren. Wenn auch SCHLOSSER an der Identität des Feisternitzer und Tuchorschitzer Carnivoren zweifelte, so steht dem entgegen, daß HOFMANN sie aus persönlicher Kenntnis beider Fundkomplexe ausdrücklich bejaht hat. Hinzu kommt neuerdings der prächtig belegte „*A. dietrichi* DEHM" von Wintershof-West, der m. E. nichts anderes als ein *bohemicus* ist[5]. Auf seine von DEHM hervorgehobene „*crassidens*"-Ähnlichkeit wurde schon hingewiesen. Er stimmt ferner überein im niedrigen Kronenbau des M_1, der ihn aus der *Pseudocyon*-Verwandtschaft heraushebt, in der relativ starken Krümmung der Caninen und schließlich auch in allen von DEHM geschilderten Details des P^4. Bemerkenswert ist ferner die Ähnlichkeit im Umriß des M^1 mit der Rekonstruktion SCHLOSSERs. Nicht ganz dem Typus des *bohemicus* entspricht das etwas verschmälerte M_1-Talonid, das am Tuchorschitzer Homologon das Trigonid an Breite übertrifft. Da aber der Feisternitzer Canide in diesem Punkt dem Wintershofer sehr nahe kommt, wird man wohl eine gewisse Variabilität unterstellen dürfen. Entscheidend für die Art-Gleichheit von *bohemicus* und *dietrichi* ist für mich letzten Endes die Tatsache, daß kein einziges Kriterium bekannt ist, das *dietrichi* aus der Vorfahren-Reihe von *st. steinheimensis* ausschließen würde. Wenn DEHM zur Unterscheidung von *dietrichi* und *st. steinheimensis* ausführt, daß sie zwar in der Länge von M_1 und M_2 übereinstimmten, sich aber in der Größe des P_4 unterschieden, so ist damit genau eines jener Merkmale angesprochen, die sich als entwicklungsgeschichtlich bedingte Abänderungen zu erkennen geben. Diese sprechen nicht gegen, sondern für den phylogenetischen Zusammenhang beider Formen. Da der Typus der Nominat-Unterart im M_1 ebenfalls ein verschmälertes Talonid besitzt, liegt auch in dieser Abweichung von der *bohemicus*-Norm kein Widerspruch. (Ergänzt man den Umriß des einzigen und leider beschädigten M_2 von „*dietrichi*" in der Abb. 51 DEHMs, so wird deutlich,

[5] DEHM hat die Beziehungen seines Materials zu *bohemicus* nicht diskutiert. Er teilte mir brieflich mit, daß „seinerzeit keine Gelegenheit war, mit Prag darüber in Verbindung zu treten, wie weit die Stücke von Tuchorschitz einheitlich sind".

daß sein Trigonid breiter gewesen sein muß als das M_1-Talonid. So etwas ist ungewöhnlich und unterstreicht die Ausnahme).

Wenn hier Vertreter von drei stratigraphischen Stufen zu einer Unterart zusammengefaßt werden, so ist das vielleicht nur eine materialbedingte Verlegenheitslösung. Umfangreichere Dokumentation wird es sicherlich ermöglichen, den jeweiligen Entwicklungs-

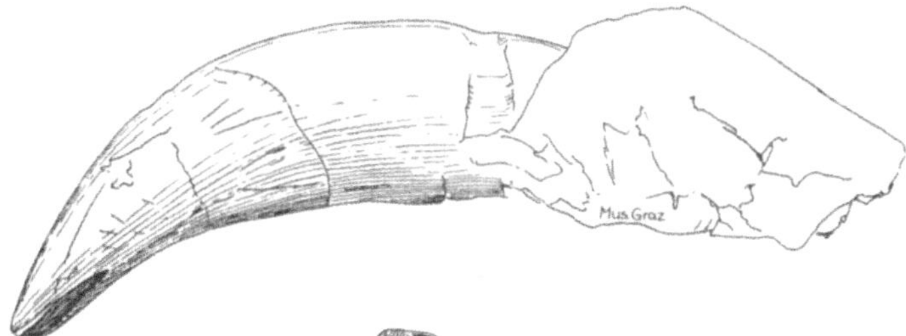

22

23

Abb. 22—23. *Amphicyon steinheimensis bohemicus* (SCHLOSSER) von Goriach (Mus. Graz). — Abb. 22: C sup. sin., Außenseite. — Abb. 23: P_3—M_3 (Nr. 1421, Original zu THENIUS 1949a), Außenseite. 1:1.

fortschritt exakter zu fassen und zu definieren. In der Reduktion der P und der Erniedrigung des M^2-Protoconus sollte er sinnfällig zum Ausdruck kommen. Im Augenblick bleiben uns diese Kriterien verschlossen. Immerhin ermöglicht das derzeitige Material, einen scharfen Schnitt — so will es scheinen — zwischen den letzten *bohemicus*-Exemplaren im Torton und dem typischen *st. steinheimensis* des Sarmatiums zu ziehen. Während der Göriacher *bohemicus* (THENIUS 1949a) noch über Prämolaren mit vollständig getrennten Wurzeln verfügt, sind am sarmatischen Nachkommen bereits alle Wurzeln von P1—P3 und gewiß auch die von P_4 verschmolzen. Ich würde mich allerdings nicht wundern, wenn neue Belege auch diesen scharfen Schnitt nivellieren würden, denn nach den Erfahrungen mit anderen *Amphicyon*-Linien schlagen alte

Merkmale immer wieder einmal durch. Gerade der Göriacher Amphicyonide verstößt in seinem relativ langen P_4 gegen die Erwartung.

Nicht ganz einheitlich verhalten sich auch die vorliegenden P^4. Am Tuchorschitzer *bohemicus* buchtet sich die vordere Kronenbasis deutlich ein. Vorderes Außen- und Inneneck erscheinen dadurch etwas gespreizt. Zwar folgt der Feisternitzer P^4 dieser Konfiguration, jedoch zieht er sein vorderes Inneneck darüber hinaus etwas zurück. Der Steinheimer P^4 führt diese Tendenz folgerichtig weiter. Anders aber die beiden Zähne von Wintershof und Neudorf (ZAPFE 1950). Sie präsentieren einen mehr rechteckigen Umriß, weil die Vorderfronten weniger eingetieft und die vorderen Außenecken weniger gespreizt sind. Bei aller sonstigen guten Übereinstimmung, vor allem in der von den Autoren immer wieder betonten Parastyl-artigen Auftreibung vor dem Protocon, wird man daraus kaum ernsthafte Argumente für Art-Verschiedenheit herleiten dürfen.

Auf ein anderes Faktum sei noch aufmerksam gemacht, das den Betrachter von Literatur-Abbildungen zu Trugschlüssen führen könnte: Alle hier vereinigten *bohemicus*-Caninen verfügen über eine innere Kante, die bei genauer Orientierung der Medialseite immer in einigem Abstand vom Vorderrand steht. VIRETs Abbildung (1951, Taf. I, Fig. 3) täuscht in dieser Beziehung, weil sie etwas perspektivisch aufgenommen worden ist. — Der winzige C sup., den ZAPFE in Abb. 10A vorstellt, kann unmöglich zu *steinheimensis* gehören — es sei denn, daß es sich um einen entsprechenden Milchzahn handelte.

Maße in mm:

Lectotypus (Geol. Inst. Prag, Nr. 4330): $M_1 = 27{,}7 \times 12{,}3$ (üb. Protoconid) bzw. 14,1 (üb. Talonid).
Tuchorschitz (nach SCHLOSSER): $P^4 = 21{,}5 \times 13{,}2$.
Wintershof-West (Slg. München, Nr. 1937 II 12299, 12300, 12296) nach DEHM: $P_1 = (6{,}2)$; $P_2 = 9{,}8 \times 5{,}5$; $P_3 = 13{,}1 \times 6{,}5$; $P_4 = 16{,}7 \times 8{,}1$; $M_1 = 29{,}0 \times 12{,}8$; $M_2 = 19{,}5 \times 12{,}4$. — $P^1 = 6{,}2 \times 4{,}6$; $P^2 = (11{,}2)$; $P^3 = 13{,}3 \times 6{,}6$; $P^4 = 22{,}2 \times 12{,}2$; $M^1 = 22{,}1 \times 27{,}8$.
Feisternitz (Orig. HOFMANN, Joanneum Graz, Nr. 59590—59598): $P^3 = 11{,}1 \times 5{,}8$; $M_1 = 28{,}2 \times 13{,}6$; $P^4 = 23 \times 12{,}8$; $M^1 = 21{,}9 \times$?; $M^2 = 17{,}5 \times 25$.
Neudorf (ZAPFE 1950, Mus. Wien): $P^4 = 22{,}0 \times 12{,}3$.
Meßkirch (Geol. Inst. Tübingen): $P^4 = 25 \times 15{,}5$.
La Grive (VIRET 1951, Mus. Lyon, Nr. L. Gr. 1100, 1101, 1102): C sup. = $23{,}5 \times 15$ im Dm.; $M^1 = 23 \times 27$; $M_1 = 27 \times 11{,}5$.
La Grive (VIRET 1929, Fac. Lyon): $M_2 = 21 \times 15$.
Göriach (THENIUS 1949a, Mus. Graz, 1421): $P_3 = 11{,}2 \times 6{,}3$; $P_4 = 18{,}0 \times 9{,}6$; $M_1 = 30{,}9 \times 15{,}2$; $M_2 = 20{,}0 \times 15{,}7$; $M_3 = 14{,}9 \times 13{,}9$.

Amphicyon steinheimensis steinheimensis FRAAS 1885

(Form des Sarmatiums)

Tafel I

v 1870 *Amphicyon major* LARTET. — FRAAS, Steinheim, S. 158ff, Taf. IV, Fign. 11—12 (3 I, UK-Fragm. mit C, P_2—M_3 und fälschlich eingesetztem M^3).

v* 1885 *Amphicyon Steinheimensis.* — FRAAS, Beiträge, S. 314ff, Taf. IV, Fig. 1a, b (OK-Fragm. mit Alv. P^{1-2}, P^3—M^2, Alv. M^3).

? 1904 *Amphicyon* cfr. *steinheimensis* FRAAS. — ROGER, Wirbelthier-reste, S. 5/6 (M_1 von Stätzling).

non 1934 *Amphicyon* aff. *steinheimensis* FRAAS. — ROMAN & VIRET, La Romieu, S. 13ff, Taf. I, Fign. 4—6, Taf. II, Fign. 1—2).

non 1950 *Amphicyon* cf. *steinheimensis* FRAAS 1885. — ZAPFE, Neudorf, S. 123ff, Abb. 10.

Diagnose: Nominat-Unterart von *A. steinheimensis* FRAAS. P1—P3 (? P^3) und P_4 mit verschmolzenen Wurzeln. Inneneck des P^4 etwas zurückgezogen. M^1 $\pm$ dreieckig mit schwacher Andeutung eines Protoconulus. Zwischenhügel des M^2 weitgehendst reduziert. Krone des P_4 unregelmäßig oval, kurz und gedrungen. Talonid des M_1 nicht verbreitert.

Holotypus: Obwohl UK und OK in großem zeitlichem Abstand gefunden wurden, gehören beide unzweifelhaft zum gleichen Individuum. Deshalb dürfen beide (FRAAS 1870 und 1885) gemeinsam als Holotypus gelten. — Mus. Stuttgart, z. Zt. im Mus. Basel. — Abb. bei FRAAS 1870, Taf. IV, Fign. 11, 12 und FRAAS 1885, Taf. IV, Fig. 1a, b. — Hier Tafel I.

Locus typicus: Steinheim am Albuch (Württemberg).

Stratum typicum: Sarmatium.

Neuer Beleg:

Kronenfragment von C sup. sin. im Mus. Stuttgart, z. Zt. Mus. Basel Nr. 6225 (4808). — Das Stück umfaßt den größeren Teil der Krone von der Spitze bis nahe an den Schmelz-Unterrand. Seine Länge beträgt etwa 4 cm. Hintere und innere Kante, beide leicht gezähnelt, sind vorzüglich erhalten. Die innere Kante steht bei seitlicher Orientierung ganz nahe dem Vorderrand. Furchen, wie sie bei *A. major* sowohl auf der Außen- wie auf der Innenseite zu beobachten sind, fehlen hier vollkommen.

Diskussion: FRAAS (1870) war in der ersten Publikation ein zwar auffälliger, aber dennoch selbst von SCHLOSSER anfangs nicht bemerkter Fehler unterlaufen, als er seiner Abbildung des Unterkiefers einen M^3 einverleibte und damit zu insgesamt 7 Backenzähnen kam. Allerdings hätte die Zahnformel jetzt 3 1 3 4 lauten müssen. Nach Auffindung des Oberkiefers nahm FRAAS (1885) den

M^3 aus der Mandibel heraus, setzte ihn auf den richtigen Platz und schrieb die Zahnformel für den OK richtig. Falsch blieb wiederum die Formel des UK: 3 1 4 2. Sie hätte lauten müssen: 3 1 3 3. Da P_1 aber durchaus erst bei der Bergung des Fundes in Verlust geraten sein kann — P^1 ist mit Sicherheit nicht reduziert —, dürfen wir für UK und OK an der kompletten Zahnformel festhalten.

Die drei oberen I, die FRAAS 1870 abbildete, habe ich nicht aufgefunden. Es sei nochmals unterstrichen, daß keiner von ihnen Nebenzacken trägt, wie aus der Abbildung eindeutig hervorgeht.

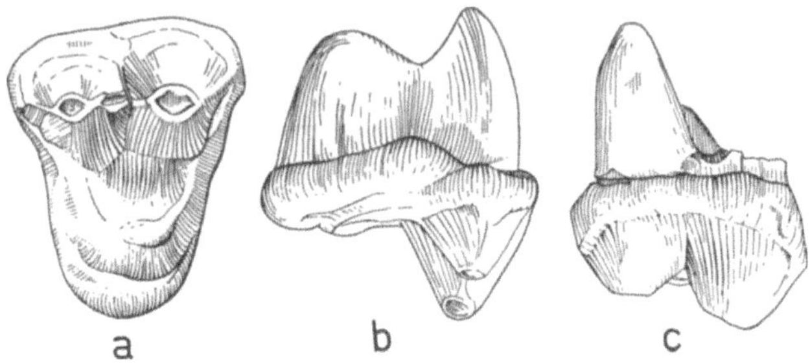

Abb. 24a—c. *Amphicyon steinheimensis steinheimensis* FRAAS von Statzling. M^1 dext. — a: Kauflache, b: Hinterseite, c: Außenseite. — ca. 11:10.

Der nunmehr bekannte C sup. stimmt hinsichtlich der Position seiner inneren Kante mit *A. major* überein. Er unterscheidet sich von diesem neben seiner geringeren Größe durch Fehlen von Furchen.

Während der jüngste Vertreter des *A. st. bohemicus* von Göriach noch keinerlei Verschmelzung von Zahnwurzeln erkennen läßt, ist das bei den Prämolaren der Nominat-Unterart durchweg der Fall. Nur für P^4 muß die Frage — ebenso wie für alle M — offen bleiben, weil uns der Einblick verwehrt ist. Es scheint jedoch nicht ausgeschlossen, daß M^2 und vielleicht auch M^1 ähnliche Phänomene aufweisen könnten. Soweit sich gegenwärtig beurteilen läßt, tritt dieser Effekt im Sarmatium schlagartig auf. Allerdings bleibt zu berücksichtigen, daß unsere Kenntnis der Nominat-Unterart sich nur auf ein einziges Individuum gründet und deshalb auf sehr schwachen Füßen steht.

Dasselbe gilt für jenen M^1 dext. von Stätzling, den ROGER (1904) unter der Bezeichnung „*A. cfr. steinheimensis*" erwähnte. Mit ihm habe ich mich (KUSS 1962, S. 163, Abb. 16) schon einmal beschäftigt. Dieser Molar weicht im Kronenumriß nicht unwesentlich vom typischen *st. steinheimensis* ab, weil seine Hinterseite eine bemerkenswerte Konkavität besitzt. Am ehesten läßt er sich vergleichen mit dem Homologon von Wintershof-West, welches DEHM (1950) „*A. dietrichi*" genannt hat. (Hier unter dem Namen *A. st. bohemicus*). Wenn diese Beziehung richtig ist, würde man sie im Sinne der stets wiederkehrenden Erfahrung deuten müssen, daß altertümliche Merkmale bei jüngeren Vertretern immer wieder einmal zum Vorschein kommen können. Am M^1 von Stätzling sind hintere Außenwurzel und Innenwurzel weitgehend verschmolzen. Ich erblicke darin ein Kriterium fortgeschrittener Entwicklung. Aber auch hier lehrt die Erfahrung, daß es nicht generell verwirklicht sein muß.

Maße in mm:

Holotypus (Mus. Basel) von Steinheim: Alv. $P^1 = 6,5 \times 4$; $P^2 = 9,2 \times 6,5$; $P^3 = 12 \times 7$; $P^4 = 23,5 \times 13,9$; $M^1 = 22 \times 26$; $M^2 = 17 \times 23,8$; $M^3 = 8,5 \times 12$.— C inf. $= 19 \times 15$; $P_2 = 7,8 \times 5,6$; $P_3 = 8,4 \times 5,7$; $P_4 = 13,5 \times 9$; $M_1 = 29 \times 14,5$; $M_2 = 19 \times 14$; $M_3 = 13 \times 10,4$.
Länge der Diasteme: P_2—$P_3 = 7,2$; P_3—$P_4 = 4,7$.
C sup. sin. fragm. (Mus. Stuttgart, z. Zt. Basel, Nr. 6225 [4808]: $17,8 \times 13,3$ (= größte meßbare Werte).
M^1 dext. von Stätzling: 22×27 (nach ROGER).

Amphicyon steinheimensis aff. steinheimensis FRAAS 1885

(Form des Pontiums)
Abb. 25—28

1962 Genus indet. I. — KUSS, Problematische Caniden, S. 155, Abb. 12 (M^1 sin.), S. 155, Abb. 13 (M^1 dext.).
? 1962 Genus indet. III. — KUSS, l.c. S. 162, Abb. 15 (M^1 sin. fragm.).

Neuer Beleg:

Fragm. M_1 dext. von Gau-Weinheim im Naturhistorischen Museum Mainz, Nr. 1943/34, Abb. 25. — Unter Vorbehalt stelle ich hierher das Fragment eines M_1, bestehend aus Trigonid und Vorderwurzel. Seine Kronenbasis ist an den Flanken leicht verdrückt und die Vorderkante des Protoconides minimal beschädigt. — Das Paraconid steigt mit stumpfer, in Seitenansicht etwas konkaver Vorderkante ziemlich steil bis in halbe Höhe des Haupthügels auf. Dabei wendet sich die obere Schneide ungewöhnlich weit nach außen und gewinnt in der Transversalfurche Anschluß an den ursprünglich wohl scharfen Vordergrat des Protoconides der sich in schräg-rückwärtiger Richtung hinter der Spitze bis an die Basis des Metaconides fortsetzt. Dieses fällt verhältnismäßig schwach aus und läßt sich von der Außenseite eben noch erkennen. Unterhalb des Metaconides taucht der erwähnte Grat erneut auf und reicht bis an die Abbruchstelle. An der hinteren Außenseite des Protoconides ist dicht oberhalb des Abbruches eine kleine Warze sichtbar, von der vielleicht das Hypoconid seinen Ausgang nahm. — Größenmäßig paßt das Fragment gut zu *st. steinheimensis*. Gewisse Abweichungen ergeben sich aus dem Höhenverhältnis von Proto- und Paraconid. Letzteres erscheint ein wenig zu kurz und niedrig. Da überdies noch das so wichtige Talonid fehlt, empfiehlt es sich, an der provisorischen Bestimmung festzuhalten.

Diskussion: Insgesamt stehen gegenwärtig vier Molaren[6] aus den rheinhessischen Dinotheriensanden zur Verfügung, die mit einiger

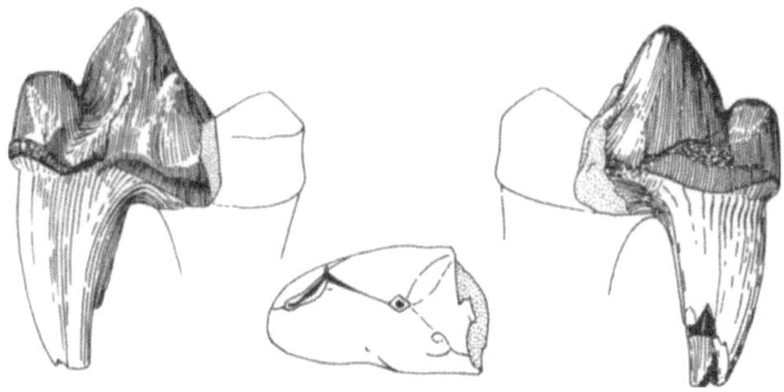

Abb. 25. *Amphicyon steinheimensis* aff. *steinheimensis* FRAAS von Gau-Weinheim. — M_1 dext. fragm. (Mus. Mainz, 1943/34). — Innenseite, Außenseite, Kauflache. — ca. 1:1.

Wahrscheinlichkeit in die Verwandtschaft von *st. steinheimensis* gehören dürften. Drei davon sind M^1. Sie liegen in sehr unterschiedlicher Erhaltung vor. Mit ihnen habe ich mich 1962 schon einmal beschäftigt. Größenmäßig stimmen sie gut überein. Am auffallendsten ist ihre verschiedene Wurzelgestalt. Während Nr. 1956 I 531 der Münchener Slg. (Abb. 26) über drei vollständig getrennte Wurzeln verfügt, zeigt Nr. 1934/701 der Mainzer Slg. (Abb. 27) weitgehende Verschmelzung von hinterer Außenwurzel und Innenwurzel. An der Lötstelle findet sich beim Mainzer M^1 sogar eine kräftige Verdickung unterhalb des Metaconulus. Die Kronen beider Zähne lassen sich infolge ihrer unterschiedlichen Erhaltung schlecht vergleichen. Die Kronen-Umrisse dürften sich ursprünglich etwa entsprochen haben. Auch aus der tiefgrün-

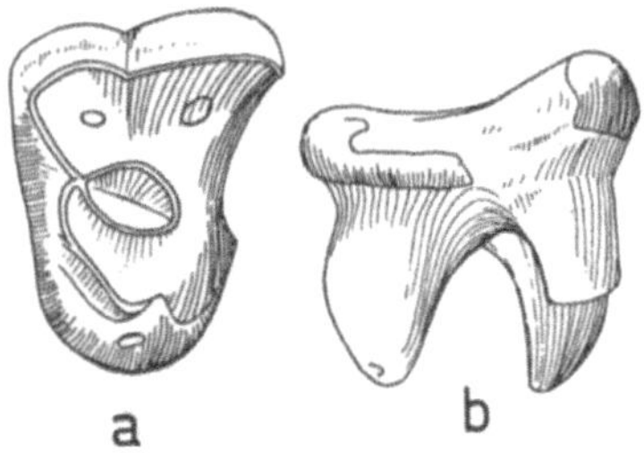

Abb. 26. *Am phicyonsteinheimensis* aff. *steinheimensis* FRAAS von Gau-Weinheim. — M^1 dext. (Slg. Munchen, 1956 I 531). — a) Kaufläche, b) Vorderseite. Freihandzeichnung, ca. 11:10.

[6] Hierbei handelt es sich teilweise um jene M^1, von denen *Tobien* (1955, S. 10) mitteilte: „Unter den Carnivoren-Materialien des Mainzer Museums befinden sich Exemplare des bisher noch nicht bekannten oberen ersten Molaren dieser Spezies (*A. eppelsheimensis*, Verf.), die das typische Gepräge von *Amphicyon* aufweisen". Es bedarf wohl keiner näheren Erklärung, daß die in Rede stehenden Zähne für *eppelsheimensis* schon allein viel zu klein sind.

digen Abkauung des Münchener Stückes ergibt sich kein genereller Widerspruch zu den beim Mainzer Exemplar beobachtbaren Verhältnissen. Daß in der Wurzelgestalt — im Gegensatz zu der früher von mir vertretenen Ansicht — kein differenzierendes Kriterium zum Ausdruck kommt, habe ich inzwischen mehrfach betont. Jedoch ruft der Mainzer M¹ den Eindruck hervor, als ob an ihm ein ziemlich kräftiger

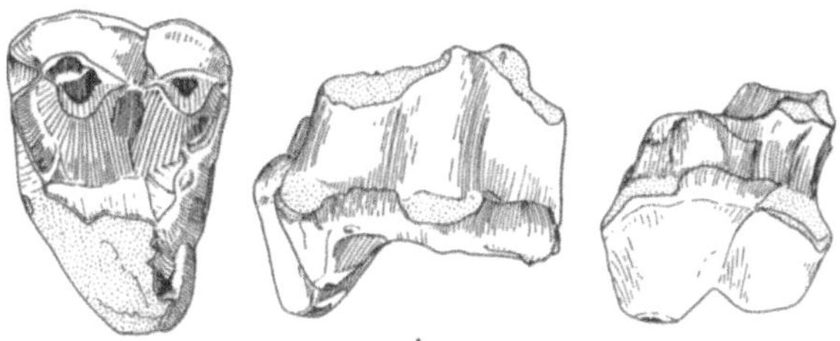

a b c

Abb. 27 a—c. *Amphicyon steinheimensis* aff. *steinheimensis* FRAAS von Gau-Weinheim. — M¹ sin. (Mus. Mainz, 1934/701), a) Kaufläche, b) Hinterseite, c) Außenseite. — ca. 11:10.

Metaconulus ausgebildet sei. Meine Reserve hinsichtlich seiner Deutung als *st.* aff. *steinheimensis* gründet sich auf diesen Sachverhalt, der zu dem gewohnten Bilde jener Unterart nicht recht passen will. — Der dritte M¹ (Mus. Mainz, Nr. 1930/508, Abb. 28) liegt als prachtvoll erhaltener Zahnkeim — also ohne Wurzeln —

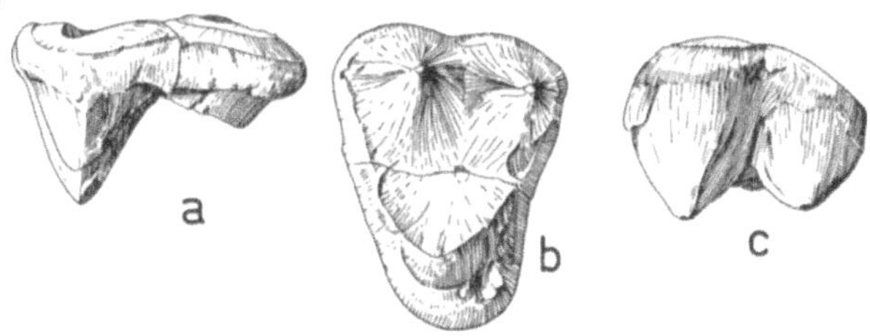

a b c

Abb. 28 a—c. *Amphicyon steinheimensis* aff. *steinheimensis* FRAAS von Gau-Weinheim. — M¹ sin. (Mus. Mainz, 1930/508), a) Hinterseite, b) Kauflache, c) Außenseite. — 1:1.

vor. Wahrscheinlich würde auch er drei getrennte Wurzeln angelegt haben, wie aus dem Verlauf der hinteren Umrisse hervorgeht. Deswegen habe ich ihn seinerzeit mit dem Münchener Stück in ein „Genus indet. I" gestellt. Er weicht vom Holotypus des *st. steinheimensis* im wesentlichen nur im Bau des Basalbandes ab. Während dort die hintere Protocon-Basis von einer Mondsichel-förmigen Grube umgeben wird, ist hier nur ein engbegrenztes Grübchen vorhanden. Da sich diese Konfiguration — nur etwas weiter nach hinten gerückt — an dem zweiten Mainzer M¹ wiederholt, könnte darin vielleicht ein Charakteristikum der pontischen Form gesehen werden. — Es gibt also Anzeichen dafür, daß im Pontium ebenso wie zuvor im Sarmatium M^1 mit vollständig getrennten Wurzeln neben solchen mit teilweise verwachsenen Wurzeln existieren. Darüber hinaus darf erwartet werden, daß im OK alle übrigen Backenzähne $\pm$ verschmolzene Wurzeln haben.

Maße in mm:

M^1 sin. (Mus. Mainz, Nr. 1930/508): 23,5 × 29.
Fragm. M^1 sin. (Mus. Mainz, Nr. 1934/701): +19,3 (22) × +27 (29).
M^1 dext. (Slg. München, Nr. 1956 I 531): 21 × 26,3.
Fragm. M_1 dext. (Mus. Mainz, Nr. 1943/34): +22,6 (29) × +13 (16?).

Entwicklungsgeschichtlicher Rückblick

Während des Zeitraums zwischen Burdigal und Pont hält *A. steinheimensis* an seiner ursprünglichen Größe fest. Vieles spricht dafür, daß *steinheimensis* mutativ aus *Cynelos lemanensis helbingi* (DEHM) hervorgegangen ist (vgl. S. 65). Eine weitere, ganz ähnlich gelagerte Mutation könnte im Helvet *A. major* von *steinheimensis* abgespalten haben. Zwischen Burdigal und Torton bleibt *steinheimensis* anscheinend inadaptiv. Erst im Sarmat wird in der umfassenden Wurzelverschmelzung ein Entwicklungsfortschritt sichtbar. Zugleich rückt die Innenkante am C sup. nahe an den Vorderrand heran. Spätestens im Pont wird auch M^1 von der Wurzelverschmelzung ergriffen. Im Gegensatz zu *A. major* bleiben an M^1 und M^2 die vorderen Zwischenhügel besser erhalten als die hinteren.

VII. Genus *Cynelos* JOURDAN 1862

1862 JOURDAN, La description, S. 130.

Typus-Art: *Cynelos lemanensis* (POMEL) 1846.

Diagnose: Kleine bis mittelgroße Amphicyoniden mit der Zahnformel des Genus *Amphicyon*. I (zumindest im Aquitanium) mit Nebenzacken. Alveolen der I inf. niemals in einer Front. C kräftig. P lang und schlank, Diasteme zwischen den P stets kürzer als die halbe Zahnlänge. M^{1-2} relativ kurz und breit, daher schlank erscheinend, im Aquitanium mit konkaver Vorder- und Hinterseite, Außenhügel von geringem Höhenunterschied. M^3 stark querverlängert. M_1 im Aquitanium häufig noch D_4 ähnlich durch wurzelwärts konvergierende Profilkanten. M_{2-3} $\pm$ rechteckig. UK meist niedrig.

Verbreitung: Aquitanium bis Burdigalium.

Bemerkung: Aus der Notwendigkeit heraus, die Arten *lemanensis* POMEL und *rugosidens* SCHLOSSER in einem eigenen Genus unterbringen zu müssen, greife ich auf den alten Gattungsnamen *Cynelos* zurück, der von JOURDAN speziell auf Reste gemünzt war, die unter Berücksichtigung der Priorität als *lemanensis* zu bezeichnen sind. GERVAIS (1848—1852, S. 14, Erl. zu Taf. XXVIII) veröffentlichte den Namen *Cynelos* als erster und in Verbindung mit dem Spezies-Namen *langensis*. Er hat ihn unmißverständlich als Manuskript-Namen JOURDANs deklariert und faktisch verworfen. Trotzdem kehrt der Name wieder bei GERVAIS (1859, S. 216 und 1867—1869, S. 159), bei PICTET (1853, I, S. 195) und bei verschiedenen jüngeren Autoren. JOURDAN selbst publizierte den Namen offiziell 1862 (S. 130) und bestimmte als Typusart *Cynelos major*. Aus der etwas dubiosen Diagnose geht hervor, daß der Typus des *C. major* identisch ist mit einem Schädel, der im Museum Lyon als signierter Typus von *C. langensis* aufbewahrt wird und als solcher mehrfach in der Literatur Erwähnung fand (z.B. VIRET 1929b, S. 109). Dieser Typus ist ein aquitanischer Repräsentant von „*A. lemanensis* POMEL 1846". Dem letzten Spezies-Namen gebührt eindeutig die Priorität, was aber die Verfügbarkeit des Genus-Namens nicht beeinträchtigt. *C. major* JOURDAN ist also jüngeres subjektives Synonym von *C. lemanensis* (POMEL). *C. langensis* muß als „Papierkorb-Name" gewertet werden.

Cynelos lemanensis (POMEL) 1846

1846 *Amphicyon lemanensis.* — POMEL, Note, S. 379.

Diagnose: Größer als *C. rugosidens* (SCHLOSSER). P relativ kürzer, aber etwas höher. M^1 mit deutlichen Zwischenhügeln. M^2_2 im Verhältnis zu M^1_1 länger und höher als bei *rugosidens*; M^3_3 größer.

Verbreitung: Aquitanium bis Burdigalium.

Cynelos lemanensis lemanensis (POMEL) 1846

(Form des Aquitaniums)

Abb. 29—30

pars 1841 *Amphicyon minor.* — BLAINVILLE, Ostéographie, *Subursus*, S. 122, Taf. XVI (fragm. Calvarium von Digoing).

1843 *Amphicyon dominans.* — H. v. MEYER, Summ. Übersicht, S. 388.

* 1846 *Amphicyon lemanensis.* — POMEL, Note, S. 379.

1848—1852 *Amphicyon ? Blainvillii.* — GERVAIS, Zool. et Pal. fr., S. 112.

1848—1852 *Amphicyon ? elaverensis.* — GERVAIS, l.c., S. 112.
1853 *Amphicyon lemanensis,* POM. — POMEL, Catal. meth., S. 70.
1853 *Amphicyon leptorynchus,* Nob. — POMEL, Catal. meth. S. 70.
1859 *Amphicyon lemanensis.* — GERVAIS, Zool. et Pal. fr., S. 215.
pars v 1879 *Amphicyon lemanensis,* POM. — FILHOL, Etudes, S. 77ff, Taf. X, XI Fign. 3—4, XII Fign. 4—7, XIII—XVI (XVI, Fign. 1, 3 ?) (Calvarium, UK, div. Wirbel und Extremitäten-Knochen), non Taf. XI Fign. 5—8.
v 1881 *Amphicyon lemanensis* POMEL. — FILHOL, Notes, Taf. I. Fign. 1—6, z.T. seitenverkehrt (Calvarium, UK, Humerus).
1888 *Amphicyon lemanensis* POM. — SCHLOSSER, Affen, S. 66ff.
1888 *Amphicyon leptorhynchus* POM. — SCHLOSSER, l.c. S. 67/68.
v 1899 *Amphicyon lemanensis* POM. — SCHLOSSER, Bären, S. 129/130, Abb. S. 135, Taf. XIV, Fign. 1, 6, 7, 11—20, 26, 31 (manus, pes, M_1, M_2, P^4—M^3).
v 1902 *Amphicyon lemanensis* POMEL. — STROMER, Wirbel, S. 249/250, Taf. V, Fign. 5, 5a (Epistropheus).
v 1923 *Amphicyon lemanensis* POMEL. — HELBING, Milchbezahnung, S. 295ff (div. D inf., D^4).
1928 *Amphicyon lemanensis* POM. — HELBING, Carnivoren, S. 14, Taf. I Fign. 10—12 (Calcaneus). [1928a]
1929 *Amphicyon lemanensis* POMEL. — HELBING, Osteologie, S. 288ff, Fign. 5b, 6b u. d (Astragalus, Calcaneus).
v 1929 *Amphicyon lemanensis* POM. —VIRET, Limagne Bourb., S. 108ff, Abb. 16, Taf. IV Fign. 1—3, Taf. V, Fign. 1—4, Taf. VI Fign. 3 bis 5 (div. Schädel-Teile, UK u. Zähne).
? 1929 *Amphicyon* aff. *Eseri* PLIENINGER. — VIRET, l.c., S. 117ff, Taf. VI, Fig. 2a, b, (UK sin.).
1930 *Amphicyon dominans* v. MEYER. — v. KOENIGSWALD, Tapirreste, S. 2.
1930 „*Amphicyon lemanensis* POMEL, dem auch *Amphicyon dominans* v. MEYER zuzurechnen ist". — WEITZEL, Amphicyoniden, S. 81, Taf. V Fign. 1—2 (zwei fragm. UK mit P_4—M_2 u. P_3—M_2).
1945 *Amphicyon* cfr. *lemanensis* POMEL. — HÜRZELER, Extremitätenskelett, S. 636, Fign. 1, 5, 9, 17 (Humerus, Mc IV).
1960 *Amphicyon* cf. *lemanensis* POMEL. — KUSS, Büchelberg, S. 45ff, Abb. 2, Taf. 3—6, Taf. 7 Fign. 10—19 (div. Extrem.-Knochen, D_4, div. UK-Zähne).
1962 „*Amphicyon*" *lemanensis* POMEL. — DE BEAUMONT, Observations, S. 81ff, Abb. 3 (Hinterhaupt).
? 1962 „*Amphicyon*" cf. *rugosidens* SCHLOSSER. — DE BEAUMONT, l.c., Abb. 1—2, Taf. I Fig. 1).

Diagnose: Nominat-Unterart der Spezies *Cynelos lemanensis* (POMEL). — P_4 immer mit Hinterzacken. M_1 überwiegend mit wurzelwärts konvergierenden Profilflanken, Protoconid hoch und relativ kurz, Höhenunterschied zwischen den Talonid-Hügeln ziemlich gering, Vorderkante des Paraconides meist nicht eingeknickt. Umriß des M^1 in Form eines schmalen, gleichschenkligen Dreiecks mit breit-gerundeter Spitze, Außenhügel von geringem Größenunterschied, Zwischenhügel deutlich. M^2 gerundet-rechteckig, wenig kürzer als M^1, Protocon-Arme nicht reduziert. D_4 mit Hypoconulid.

Lectotypus: Fragmentarisches Calvarium im Museum Paris, Nr. A. C. 384. — Abb. bei BLAINVILLE 1841, Taf. XVI (von Digoing).

Locus typicus: Digoing.

Stratum typicum: Aquitanium.

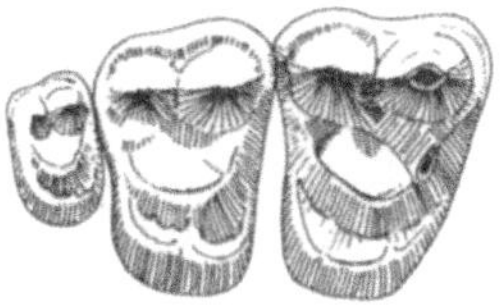

29

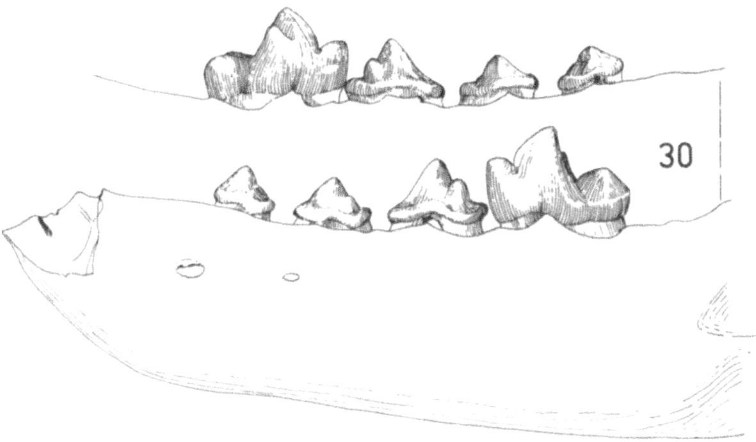

30

Abb. 29—30. *Cynelos lemanensis lemanensis* (POMEL) von Saint Gérand-le-Puy. — Abb. 29: M^1—M^3 dext. (Fac. Lyon) nach Abguß im Mus. Basel, Kaufläche. — Abb. 30: Li. Unterkiefer mit fragm. C, P_2—M_1 (Mus. Lyon, St. G. 806), Innenseite, Außenseite. — 1:1.

Diskussion: Nomenklatur-Fragen wurden bereits im Zusammenhang mit dem nomen dubium *A. minor* BLAINVILLE behandelt (vgl. S. 23). Der v. MEYERsche Name „*Amphicyon dominans*" entbehrt als nomen nudum eines Prioritätsanspruches. Daß er ein älteres subjektives Synonym von *C. l. lemanensis* darstellt, konnte SCHLOSSER (1899) noch an Hand des inzwischen verlorenen Manuskripts H. v. MEYERs eruieren.

Da POMEL bei Aufstellung der Art keinen Holotypus bezeichnet hat, muß als Lectotypus das von BLAINVILLE (1841, Taf. XVI) abgebildete Calvarium von Digoing angesehen werden, denn es ist das einzige Stück überhaupt, das POMEL nachweislich mit seiner Art identifiziert hat. R. CINTRACT führt es in ihrem Katalog (1950, S. 26) mit der Bemerkung auf: „Portion de crâne en très mauvais état". Es ist also im Pariser Museum vorhanden. FILHOL (1879) und VIRET (1929b) schlugen vor, den sog. *Cynelos langensis* im Lyoner Museum als Typus gelten zu lassen. Dieser hat zu dem Pomelschen Belegmaterial jedoch weder eine direkte Beziehung, noch stellt er eine wesentlich besser erhaltene Dokumentation dar als das Stück von Digoing.

Fast alle Autoren haben *lemanensis* als eine primitive Form bezeichnet. Das trifft durchaus zu. Seine langen, schmalen und relativ eng stehenden P, sowie die schmalen und stark quergedehnten oberen M erinnern noch stark an altertümliche Formen wie *ambiguus* und *praecursor*. Ein weiteres Merkmal möchte ich aber noch besonders hervorheben, das bisher wenig beachtet worden ist: Der M_1 zeichnet sich durch einen hohen, kurzen Haupthügel und nach den Wurzeln zu konvergierende Profilkanten aus. Diese Eigenschaften finden wir in gleicher Weise bei allen D_4 von Amphicyoniden, soweit sie von europäischen Arten bekannt sind. Aber es gibt — auffallenderweise gerade unter den süddeutschen Vertretern — schon modernere Typen, deren M_1 durch Längsdehnung der Kronenbasis mit den Profilkanten spitzenwärts konvergieren. Im Gefolge der Basisverlängerung stellen sich weitere Merkmalsänderungen ein: Steilerer Abfall der Paraconid-Klinge nach rückwärts, leichtes Einknicken der vorderen Paraconid-Kante und Längsdehnung des Protoconides unter Einbuße seiner ursprünglichen Höhe. Diesem Typus folgen z.B. die M_1 an den beiden Mandibeln von Budenheim, die WEITZEL (1930) abgebildet hat. (Sie sind im Kriege zerstört worden). Ein heute im Museum Darmstadt noch vorliegender M_1 von Budenheim hat nicht nur morphologisch, sondern auch größenmäßig bereits die Entwicklungshöhe von *C. l. helbingi* erreicht (Lg. = 25,5; Br. = 10,5 mm). Auch der M_1 von Eckingen, den SCHLOSSER (1899, Taf. XIV, Fig. 7) abbildete, erweist sich gegenüber den Resten aus dem französischen Phryganidenkalk als fortschrittlicher. — Indessen fehlt es auch dort nicht ganz an moderneren Typen. Was VIRET (1929b, Taf. VI, Fig. 2) unter der falschen Bezeichnung „*A.* aff. *eseri* PLIENINGER" präsentierte, halte ich für nichts anderes als eben solchen progressiven *l. lemanensis*. Jedoch gebe ich gern zu, daß dessen ungewöhnlich kräftiger Kieferknochen und das starke M_2-Entoconid dadurch nicht erklärt werden. Derartige Varianten scheinen aber auch in Süddeutschland und bei anderen Taxa aufzutreten. (Zu dem ebenfalls falschen „*eseri*" aus der Brüxer Braunkohle, auf den VIRET Bezug nahm, dürfte die Mandibel ebensowenig passen. Da die M_1-Länge in der Regel der M^1-Breite entspricht oder sie noch übertrifft, müßte der „*eseri*"-M_1 eine Länge von 27 bis 30 mm besitzen. VIRETs Dokument ist dafür zu klein.)

Die erkennbare Variabilität des *C. l. lemanensis* zielt bereits merklich auf einen Typus hin, wie er in der Unterart *l. helbingi* im Burdigalium realisiert ist.

Eine kurze Bemerkung sei noch den in der Literatur abgebildeten Skelett-Resten gewidmet. Entsprechende Abbildungen von FILHOL (1879 und 1881) sind von so schlechter Qualität (besonders die von 1881), daß sie beim Betrachter Zweifel an der Richtigkeit der Bestimmung hervorrufen. Die Bestimmung ist korrekt. — SCHLOSSERs Abbildungen (1899, Taf. XIV, Fign. 11—20, 26, 31) sind gut. Seine Rekonstruktion von Manus und Pes (Textfig. S. 135) enthält Fehler.

Maße in mm:
(Wegen der großen Anzahl des bekannten Materials gebe ich nur einige Beispiele.)

Brit. Mus. Nr. 30975 (nach VIRET 1929b): $P^4 = 19 \times 10{,}5$; $M^1 = 16 \times 19$; $M^2 = 13 \times 18$; Alv. $M^3 = 9{,}8 \times 12$ (starkes Tier). — P^1—$M^3 = 95$.

Slg. München (Material v. Eckingen, Orig. zu SCHLOSSER 1899): $P^4 = 18{,}5 \times 13$; $M^1 = 16 \times 21{,}5$; $M^2 = 14 \times 21{,}5$; $M^3 = 8{,}5 \times 12{,}8$. — $M_1 = 22{,}2 \times 10{,}5$; $M_2 = 18 \times 10{,}6$.

Slg. Tübingen, UK sin. von Ulm: $P_3 =$ ca. $10 \times ?$; $P_4 = 14 \times +6$; $M_1 = 22 \times$ ca. $11{,}5$; $M_2 = 14{,}5 \times 11$. — Kieferhöhe unter $M_1 = 43$!

Cynelos lemanensis helbingi (DEHM) 1950

(Form des Burdigaliums)

Abb. 31—41

v 1937 *Amphicyon* aff. *lemanensis* POMEL. — DEHM, Spaltenfüll., S. 358.

v* 1950 *Amphicyon helbingi* n. sp. — DEHM, Wintershof-West, S. 23ff, Abb. 18—26, 29—44 (div. Zähne des UK und OK).

v 1950 *Amphicyon acutidens* n. sp. — DEHM, l.c. S. 28ff, Abb. 48—50 (P_3—M_3; P^3—M^2).

Diagnose: Im Durchschnitt etwas größer als die Nominat-Unterart. P wahrscheinlich etwas kürzer und gedrungener, P_4 zu 30% ohne Hinterzacken. M_1 im Profil mit spitzenwärts konvergierenden Flanken, Paraconid an der Vorderkante unterhalb der Schneide eingeknickt, Protoconid mit gestreckterer Basis („derber" nach

DEHM), Höhenunterschied zwischen den Talonid-Hügeln größer. M_2 relativ länger. M^1 mehr verlängert, sein Umriß triangulär oder mit ± konkaver Hinterfront, Paracon wesentlich stärker als Metacon, Protocon durch Abschwächung des Basalbandes auf der Vorderseite randständig, Zwischenhügel abgeschwächt. Hinterer Protoconus-Arm des M^2 ebenfalls abgeschwächt. — D_4 ohne Hypoconulid.

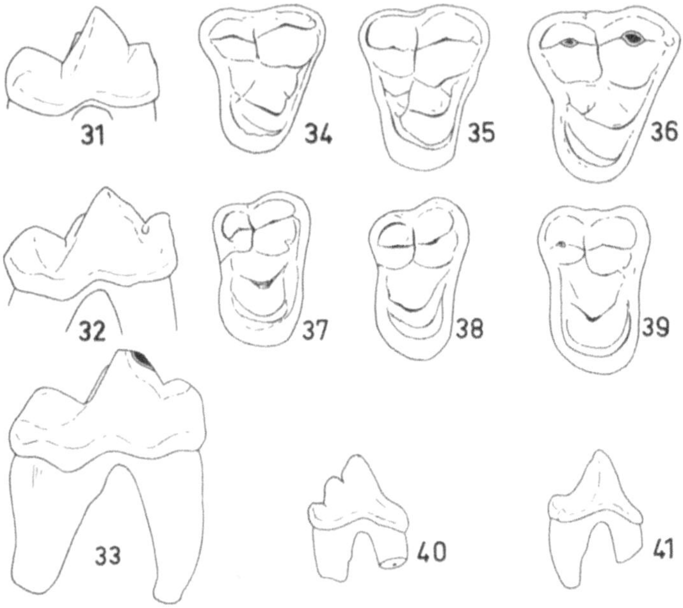

Abb. 31—41. *Cynelos lemanensis helbingi* (DEHM) von Wintershof-West (umgezeichnet nach DEHM 1950, z.T. spiegelbildlich). Abb. 31—33: M_1 (Nr. 12338, 12293, 12315). — Abb. 34—36: M^1 (Nr. 12361, 12346, 12347). — Abb. 37—39: M^2 (Nr. 12376, 12379, 12380). — Abb. 40—41: P_4 (Nr. 12877, 12876). — Alle in der Münchener Slg. — Die Abbildungen sollen die beträchtliche Variabilität der Unterart demonstrieren. — 1:1.

Holotypus: Rechtes UK-Fragment mit wenig angekauten M_{1-3}. — Slg. München, Nr. 1937 II 12293. — Abb. bei DEHM 1950, Abb. 18.

Locus typicus: Spaltenfüllung von Wintershof-West bei Eichstätt in Bayern.

Stratum typicum: Burdigalium.

Diskussion: Das umfangreiche Belegmaterial DEHMs (allein 24 M_1!) lieferte eine Dokumentation, die in Europa ihresgleichen sucht. Um so verwirrender ist zunächst der Eindruck: Größenschwankungen bis zu 17% oder noch darüber, P_4 mit und ohne

Hinterzacken, M_1 teils mit schmalem, teils mit breitem Umriß, streng dreieckige M^1 neben solchen mit konkaver Hinterfront.— Kein Wunder, wenn DEHM dazu bemerkt: „Ich bin mir keineswegs sicher, ob m_1-Längen von 19,8 bis 27,1 also $23{,}4 \pm 16\%$, in eine Art zusammengefaßt werden dürfen, wie ich es hier tue und dabei mehr auf den übereinstimmenden Bau als den Größen- und Formunterschied den Ton lege.“ — Ich selbst habe mich über DEHMs eigene Zweifel keineswegs leicht hinweg gesetzt, komme am Ende aber zu dem Ergebnis, daß DEHMs Wertungsprinzipien vollauf gerechtfertigt sind. Im zeitlichen und zugleich phylogenetischen Rahmen gesehen, bildet *l. helbingi* die unmittelbare Fortsetzung von *l. lemanensis*. Auch DEHM hat dieser Ansicht Ausdruck verliehen. Wahrscheinlich würde sich ein fließender Übergang dieses Entwicklungszweiges in oberaquitanischen Vertretern ergeben. (Leider blieben mir Funde von Laugnac zum besseren Teil verschlossen). — Schon bei *l. lemanensis* ließ sich eine bedeutende Größenvariation feststellen. Sie dürfte für *l. helbingi* kaum geringer zu veranschlagen sein. Jedoch liegen die Durchschnittswerte der jüngeren Unterart höher, d.h. sie ist größer geworden. Die bereits im Aquitan angebahnte Streckung der Kronenbasis von M_1 mit allen daraus resultierenden Folgeerscheinungen hat sich im Burdigal endgültig durchgesetzt. Neu ist — soviel ich sehe — die starke Variabilität der Zahnbreite. Nach DEHM sind „die kleineren (M_1) etwas breiter, die mittelgroßen schmäler, die größeren wieder breiter“. Es fällt auf, daß gerade die Extreme vom schlanken Grundtypus abweichen. Dabei geht die Breitenschwankung, was in den Meßwerten natürlich nicht zum Ausdruck kommt, in erster Linie zu Lasten der Talonid-Breite. Das Trigonid verhält sich ziemlich konstant.

DEHM erkannte gegenüber *l. lemanensis* eine relative Längenzunahme von M_2. Obwohl der rechnerische Beweis in Ermangelung einer genügend großen Anzahl in situ befindlicher Zähne Mißtrauen erregen könnte, darf an der Realität dieses Befundes nicht gezweifelt werden. Wenn schon das Auge untrüglich die Längsdehnung des M^1 erkennt, dann muß M_2 als beteiligter Antagonist im gleichen Sinne reagieren. In Einzelfällen kann M_2 aber schon bei *l. lemanensis* relativ lang geraten (vgl. VIRET 1929b, Taf. V, M_2 in Fig. 3).

Der D_4 von *l. helbingi* verhält sich insofern fortschrittlich, als er den Zwischenhügel (Hypoconulid) im Talonid aufgegeben hat. Dieser Zahnabschnitt mit seinem eckigen, hinten gänzlich abgeplatteten Grundriß entspricht bereits vollkommen dem homologen

Gebilde des *Amphicyon*-D_4. D^4 hat sich seiner Zwischenhügel entledigt, die nach HELBING (1923a) bei *l. lemanensis* noch vorhanden sind. (Ich würde den von DEHM in Abb. 4 abgebildeten D^4 eher als einen rechten ansehen).

An die Selbständigkeit des „*A. acutidens* DEHM" vermag ich nicht recht zu glauben. Der hervorgehobene „schärfere Gebiß-Charakter" von *acutidens* deckt sich in vergleichbaren Elementen etwa mit dem falschen „*eseri*" VIRETs, doch verfügt er nicht über den starken Kieferknochen der letzteren „Art". Beide Merkmale sind also offensichtlich nicht gekoppelt und deshalb um so eher als Varianten zu werten, als eine ungewöhnlich große Variationsbreite ja erwiesen ist. Beide Fälle bekunden sich außerdem als Einzelfälle innerhalb einer zahlenmäßig doch recht umfangreich belegten Population. Wenn sich aus der Längenrelation $P_4:M_1$ und $M_2:M_1$ nach DEHM für *acutidens* eine im Vergleich zu *l. helbingi* „entgegengesetzte" Spezialisierung zu ergeben scheint, so halte ich auch das nicht für gravierend, weil sich erkennen läßt, daß altertümliche Merkmale — und darum würde es sich hinsichtlich des Wertes $M_2:M_1$ handeln — fast bei allen progressiveren Amphicyoniden immer wieder einmal durchbrechen. Den Ausschlag an der Wertung des *acutidens* als Variante gibt schließlich die Tatsache, daß er im Helvetium nach dem heutigen Kenntnisstand ebenso wenig wie *l. helbingi* jüngere Nachkommen hat, zumindest aber Nachkommen, die den vom Aquitanium bis zum Burdigalium überschaubaren Entwicklungsgang kontinuierlich fortführen. Ihr phylogenetisches Schicksal ist also das gleiche.

Maße in mm: (nach DEHM)

Holotypus: $M_1 = 23{,}2 \times 10{,}1$; $M_2 = 14{,}8 \times 9{,}7$; $M_3 = 8{,}5 \times 8{,}2$.
P_4: 11,7 bis 14,6 lang = 13,1 ± 1,5%; 6,3 bis 7,3 breit; 7,0 bis 9,0 hoch.
M_1: 19,8 bis 27,1 lang = 23,4 ± 16%.
M_2: 12,7 bis 17,7 lang = 15,2 ± 17%.
M_3: 8,2 × 6,8 bis 11,8 × 9,1.
D^4: 17,7 bis 21,6 lang = 19,6 ± 10%.
M^1: 15,6 bis 20,8 lang = 18,2 ± 14%; 19,2 bis 25,2 breit = 22,2 ± 14%.
M^2: 11,3 bis 14,5 lang = 12,9 ± 12%; 16,7 bis 22,3 breit = 19,5 ± 14%.
M^3: 6,3 bis 10,0 lang = 8,1 ± 23%; 8,9 bis 12,4 breit = 10,6 ± 17%.

Cynelos rugosidens (SCHLOSSER) 1899

1899 *Amphicyon rugosidens* n. sp. — SCHLOSSER, Bären, S. 130.

Diagnose: Kleiner als *C. lemanensis* (POMEL). P relativ länger und niederkroniger. M^2_2 im Verhältnis zu M^1_1 kleiner, M_2 und M_3 mit sehr flacher Krone. M_3 sehr klein, einwurzelig. Flanken von M_1

in Seitenansicht senkrecht stehend oder spitzenwärts etwas konvergierend. M^1 höchstens mit ganz schwachen Zwischenhügeln. Talonid des D_4 relativ kurz und schmal.

Verbreitung: Aquitanium bis Burdigalium.

Cynelos rugosidens rugosidens (SCHLOSSER) 1899

(Form des Aquitaniums)

? 1850 *Amphicyon Eseri.* — PLIENINGER, *Amphicyon,* S. 216, Taf. I, Fig. 9 (P^4).
v 1879 *Amphicyon ambiguus.* — FILHOL, Etudes, S. 99, Taf. XI, Fig. 2, Taf. XII, Fig. 3 (linkes OK-Fragm. mit P^{3-4}, seitenverkehrt).
v 1881 *Amphicyon ambiguus.* — FILHOL, Notes, Taf. II, Fig. 7 (Gaumenpartie, seitenverkehrt).
v* 1899 *Amphicyon rugosidens* n. sp. — SCHLOSSER, Bären, S. 130, Taf. XIV, Fign. 5 u. 10 (P^4—M^3 u. P_4 fragm. —M_3).
v 1929 *Amphicyon rugosidens* SCHLOSS. — VIRET, Limagne Bourb., S. 115ff, Taf. V, Fign. 1, 5a, 5b (Gaumenpartie, UK mit P_1—M_1 u. Alv. M_{2-3}).
? 1962 „*Amphicyon*" *rugosidens* SCHLOSSER. — DE BEAUMONT, Observations, S. 81ff, Abb. 1—2, Taf. I, Fig. 1 (Hinterhaupt).

Diagnose: Nominat-Unterart von *Cynelos rugosidens* (SCHLOSSER). Etwas größer als *C. r. schlosseri* (DEHM). P_4 im Verhältnis zu M_1 und M^2 im Verhältnis zu M^1 größer. M_1-Protoconid höher und kürzer.

Holotypus: P^4 fragm., M^{1-3}, P_4 fragm., M_{1-3} vom gleichen Individuum, Slg. WETZLER in Slg. München, Nr. 1881 IX 14a—c. — Abb. SCHLOSSER 1899, Taf. XIV, Fign. 5—10.

Locus typicus: Haslach bei Ulm.

Stratum typicum: Aquitanium.

Diskussion: Aller Wahrscheinlichkeit nach bezeichnen die Namen „*A. eseri* PLIENINGER" und *C. r. rugosidens* die gleiche Unterart. JÄGER (1850) und SCHLOSSER (1910) stellten die Fundort-Angabe PLIENINGERs richtig. Nicht aus dem Eozän von Kirchberg, sondern aus dem Süßwasser-Kalk des Michelsberges bei Ulm — also aus dem Aquitanium — stammt der Holotypus des „*A. eseri*". Obwohl ich ihn in den in Frage kommenden Sammlungen vergeblich gesucht habe, halte ich es doch für möglich, daß er eines Tages wieder auftaucht. Das hätte recht unangenehme Konsequenzen für die Nomenklatur zur Folge.

SCHLOSSER beabsichtigte, durch den Namen *rugosidens* (rugosus = lat. „rauh") ein Charakteristikum der Zähne, nämlich den rauhen Zahnschmelz, zum Ausdruck zu bringen. Ich habe allerdings den Eindruck gewonnen, daß die Schmelzrauhigkeit von *rugosidens* keineswegs ausgeprägter ist, als bei anderen frischen Amphicyoniden-Zähnen.

Der Eigenständigkeit dieser Art könnte man vielleicht mit einigem Mißtrauen begegnen, wenn nicht DEHM im Burdigalium chronologisch jüngere Spezies-Vertreter aufgefunden hätte, die sich sowohl morphologisch als auch metrisch deutlich vom gleichaltrigen *lemanensis* distanzieren. Beide Arten lebten also während des Aquitaniums und Burdigaliums getrennt nebeneinander. Ihre phylogenetische Entwicklung verlief unabhängig und teilweise geradezu gegensätzlich.

Unter dem Originalmaterial SCHLOSSERs von Haslach befindet sich auch ein (nicht publizierter) Caninus-Rest, der bezeugt, daß *r. rugosidens* — ebenso wie *l. lemanensis* — über ansehnliche C verfügt hat. DE BEAUMONT bildete 1961 (Taf. II, Fig. 3) einen kleinen C ab und knüpfte (1962) an ihn die Erwartung, daß der *rugosidens*-C etwa ähnlich geringe Dimensionen gehabt haben müsse. Das trifft nicht zu. Leider steckt der Haslacher C mit seiner Innenseite noch im Sediment. Infolgedessen kann über den Verlauf seiner inneren Kante nichts gesagt werden. — Ferner beinhaltet SCHLOSSERs Material einen sehr bedeutsamen Incisiv, den SCHLOSSER als I_2 dext. gedeutet hat. Für diese Position erscheinen die Meßwerte (5,5 × 4,0) doch wohl etwas zu hoch. Mehr Wahrscheinlichkeit hat die Deutung als I^2 dext. Der Zahn besitzt auf der einen Seite einen schwachen, auf der anderen Seite einen kräftigen Nebenzacken und deckt damit eine überraschende Ähnlichkeit mit entsprechenden Gebilden von *Canis* auf. — Der Typus-M_1, den SCHLOSSER nur in Aufsicht abbildete, konvergiert in Seitenansicht mit den Flanken spitzenwärts. An allen mir bekannten Dokumenten von St.-Gérand stehen die Flanken senkrecht. Insgesamt kann das M_1-Metaconid von der Seite sichtbar sein oder verdeckt. Immer bleibt der Zahn schlank. Neigung zur Verbreiterung des Talonides — wie bei *lemanensis* — besteht offenbar nicht. — Das Verhältnis Lg. M_2 : Lg. M_1 beträgt am Typus von *r. rugosidens* 0,615 gegenüber *l. lemanensis* von Ulm = 0,659.

An der Gaumen-Partie eines Schädelfragmentes von St.-Gérand (abgebildet bei VIRET 1929b, Taf. V, Fig. 1) werden keine nennenswerten Bauunterschiede im Vergleich zu *l. lemanensis* sichtbar.

Maße in mm:

Holotypus (Slg. München, Nr. 1881 IX, 14 a—c): $M_1=19{,}5\times8{,}8$; $M_2=12\times8{,}5$; $M_3=8{,}5\times6{,}4$. — $P^4=16{,}5\times+10$; $M^1=14{,}5\times17{,}5$; $M^2=11{,}5\times15{,}5$; $M^3=4{,}5\times7{,}0$.

Mus. Paris (ohne Nr.), Mand. dext.: Alv. $P_1=5\times3$; Alv. $P_2=9{,}5\times3{,}5$; $P_3=9{,}5\times4{,}3$; $P_4=11{,}7\times5{,}5$; $M_1=17{,}2\times8{,}7$. — Kieferhöhe unter $M_1=29$.

Mus. Paris Nr. 1871-499: $P_3=9\times4{,}3$; $P_4=11{,}5\times5{,}3$; $M_1=17{,}7\times8$; Alv. $M_2=11\times$ca. 5; Alv. $M_3=7\times4$. — Kieferhöhe unter $M_1=29$.

Mus. Lyon, Nr. La 81: $P^3=11{,}0\times4{,}5$; $P^4=16{,}5\times10{,}0$; $M^2=10{,}5\times15{,}8$.

Cynelos rugosidens schlosseri (DEHM) 1950

(Form des Burdigaliums)

1937 *Amphicyon* n. sp. — DEHM, Spaltenfüll., S. 358.
v* 1950 *Amphicyon schlosseri* n. sp. — DEHM, Wintershof-West, S. 20ff, Abb. 9—17 (div. Zähne des UK u. OK).

Diagnose: Etwas kleinere Unterart von *C. rugosidens*. P_4 im Verhältnis zu M_1 und M_2^2 im Verhältnis zu M_1^1 kleiner als bei *C. r. rugosidens*. M^1 ohne Spur von Zwischenhügeln.

Holotypus: Doppelästiger UK mit C-Stümpfen, P_1—M_3 dext. und P_2—M_3 sin., OK-Fragm. sin. mit P^4—M^2 und Alv. M^3, OK-Fragm. dext. mit M^2—M^3. — Slg. München, Nr. 1937 II 13562[7], Abbildung bei DEHM (1950, Abb. 9—11).

Locus typicus: Spaltenfüllung von Wintershof-West bei Eichstätt in Bayern.

Stratum typicum: Burdigalium.

Diskussion: Wenn SCHLOSSER (1899) bei Aufstellung der Art *rugosidens* vermutet hatte, daß sie keinerlei „Nachkommen" hinterlassen zu haben scheine, so hat DEHM inzwischen den Beweis für das Gegenteil erbracht. Obwohl er betonte, daß „eine direkte Linie vom aquitanen *rugosidens* zur burdigalen neuen Art" hinführe, verlieh er ihr den Rang einer Spezies. Da *schlosseri* offensichtlich nichts anderes ist als ein *rugosidens* in etwas modernerem Gewande, halte ich die Rang-Erniedrigung zur Subspezies für die biologisch richtigere Lösung.

Bisher kennen wir *r. schlosseri* nur von Wintershof-West. Es scheint, als ob das zahlenmäßige Mißverhältnis zwischen *lemanensis* und *rugosidens* im Burdigal noch genau so wie im Aquitan zuungunsten des letzteren fortgedauert hätte.

[7] Bei Festlegung des Holotypus ist DEHM insofern ein Versehen unterlaufen, als er dem rechten OK-Stück mit M^{2-3} im Text die Sammlungs-Nummer 12369 zuschreibt, in Abb. 11 aber mit der Nr. 13562 versieht. Die letztere Nummer ist die richtige.

Unter den M_1 finden sich weiterhin Belege mit hohem, kurzem Protoconid neben solchen mit verlängerter Protoconid-Basis und entsprechend gedrungenerem Haupthügel. In diesem Punkt dokumentiert *schlosseri* den gleichen Fortschritt, wie ihn auch der gleichaltrige *lemanensis helbingi* vollzogen hat. Andererseits äußert sich die Spezialisierung in gerade entgegengesetzter Weise, indem der kauende Gebißanteil nicht wie bei *lemanensis* verlängert, sondern verkürzt wird. Infolgedessen büßen M3—M2 sichtbar an Größe ein. Selbst das M_1-Talonid erscheint ein wenig reduziert, was natürlich auch für M^1 Folgen hätte. Jedoch läßt sich das vorerst metrisch nicht hinreichend belegen. Ebenso fehlen verläßliche Unterlagen über eine genaue Fixierung der Variationsbreite. Sie ist für *rugosidens* zwar deutlich geringer als für *lemanensis*, ob sich zwischen *r. rugosidens* und *r. schlosseri* allerdings Verschiebungen ergeben haben, läßt sich nicht sagen. Der Augenschein spricht eigentlich dagegen.

Zu erwähnen bleibt noch, daß C inf. an der Typus-Mandibel von *schlosseri* relativ beträchtlich kleiner ist als am Typus von *r. rugosidens*.

Maße in mm (nach DEHM):

Holotypus: $P_1 = 3{,}9 \times 2{,}3$; $P_2 = 6{,}2 \times 3{,}5$; $P_3 = 8{,}2 \times 3{,}9$; $P_4 = 10{,}2 \times 7{,}8$; $M_1 = 16{,}8 \times 7{,}1$; $M_2 = 10{,}2 \times 7{,}8$; $M_3 = 6{,}2 \times 5{,}5$. — $P^4 = 15{,}2 \times 9{,}3$; $M^1 = 12{,}0 \times 16{,}5$; $M^2 = 8{,}1 \times 13{,}4$; Alv. $M^3 = 3{,}2 \times 5{,}3$.

Durchschnittswerte:

Lg. $M_1 = 15{,}7$ bis $18{,}0 = 16{,}8 \pm 7\%$.
Lg. $M_2 = 8{,}4$ bis $11{,}0 = 9{,}7 \pm 13\%$.
Kieferhöhe unter $M_1 = 17{,}8$ bis $26{,}8 = 22{,}3 \pm 20\%$.

Entwicklungsgeschichtlicher Rückblick

Das Genus *Cynelos* wird in Europa durch die beiden Arten *lemanensis* und *rugosidens* vertreten. Von ihnen sind weder direkte Vorläufer noch sichere Nachfahren bekannt. Im Vergleich zu anderen Amphicyoniden stellen sie im Aquitanium fast schon einen Anachronismus dar, weil sie noch viele rückständige Wesenszüge zur Schau tragen. M_1 ähnelt beispielsweise auffällig D_4. Andererseits beherrschen sie zahlenmäßig das Feld. Abgesehen von „*A. minimus* DEHM" aus dem Chattium von Gunzenheim und „*A. praecursor* SCHLOSSER" aus dem Sannoisium von Veringendorf, repräsentieren sie die kleinsten unter den besser bekannten Formen. Ihre erwiesenermaßen große Variabilität deutet auf phylogenetische Unruhe hin. Bei *lemanensis* verschwindet in dem verhältnismäßig kurzen Zeitraum Aquitan/Burdigal das antiquierte Gepräge, um einem modernen Typus Platz zu machen, der sich von *Amphicyon* s. str. nicht mehr grundlegend unterscheidet. Die Prämolaren werden unter Erweiterung der Diasteme verkürzt, M_1^1 streckt sich in die Länge und verändert zugleich sein Aussehen, der kauende Gebißanteil wird vergrößert, und P_4 zeigt die Tendenz zum Abbau seines Hinterzackens, der bei vielen Arten unveränderliches Erbe darstellt.

C. rugosidens verhält sich geradezu schizophren. In seiner Variabilität wesentlich gedämpfter als *lemanensis*, nimmt auch *sein* M_1 modernere Züge an. Andererseits steuert er rückläufigen Kurs, indem seine absolute Größe abnimmt und der kauende Gebißanteil an Länge verliert.

Welche Schlüsse soll man aus diesem phylogenetischen Geschehen ziehen? Handelt es sich um Stadien der Typogenese oder der Typolyse?

Für *rugosidens* möchte ich Typolyse annehmen, da er regressive Merkmale offenbart. *C. lemanensis* dagegen entspricht mit seinen ausschließlich progressiven Merkmalen eher dem Bild einer Typogenese.

SCHLOSSER (1899) erklärte *lemanensis* für den Stammvater von *A. major*, „sicher aber von *steinheimensis*". VIRET (1929b) hielt *bohemicus* für eine Verlängerung des *lemanensis*-Zweiges, andererseits schien ihm auch *steinheimensis* den Zweig fortzusetzen. Da *steinheimensis*, wie wir gesehen haben, aus *bohemicus* hervorgeht, ist das jetzt keine Alternativlösung mehr. Aber weder SCHLOSSER noch VIRET wußten damals, daß *bohemicus* im Burdigal neben *lemanensis* existiert. DEHMs Maßtabellen sichern die Tatsache, daß beide Arten keine fließenden Übergänge haben. Wenn *bohemicus* dennoch aus *lemanensis* hervorgegangen sein soll, was nach morphologischen Gesichtspunkten keineswegs ausgeschlossen erscheint, dann nur auf dem Wege einer umfassenden Mutation im Burdigal. (Auffälligerweise verhält sich *bohemicus* über einen langen Zeitraum ungewöhnlich konstant.) Diese Denkmöglichkeit würde ich aber erst dann als gesichert ansehen, wenn erwiesen ist, daß *bohemicus* nicht von anderwärts zuwanderte.

DE BEAUMONT hat sich kürzlich an Hand craniologischer Untersuchungen mit der Frage der verwandtschaftlichen Beziehungen unserer kleinen Amphicyoniden *lemanensis* und *rugosidens* insbesondere zu den amerikanischen Genera *Daphoenus* und *Daphoenodon* beschäftigt. Er gewann den Eindruck, daß die europäischen Formen in mancherlei Hinsicht zwischen den amerikanischen zu stehen scheinen. Stratigraphisch sei das auch sehr wohl möglich. Jedoch stehe dieser Annahme die abweichende Gestalt des oberen C entgegen und das Problem sei deshalb vorerst nicht in zufriedenstellender Weise zu lösen. — Zu meinem Bedauern sind die Abbildungen in HOUGHs „Revision of Daphoenus etc." zu unklar, um mir ohne Kenntnis des Originalmaterials einen zuverlässigen Eindruck von diesem Fragenkomplex zu verschaffen. Wenn aber eine Herleitung des Genus *Cynelos* von amerikanischen Formen überhaupt in Frage kommt, und wenn *Cynelos*, wie DE BEAUMONT meint, zwischen *Daphoenus* und *Daphoenodon* steht, dann könnte höchstens die Abstammung vom primitiveren *Daphoenus* in Betracht gezogen werden. Einmal in Europa bodenständig, macht das Genus *Cynelos* eine von außerhalb völlig unbeeinflußte Entwicklung durch, die sich vom Ende des Burdigals ab wieder im Dunkel verliert.

Durch den Besitz von Nebenzacken-tragenden Incisiven ergibt sich für *Cynelos* eine auffällige Parallele zu den echten Caniden. Soweit bekannt, fehlen Nebenzacken ab Helvetium allen jüngeren Amphicyoniden Europas. Infolgedessen drängt sich der Schluß auf, daß Incisiven mit Nebenzacken primitive Merkmale sind. Allerdings besteht zwischen *Canis* und *Cynelos* insofern ein vorerst unvereinbarer Gegensatz in der Stellung der unteren Incisiven, als sie bei *Canis* in Reihe, bei Cynelos als Bündel angeordnet sind, d.h. es ist immer mindestens einer aus der Reihe gedrängt. Die gebündelte Stellung findet sich schon beim sog. *A. ambiguus* aus dem Quercy. Leider wissen wir in diesem Punkt so gut wie nichts über die jüngeren Amphicyoniden.

VIII. Genus *Megamphicyon* gen. nov.

Typus-Art: *Megamphicyon giganteus* (SCHINZ) 1825.

Diagnose: Großer bis extrem großer Amphicyonide mit stark querverlängertem, etwas fünfeckigem M^1. M^2 unverhältnismäßig schmal, an M^1 von *Hemicyon* erinnernd. Molaren mit schräger Abkauungsweise, wobei jedoch keine scharfen Schneiden (wie bei den Thaumastocyoniden), sondern unregelmäßig verfließende Facetten entstehen.

Megamphicyon giganteus (SCHINZ) 1825[8]

(± Form des Burdigaliums)

Abb. 42—53

v 1824 *Canis* d'une taille gigantesque. — CUVIER, Oss. foss. IV, Taf. 193, Fig. 20 (M^1, C inf.).

* 1825 *Canis giganteus.* — SCHINZ, Cuv. Thierreich, IV, S. 342.

1843 *Amphicyon giganteus.* — LAURILLARD, Dict. hist. nat. III, S. 567.

pars 1848—1852 *Amphicyon major.* — GERVAIS, Zool. et Pal. fr., S. 112.

1848—1852 *Amphicyon giganteus,* LAURILL. — GERVAIS, l.c. Tafelerl. S. 13.

pars 1850 *Amphicyon major.* — BLAINVILLE, Ostéogr., II, S. 122, Taf. XIV Fig. 5 (M^1, kop. CUVIER).

1853 *Amphicyon giganteus,* Nob. — POMEL, Cat. meth., S. 72.

1853—1856 *A. giganteus* LAURILL. (Chien gigantesque d'Avaray Cuv.). — BRONN, Lethaea, S. 1081.

1859 *Amphicyon giganteus.* — GERVAIS, Zool. et Pal. fr., S. 215.

1885 *Amphicyon giganteus,* LAURILLARD. — LYDEKKER, Catalogue, Mamm. I, S. 136.

non (v) 1898 *Amphicyon giganteus,* LAUR. — ROGER, Wirbelthierreste, I, S. 6, Taf. III, Fign. 3, 4, 6.

1898 *Amphicyon giganteus,* LAUR. — ROGER, Wirbelthierreste, II, S. 389.

? 1907 *Amphicyon* cf. *major.* — STEHLIN, Notices, S. 531 (Baigneaux).

pars 1908 *Amphicyon giganteus* LAURILLARD. — MAYET, l'Orléanais, S. 210—214, Abb. 68, 69 (kop. CUVIER), Taf. VIII, Fig. 7 (M^1), non Fig. 8 (M^2).

? 1910 *Amphicyon Eseri* PLIENINGER. — SCHLOSSER, Brüxer Braunkohle, S. 231ff, Taf. II, Fig. 1 (M^1).

1925 *Amphicyon giganteus* d'Avaray. — STEHLIN & HELBING, Catalogue, S. 35.

1929 *Amphicyon giganteus* LAURILLARD 1843. — MATTHEW, Crit. Obs., S. 481.

v 1934 *Amphicyon giganteus* LAURILLARD. — ROMAN & VIRET, La Romieu, S. 16/17 (2 Tibien), Taf. II, Fig. 3.

pars v 1934 *Amphicyon major* DE BLAINVILLE. — ROMAN & VIRET, l.c., S. 15, Taf. I, Fig. 1a/b (Mand. dext.), non Fig. 2 (Mand. fragm. sin.).

pars v ? 1934 *Amphicyon* aff. *steinheimensis* FRAAS. — ROMAN & VIRET, l.c., Taf. I, Fign. 5, 5a (M^1), non Fign. 4, 6.

1937 *Amphicyon* aff. *major* BLAINVILLE. — DEHM, Spaltenfull., S. 358.

v 1950 *Amphicyon* aff. *giganteus* LAURILLARD. — DEHM, Wintershof-West, S. 33/34, Abb. 55—56 (M^3, M_3).

pars v ? 1950 *Amphicyon major* BLAINVILLE 1842. — ZAPFE, Neudorf, S. 119—123, Abb. 8, 9 (OK-Fragm.).

Diagnose: Entsprechend der Gattungsdiagnose.

---

[8] Da SCHINZ als erster die latinisierte Schreibweise *giganteus* an Stelle von „*Canis* d'une taille gigantesque" gebrauchte, hat er — und nicht LAURILLARD — als Autor zu gelten.

Holotypus: M^1 sin. im Museum Orléans. — Abb. CUVIER (1824, Taf. 193, Fig. 20) und MAYET (1908, Textabb. 68). — Hier Abb. 42.

Locus typicus: Avaray.

Stratum typicum: Jüngeres Burdigalium (Sables de l'Orléanais).

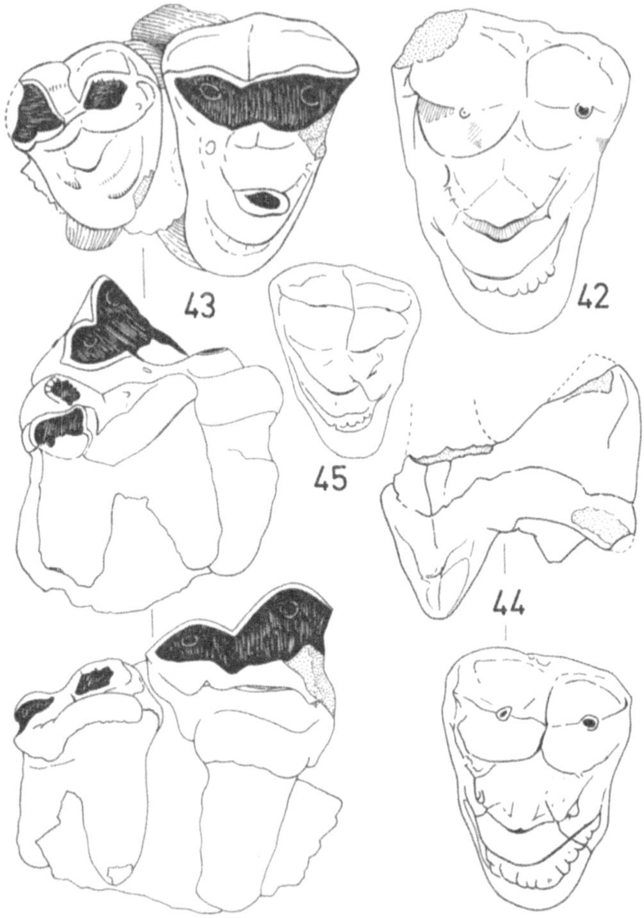

Abb. 42—45. *Megamphicyon giganteus* (SCHINZ) aus den Sables de l'Orléanais und La Romieu. — Abb. 42: M^1 sin. von Avaray (Mus. Orléans, Holotypus), Kauflache (Usuren schraffiert). — Abb. 43: M^1—M^2 dext. von Baigneaux (Mus. Basel), Kauflache, Hinteransicht, Innenansicht. — Abb. 44: M^1 sin. von Baigneaux (Mus. Basel, 1907, S.O. 1275), Vorderseite, Kauflache. — Abb. 45: M^1 sin. von La Romieu (Fac. Lyon, 1776), Kaufläche, Bestimmung fraglich! — 1:1.

Neue Belege:

1. Oberkiefer-Fragment mit M^1 und M^2 in situ von Baigneaux. Museum Basel, ohne Nr., Abb. 43.

M^1 im Umriß unregelmäßig-triangulär, wobei die Mitten von Vorder- und Rückseite jeweils eine besondere Aufbauchung erkennen lassen. Dadurch entsteht andeutungsweise ein Fünfeck. Paracon voluminöser als Metacon. Im gegenwärtigen Zustand sind die Innenflanken beider Außenhügel soweit abgekaut, daß eine einheitliche Facette entstanden ist, die steil nach innen abfällt. Protocon relativ hoch und spitz, etwas dem Vorderrande genähert, im Vergleich zu den Außenhügeln unverhältnismäßig schwach usiert. Protocon-Arme aufgebläht und durch Eintiefungen deutlich abgesetzt. Protoconulus in mehrere Warzen aufgelöst, Metaconulus mit eigener Facette. Innencingulum lippenartig erweitert, etwas gefurcht. Drei getrennte Wurzeln.

M^2 von fast gleicher Länge wie M^1, jedoch sehr schmal, im Umriß fast herzförmig. Metacon mit schräg nach hinten abfallender Usur. Infolge der Abkauung ist ein Teil des hinteren Außenecks abgetragen. Protocon schwach, durch einen breiten Sporn mit dem Innencingulum verbunden. Dadurch wird die Trennfurche in zwei Abschnitte zerlegt. Basalband ringsum kräftig. Der Innenlappen mit dem Protocon zeigt nicht die übliche Verwindung nach vorn, sondern seine Kaufläche wendet sich nach hinten. Drei getrennte Wurzeln.

2. Fünf **M^1**, z.T. fragmentarisch, von Baigneaux.

Museum Basel, Nr. S.O. 6587, 1275, 6415, 6588, 866, Abb. 44.

Die Stücke Nr. 1275 und 6587 (Abb.) liegen in fast frischem Zustand und ausgezeichneter Erhaltung vor. Obwohl etwas kleiner als der Holotypus von Avaray stimmen sie in fast allen Einzelheiten genau mit diesem überein. Die zuvor erwähnte Aufbauchung auf Vorder- und Rückseite erweist sich hier mit aller Deutlichkeit als Folge der Aufblähung der Zwischenhügel. Nr. 6588 belegt nur den Innenlappen. Hier hat der Protocon eine ganz flach absteigende Innenflanke. Dadurch verbreitert sich der Innenhügel ungemein und läßt nur einem schmalen Cingulum Platz.

3. Zwei **M^1**-Fragmente von Avaray (Mus. Orléans). Abb. 52 u. 53.

Trotz des teilweisen Verlustes seines Belegmaterials, besitzt das Museum Orléans noch zwei bis jetzt unbeachtet gebliebene M^1-Fragmente vom locus typicus. Sie repräsentieren im wesentlichen nur die Innenlappen mit den Protoconi. Beide sind kleiner als der Holotypus und haben ein von diesem abweichendes, unter sich aber verschieden ausgebildetes Innencingulum. Bei dem einen gibt es sich zusammengekniffen und massig, bei dem anderen wirkt es schmaler als gewöhnlich. Der Innenhügel wahrt in beiden Fällen seine mit dem Holotypus übereinstimmende Form.

4. **M_1** dext. von Artenay (Museum Basel, Nr. S.O. 3524). Abb. 48.

Dieser große Zahn zeigt deutliche Abrollungsspuren; die Wurzeln fehlen. Vordere Paraconid-Flanke leicht konkav. Metaconid außerordentlich stark und von der Seite gerade noch sichtbar. Das Protoconid fällt nach hinten flacher ab als bei *A. major* und *Ar. t. eibiswaldensis*. Der Höhenunterschied zwischen Hypo- und Entoconid ist bedeutend. Die Längsfurche zwischen beiden Talonid-Elementen mündet vorn-innen unterhalb des Metaconides. Die Abkauung stimmt überein mit derjenigen von M^1. Auf Proto- und Paraconid stehen die Facetten im Begriff zu verschmelzen. Die Protoconid-Usur läuft von vorn über die Hügelspitze hinweg auf die Hinterflanke. Am Hypoconid findet sich eine weitere große Facette, der aber wohl ein Abbruch (intra vitam ?) voraufgegangen sein dürfte.

5. **M_1** sin. fragm. mit dazugehörigem P_4 von Baigneaux (Mus. Basel, Nr. S.O. 4905). Abb. 46.

Es liegt vor die vordere Molaren-Hälfte mit kompletter, sehr starker Vorderwurzel. Hier ist die Abkauung noch weiter fortgeschritten. Proto-

und Paraconid werden auf der Außenseite von einer einheitlichen, nach außen gewendeten Usur bedeckt. Im Gegensatz zum vorigen M_1 ist das Metaconid fast verkummert. Der ungemein kräftige P_4 besitzt verwachsene Wurzeln.

6. Drei **M_2** von Baigneaux (Mus. Basel, Nr. S.O. 6589, 1863, 3525). Abb. 49—51.

Alle drei haben gemeinsam den rechteckig-verbogenen Umriß: Außenseite etwas konkav, Innenseite entsprechend konvex. Dabei treten vorderes und hinteres Außeneck besonders hervor. Talonid etwas kürzer als das Trigonid. Nr. 6589 mit ganz frischer Krone. Sein Trigonid schließt eine

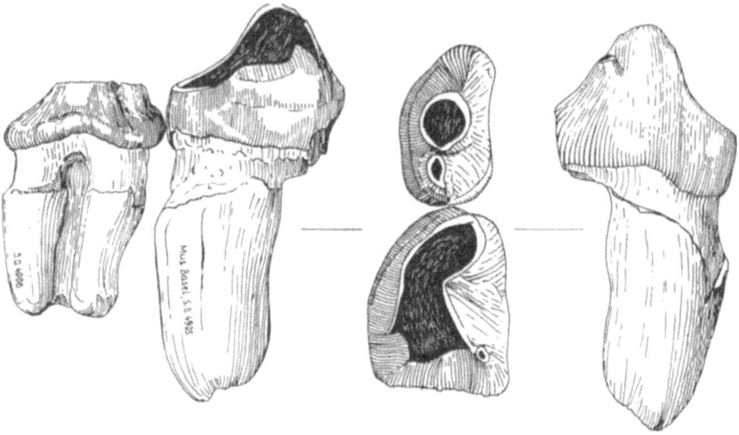

Abb. 46. *Megamphicyon giganteus* (SCHINZ) von Baigneaux. — P_4 und M_1 fragm. (Mus. Basel, S.O. 4905, 4906), Außenseite, Kauflache, Innenseite des M_1. — 1:1.

ringsum von Kanten begrenzte, fast quadratische Grube ein. Dem Paraconid fehlt morphologische Individualität. Die gemeinsame Hinterfront von Proto- und Metaconid erscheint durch beiden Hügeln aufgesetzte Kanten gefurcht. Im Talonid überragt das Hypoconid, dessen Schneide in gerader Richtung auf das Protoconid zuläuft. Rückwärts beschreibt diese einen Bogen und geht schließlich über in das sichelförmige Entoconid, das als schwach erhobener Grat von radialen Kerben gegliedert wird. Soweit Usuren angelegt sind (bes. Nr. 3525), wenden sie sich nach außen.

7. **M^1** sin. von Baigneaux (Mus. Basel, Nr. S.O. 3338), Abb. 47.

Unter Vorbehalt erwähne ich hier einen M^1, der noch um ein beträchtliches kleiner ist als die vorigen, in der Größe aber genau zu zwei anderen, in der Literatur bekannten M^1 paßt. In Umriß und Kronenbau erscheint er wie ein verkleinerter *giganteus*. Durch Abbrüche, insbesondere am hinteren Kronenrand, kommt der typische Umriß in der Abbildung weniger scharf zum Ausdruck. Das Basalband erweitert sich besonders hinter dem Protocon und weicht dadurch von den beiden anderen Zähnen etwas ab. Die Zweiteilung des Protoconulus hat er mit dem einen gemeinsam. Wurzeln fehlen.

Diskussion: Seit CUVIERs Abbildung des Holotypus, eines am vorderen Außeneck leicht beschädigten M^1 sin. von Avaray, konnte zur Kenntnis dieses größten aller europäischen Amphicyoniden kaum etwas Definitives beigetragen werden. MAYET (1908) stellte ihm einen glaubhaft großen M^2 vom locus typicus an die Seite, der auf Grund des Situs-Fundes von Baigneaux jedoch eine andere Deutung erfahren muß (vgl. S. 88). DEHM fügte unter Vorbehalt je einen oberen und unteren M3 von Wintershof-West hinzu. Insgesamt also drei Zähne in fast 140 Jahren! Indessen steht es in Wirklichkeit um die Dokumentation dieses Caniden weit besser, als es der Literatur nach den Anschein hat.

Der fünfeckige Umriß des Typus-M^1 ist so charakteristisch, daß er zu Verwechslungen mit anderen Amphicyoniden keinen Anlaß bietet, sofern er sich als konstant erweisen läßt. Dies scheint umso mehr der Fall zu sein, als der Umriß in kausalem Zusammenhang mit den extrem aufgeblähten Zwischenhügeln steht, denen man gewiß ein größeres differenzierendes Gewicht beilegen wird als dem Umriß allein. Wenn auch Stärke und Gestalt des Innencingulums wechseln und nicht immer genau dem Holotypus entsprechen, so bleibt die Ausdehnung der Trennfurche zwischen Protocon und Basalband immer konstant. Sie zieht ohne Unterbrechung vom einen Zwischenhügel zum anderen und unterscheidet sich dadurch ganz wesentlich von *A. major*. Mit Ausnahme der frühesten Bearbeiter ist denn auch niemand mehr auf den Gedanken gekommen, die M^1 beider Formen in einer Art zu vereinigen.

Wenn also Umriß und Zwischenhügel des M^1 typische *giganteus*-Merkmale sind, sollte die etwas geringere Größe der vorgelegten neuen Dokumente von Baigneaux keine Bedeutung haben. Größenschwankungen dieses Umfanges werden auch von anderen Arten glaubwürdig bezeugt. Zweifel an der Identität der M^1 dürfte es deshalb kaum geben. Folglich muß der Situs-Fund auch als die echte Repräsentation des M^2 von *giganteus* betrachtet werden. Dieser Molar unterscheidet sich, insbesondere auch in seinem Größenverhältnis gegenüber M^1, so grundlegend von allen anderen Amphicyoniden Europas, daß *giganteus* aus dem Genus Amphicyon herausgelöst und in eine neue Gattung gestellt werden muß, die ich in Anbetracht der enormen Größe *Megamphicyon* nenne.

Die Zuordnung weiterer Gebißelemente wäre kaum möglich, wenn *giganteus* nicht über eine so eigenartige Abkauung verfügte, wie sie am Situs-Fund zum Ausdruck kommt. Usierte untere Molaren müssen erwartungsgemäß entsprechende Facetten aufweisen. Dies ist in ganz ausgesprochener Weise der Fall bei jener Mandibel von La Romieu, die ROMAN und VIRET (1934, Taf. I, Fig. 1a, b) abgebildet haben unter Bezug auf *A. major*. Alle *major*-Dokumente von

Sansan belehren unzweideutig darüber, daß dieser Canide streng horizontal abkaut (vgl. GINSBURG 1961, Taf. IV, Fig. 1). Über ein weiteres Indiz für Verschiedenheit von *major* wird anschließend

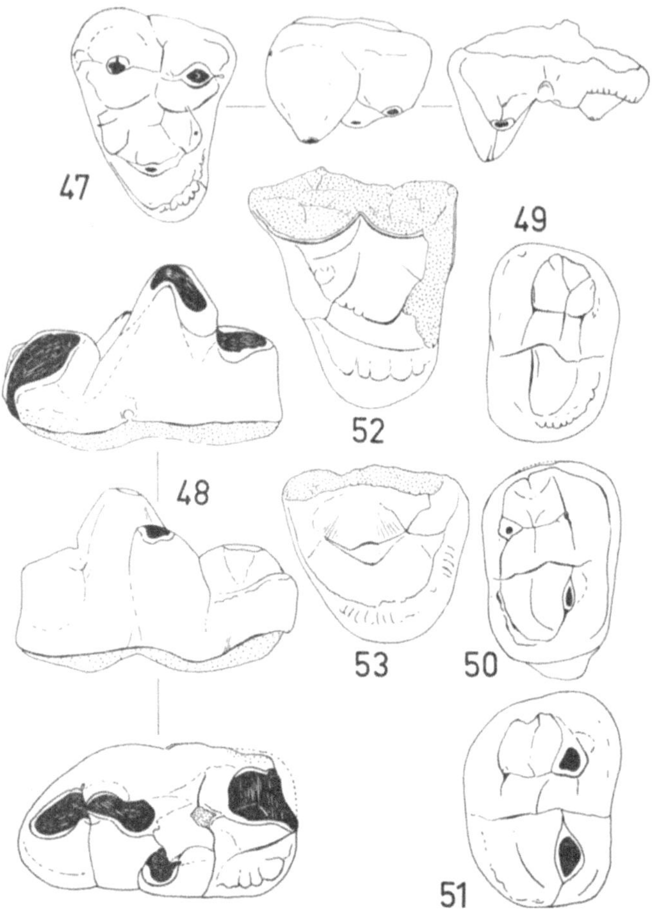

Abb. 47—53. *Megamphicyon giganteus* (SCHINZ) aus den Sables de l'Orléanais. — Abb. 47: M^1 sin. von Baigneaux (Mus. Basel, S.O. 3338), Kauflache, Außenseite, Hinterseite. — Abb. 48: M_1 dext. von Artenay (Mus. Basel, S.O. 3524), Außenseite, Innenseite, Kauflache. — Abb. 49: M_2 sin. von Baigneaux (Mus. Basel, S.O. 6589), Kauflache. — Abb. 50: M_2 dext. von Baigneaux (Mus. Basel, S.O. 1863), Kauflache. — Abb. 51: M_2 dext. von Baigneaux (Mus. Basel, S.O. 3525), Kauflache. — Abb. 52: M^1 dext. fragm. von Avaray (Mus. Orléans), Kauflache. — Abb. 53: M^1 sin. fragm. von Avary (Mus. Orléans), Kauflache. 1:1.

noch zu berichten sein. Zunächst liefert das Fossil von La Grive den Schlüssel für die Beiziehung weiterer Unterkiefer-Molaren. Die geschilderten Belege für M_1 im Museum Basel (Nr. 3524 und 4905) zeigen verschiedene Stadien der Abkauung. Besonders einprägsam ist das Zusammenfließen der Facetten von Para- und Protoconid.

Konkave Vorderfront des Paraconides und flach abfallender Hinterhang des Protoconides differenzieren M_1 von *major*. Wenn die Metaconide der beiden unteren Molaren beträchtliche Größenunterschiede erkennen lassen, so hängt das wohl damit zusammen, daß die innere Hügelreihe der unteren Backenzähne wegen der seitlich verlagerten Abkauung an funktioneller Bedeutung zu verlieren scheint. — Auch für M_2 liefert der Canide von La Romieu erste Anhaltspunkte. Im Gegensatz zu *A. major* ist hier der Breitenunterschied zwischen Trigonid und Talonid nahezu vollständig ausgeglichen. Die Hypoconidbasis hat sich ausgedehnt und beansprucht mindestens den gleichen Raum wie das Protoconid. Flacher als bei *A. major* fallen die Außenflanken der äußeren Hügelreihe ab. Im relativen Längenverhältnis zu M_1 unterscheiden sich beide Arten offenbar nicht. Das kann insofern auch kaum erwartet werden, als trotz aller sonstigen Abweichungen M^1 und M^2 auch im Oberkiefer ein entsprechendes Längenverhältnis zeigen.

Eine große M_3-Alveole in der Mandibel von La Romieu zeigt an, daß dieser Molar kaum viel kleiner sein kann als sein Vorgänger. Zweierlei wird dadurch bewiesen: 1. hat *giganteus* eine vollständige Backenzahn-Formel, 2. dürfen die beiden M3 von Wintershof-West (DEHM 1950) mit großer Wahrscheinlichkeit auf *giganteus* bezogen werden.

Nach der Mandibel von La Romieu zu urteilen, sind die vorderen Prämolaren von *giganteus* etwa ebenso stark reduziert wie bei *A. major*. Bei einer M_1-Länge von 33,3 mm schätzten ROMAN & VIRET nach der Alveole den Längsdurchmesser der Caninus-Krone auf 30 mm. Beide Werte würden sich also annähernd entsprechen. Da M^1 in der Regel genauso breit ist wie M_1 lang, dürfte der von CUVIER abgebildete Eckzahn von „gigantischer Größe" tatsächlich mit dem Holotypus identisch sein. *A. major* besitzt einen viel schwächeren C. Auch das spricht gegen die ursprüngliche Bestimmung der Mandibel von La Romieu.

Wenn also *giganteus* einen in Seitenansicht viel breiteren und mit einer niedrigeren Krone versehenen Caninus besitzt als *A. major*, dann sollte jenes Oberkiefer-Fragment von Neudorf, das ZAPFE (1950, Abb. 8 und 9) zu *A. major* stellte, doch wohl eher ein *giganteus* sein. Zwar meinte er, das Stück „mit Sicherheit" auf *major* beziehen zu dürfen, doch sprechen zahlreiche Argumente dagegen. Allein der Anblick des C sup. — er ist leider ein wenig verzeichnet — stimmt höchst mißtrauisch, denn sowohl bei großen wie bei kleinen *major*-Individuen bewahrt der C immer seine geradezu elegante, schlanke Form. (Vgl. GINSBURG 1961, Abb. 17, Fign. 1 und 2). Die Nachuntersuchung des Neudorfer C gibt ZAPFE gewiß nicht Recht, wenn er dessen Krone als „schlank" bezeichnet, denn der Substanzverlust an der Spitze erweist sich als derart gering, daß nur eine in Seitenansicht mäßig hohe und ungemein breite Gestalt rekonstruiert werden kann. Im Gegensatz zu *major* ist hier der Kronenteil gegen die Wurzel geknickt. Schließlich wird man maximale Längsdurchmesser am Wurzelhals von 34 mm unter den verbürgten *major*-Caninen von Sansan vergeblich suchen. Dabei sah ZAPFE in seinem Exemplar auf Grund der P^4-Länge sogar eine „kleine Art". Mir fällt ferner auf, daß die innere Schneide des C sup. bei Betrachtung von der Innenseite gut einen cm vom vorderen Rand entfernt steht. Unter gleicher Orientierung fällt bei *major* diese Schneide immer nahezu mit dem Vorderrand zusammen. Um den Vergleich zwischen dem Neudorfer Fragment und einem *major* mit annähernd gleich großen P^4 zu erleichtern, gebe ich die nachstehende Übersicht:

	I^3	C	P^1	P^2	P^3	P^4	M^1	M^2	M^3
Neudorf* Lg.	15	27	8,2	11	(14)	28,5	(21,5)	(20)	(13)
Br.	12	—	—	—	—	—	v (34)	(29)	(15)
							h (31)	(23)	—
Sansan (Nr. 3) Lg.	12	20,6	—	10,3	11,7	26,4	22 ca.	19	—
Br.	8	—	—	—	—	—	27,2	27,2	—

* Werte in ( ) an den Alveolen gemessen. v = vordere Breite, h = hintere Breite.

Leider ist ZAPFE auf die Molaren seines Fundes gar nicht eingegangen, obwohl die Alveolen vorliegen. Die Vergleichswerte mit *A. major* führen zu der Überzeugung, daß M^1 eine viel quergedehntere Form gehabt haben muß als der Canide von Sansan. Der beträchtliche Breitenunterschied für den vorderen und hinteren Alveolen-Abstand des M^2 wäre nach dem Situs-Fund von Baigneaux bei *giganteus* eher zu erwarten als bei *major*. — Aus den obigen Maßen ergibt sich für den Neudorfer Amphicyoniden der Besitz eines relativ sehr kräftigen I^3. — Zu bemerken bleibt ferner die schon von ZAPFE hervorgehobene „schwache Entwicklung des Innenhöckers" von P^4. Um die Bedeutung dieses Merkmals nicht zu verwischen, betone ich, daß Sansan bisher kein einziges *major*-Homologon geliefert hat, das einen schwachen Innenhöcker hätte. Die Abbildungen GINSBURGs zeigen außerdem, daß dieses Element bei *major* noch im fortgeschrittenen Abkauungsstadium völlig intakt bleibt. — Kurzum, der Canide von Neudorf kann nicht als *A. major* gedeutet werden. Da an großen Amphicyoniden die gleichaltrigen Formen *Pseudocyon s. sansaniensis* und *Arctamphicyon t. eibiswaldensis* wegen ihrer reduzierten Prämolaren und abweichend gebauten Caninen für eine nähere Beziehung nicht in Betracht kommen, bleibt kaum ein anderer übrig als *giganteus*. Die Größe von C und M^1 zeugt dafür, daß der Neudorfer Fund kein kleines Exemplar darstellt, sondern an Größe wahrscheinlich noch die hier vorgelegten Stücke von Baigneaux übertrifft. — Bis zur Auffindung von kompletten Dokumenten wird ein letzter Zweifel an der Identität von *giganteus* und dem Neudorfer Stück allerdings kaum zu beheben sein.

Nun beinhaltet die Literatur zwei mittelgroße — im Vergleich zum Holotypus kleine — M^1, die morphologisch recht gut zu *giganteus* passen könnten. Einen dritten von genau gleicher Größe (Basel, S.O.3338) habe ich zuvor beschrieben. — Eines dieser Stücke stammt von La Romieu. ROMAN & VIRET bezogen es auf *A. steinheimensis*. Sie vermerkten im Text: „La première tuberculeuse supérieure gauche est tout à fait typique pour un *Amphicyon*. On peut la comparer notamment à la même dent de l'*Amphicyon giganteus* d'Avaray ...". Man muß den Autoren darin ebenso beipflichten wie in den weiteren Ausführungen über ein Homologon von Reischenau (nicht von Stätzling, Verf.), das ROGER zunächst auch zu *giganteus* gestellt hatte. In der Tat sehen sich beide Zähne sehr ähnlich, jedoch verfügt das jungmiozäne Dokument nicht über den charakteristischen, fünfeckigen Umriß, weil seine Zwischenhügel schwächer sind. Aber ein M^1 aus der Brüxer Braunkohle, von SCHLOSSER (1910, Taf. II, Fig. 1) völlig zu Unrecht *Amphicyon eseri* PLIENINGER benannt, stimmt in den Maßen und auch im Umriß völlig überein mit dem Molaren von La Romieu. Sein schmaleres Innencingulum und die Aufspaltung des Protoconulus in zwei Teilhügel haben wohl kaum differenzierenden Wert. (Leider ist das Alter der Brüxer Fauna nicht hinreichend geklärt). — Zweifellos sind diese drei M^1 unter sich identisch. Es fragt sich nur, ob sie auf Grund ihrer viel geringeren Größe mit *giganteus* in der gleichen Art vereinigt werden können. Grundsätzliche biologische Bedenken bestehen wohl nicht. Jedoch wäre dies innerhalb der gesamten Unterfamilie der einzige Fall, in dem die sonst geringe Größenschwankung so extrem überschritten wird. Das stimmt bedenklich. Ich möchte deshalb zwei andere Möglichkeiten nicht ausschließen: 1. daß eine kleinere Spezies von *Megamphicyon* vorliegt, 2. daß es sich vielleicht doch um etwas ganz anderes handelt.

Wenn alle hier als wahrscheinlich angenommenen Beziehungen der größenmäßig entsprechenden Materialien untereinander sich als gerechtfertigt erweisen sollten, so würde *giganteus* einen isoliert stehenden europäischen Amphicyoniden darstellen, der extreme Größe erreichen kann. Seine Caninen hätten einen ungewöhnlich langen antero-posterioren Durchmesser. Ihre inneren Schneiden stünden mehr nach hinten verschoben als bei *A. major*. Die vorderen P wären zwar reduziert, aber relativ weniger als bei *major*. P^4 hätte einen nur schwachen Innenhügel. M^1 ist erweislich stark querverlängert und besitzt fünfeckigen Grundriß. M^2, obwohl nur geringfügig kürzer als M^1, erweist sich als bedeutend schmaler als der Vorgänger. M^3 wäre relativ groß, sein Umriß rundlich bis oval. Die Abkauung der Molaren konzentriert sich auf die Innenseiten der Außenhügel bei den oberen, auf die Außenseiten bei den unteren M. Auf M^1 und M_1 verschmelzen zwei Facetten frühzeitig zu einer einzigen. Dieser Effekt scheint darauf zu beruhen, daß der Oberkiefer sich stärker als der Unterkiefer verbreitert hat. Infolgedessen treffen sich die Außenhügel nicht mehr an den Spitzen, sondern an ihren Flanken. Die wahrscheinliche Verstärkung von I^3 könnte damit ebenso in Zusammenhang stehen, wie die Verbreiterung von M^1 und die Durchbiegung von M_2. — Sichere Funde liegen ausschließlich aus dem Jüngeren Burdigalium vor. Wahrscheinliche *giganteus*-Dokumente reichen eventuell bis in das Aquitanium (Brüx ?)[9] hinab und bis ins Helvetium (Neudorf ?) hinauf. Diese kurze Anwesenheit in Europa läßt auf Zuwanderung schließen. Erfaßbare Schwankungen in der Breite des Basalbandes, der Furchung des Innencingulums und der Stärke des M_1-Metaconides legen den Gedanken an eine im Aussterben begriffene Art nahe. Daraus würde vielleicht auch die über das normale Maß hinausgehende Größenschwankung erklärlich werden.

[9] SCHLOSSER dachte an ein aquitanisches Alter der Brüxer Braunkohle. Um neue Gesichtspunkte zu gewinnen, wandte ich mich an Frau Dr. VON OETTINGEN/München mit der Bitte um Überprüfung des offensichtlich falsch bestimmten Brüxer Tapirs. Sie schrieb mir u. a.: „KOENIGSWALD stellt den Brüxer Tapir zu *Tapirus robustus*. Zweifelsohne hat das Oberkiefergebiß große Ähnlichkeit mit der aquitanen *Tapirus intermedius-robustus*-Gruppe, doch scheinen mir beim Brüxer Oberkiefer die Prämolaren noch etwas weiter fortgeschritten." — Ein jüngeres Alter der Braunkohle als Aquitan scheint demnach nicht ganz ausgeschlossen.

Maße in mm:

Holotypus (Mus. Orléans): $M^1 = 32 \times 42$.
Situs von Baigneaux (Mus. Basel): $M^1 = +24 \times 32{,}7$; $M^2 = +19{,}7 \times 23{,}4$.
Fünf M^1 (Mus. Basel): $6587 = 26 \times 33{,}5$; $1275 = 25 \times 33{,}5$; $6415 = ? \times 26$.
(Nr. 6588 und 866 nicht meßbar).
M_1 (Mus. Basel, S.O. 3524): $= 39 \times 21$.
Drei M_2 (Mus. Basel): $6589 = 24{,}9 \times 17{,}3$; $1863 = 26 \times 18{,}2$; $3525 = 27{,}2 \times 21$.
Drei kleine M^1: Mus. Basel, S.O. $3338 = 21{,}5 \times 28{,}5$; La Romieu $= 21 \times 27$;
Brüx (nach SCHLOSSER): 20×27.
M^3 (nach DEHM): $14{,}7 \times 20$.
M_3 (nach DEHM): $21{,}5 \times 18$.

IX. Genus *Arctamphicyon* PILGRIM 1932

1932 PILGRIM, The fossil Carnivora of India, S. 24ff.

Diagnose: Große, im Laufe ihrer Phylogenese stark abändernde Amphicyoniden mit vermutlich vollständiger Zahnformel und (soweit bekannt) sehr massiger Mandibel. — M^2 im Pliocän quer-rechteckig und mit flacherem Kronen-Relief als *Amphicyon*, inneres Cingulum breit und gefurcht, Zwischenhügel auf Kosten des Protoconus bedeutend vergrößert und in großflächigen Usuren abkauend, Außencingulum voluminös. Im Helvetium M^2 noch mit der Tendenz, Innencingulum und Protocon mit einem Sporn zu verbinden. — M^1 triangulär, teilweise mit etwas konkavem Umriß der Hinterseite, Protocon und Zwischenhügel ähnlich M^2. — Unterkiefer-Bezahnung bei älteren Formen ähnlich *Pseudocyon*. C jedoch schmächtiger, seine Längsachse immer in sagittaler Richtung stehend. P_4 ohne Vorderzacken. Paraconid von M_1 relativ kurz und mit hoher, steiler Vorderkante versehen. M_2 ab Helvetium ähnlich *Amphicyon*, jedoch etwas nach innen durchgebogen, zuvor *Pseudocyon*-artig. Entoconid von M_1 und M_2 schwach. — Unterkiefer der jüngeren Varianten unbekannt.

Diskussion: Das Genus basiert auf einem isolierten oberen Molaren aus dem Dhok Pathan stage (Mittel-Siwalik) von Padhri, den PILGRIM abschließend als M^2 diagnostiziert hat (Calcutta, G. I. S. no. D. 133). Typus-Art ist *Ar. lydekkeri* (PILGRIM) 1910. Ursprünglich auf das Genus *Amphicyon* bezogen, sollte für sie nach dem Willen des Autors ein unterer M_1 als Holotypus gelten. 1929 stellte MATTHEW fest, der „Typus-M_1" erweise sich dem Abguß nach als M^2. 1932 designierte PILGRIM als Holotypus jenen von ihm selbst für „M^1 gehaltenen und 1910 kurz beschriebenen" Molaren, der dann „vollständiger beschrieben und abgebildet wurde durch MATTHEW (1929, S. 481, Textfig. 18)". Ich zitiere hier deswegen so ausführlich, weil PILGRIM offensichtlich nicht erkannte, daß MATTHEW einen ganz anderen Zahn abgebildet hat als er selbst. Abgesehen von den morphologischen Unterschieden, zeichnete MATTHEW einen linken, PILGRIM einen rechten Molaren. Mein eigenes Material beinhaltet ziemlich genau entsprechende Dokumente, die ich aber auseinander halten möchte. Darum sei hier sichergestellt, daß für den Holotypus allein die Abbildung PILGRIMs verbindlich ist.

Indessen läßt sich Widerspruch gegen PILGRIMs Deutung des Typus nicht umgehen. Er verteidigte sie gegen MATTHEW mit der Begründung, daß er außerdem über einen echten und vom Holotypus verschiedenen M^2 verfüge, durch den der Holotypus als M^1 ausgewiesen werde. — PILGRIM hat Unrecht, denn die angebliche Zusammengehörigkeit beider Zähne zum gleichen Tier widerlegt sich von selbst durch deren verschiedenes Lebensalter. Außerdem glaube ich — inzwischen belehrt durch einen Neufund von Kohfidisch im Burgenland — zu wissen, wie etwa der M^1 von *Ar. lydekkeri* aussehen muß. Höchstwahrscheinlich ist es einer (oder gar beide) jener beiden M^1, die PILGRIM (1932, Taf. II, Fign. 2 und 6) selbst abgebildet hat, jedoch auf *Amphicyon shabazi* und *A. cf. pithecophilus* bezog.

Der erwähnte Neufund von Kohfidisch befindet sich im Museum Wien und ist bisher nicht publiziert. Dankenswerterweise wurde mir von Herrn Professor ZAPFE gestattet, ihn hier zu nennen. Eine Abbildung muß ich aus begreiflichen Gründen schuldig bleiben. Es handelt sich um M^1 und M^2. Obwohl isoliert gefunden, gehören sie zweifellos zum gleichen Individuum. BACHMAYER & ZAPFE (1958) teilten mit, daß sich für Kohfidisch voraussichtlich ein „altpliozänes Alter" ergeben werde. Damit liegt dieses Dokument auch zeitlich ganz in der Nähe des Typus von *Arctamphicyon*. Gewöhnlich stuft man das „Dhok-Pathanium" heute etwas höher ein als das europäische Pannon (THENIUS 1959). Eine gewisse zeitliche Überschneidung besteht. Deshalb würde man ohne Kenntnis der Entwicklungsgeschichte den Caniden von Kohfidisch bedenkenlos für einen Einwanderer aus Asien halten. Jedoch glaube ich hier den Nachweis erbringen zu können, daß er seit dem „Stampien terminal" bodenständig war in Europa — allerdings mit einer Lücke im Obermiocan. Dies muß nicht bedeuten, daß er von Europa nach Asien kam. Soviel ich sehe, sind die Vorfahren in Asien noch nicht bekannt.

Der europäische Ast von *Arctamphicyon* erweist sich im wesentlichen wiederum als eine einzige, ständig abgewandelte Art. In Anbetracht der großen Ähnlichkeit zwischen dem österreichischen Gattungsvertreter und *Ar. lydekkeri* wäre die Vereinigung aller Varianten in derselben Spezies logisches Erfordernis. Unkenntnis über die Entwicklungsgeschichte der asiatischen Form, ihre räumliche Distanz und nicht zuletzt die beklagenswerte Unvollständigkeit aller Dokumente mahnen jedoch zu äußerster Vorsicht. Mir erscheint es im Augenblick zweckmäßiger, die europäischen Formen als eigene Art zu führen. Sollte sich später ihre Identität mit *Ar. lydekkeri* zuverlässig herausstellen, so wäre das ein geringerer und leichter zu behebender Schaden, als wenn aus einer voreiligen Vereinigung voreilige Schlüsse gezogen würden.

In Europa hat man die Eigenständigkeit dieses Amphicyoniden-Zweiges bisher völlig übersehen. Er wurde zumeist mit *A. major* oder *Pseudocyon* vermischt, obwohl die beteiligten Autoren spezifische Unterschiede durchaus vermerkt hatten. In der Tat liegen die ältesten Vertreter noch so nahe bei *Pseudocyon*, daß ihre Abtrennung einige Schwierigkeiten bereitet. Höchstwahrscheinlich entspringen beide Äste aus der gleichen Wurzel, die vom ersten Nachweis nicht allzu weit entfernt liegen dürfte.

Arctamphicyon tolosanus (NOULET) 1876

1876 NOULET, Notes, S. 4—6.

Diagnose: Europäische Art des Genus *Arctamphicyon*. Unterschiede gegenüber der asiatischen Typus-Art zur Zeit nicht definierbar.

Verbreitung: Oberstes Stampium bis Pontium.

Bemerkung zur Nomenklatur: Der Art-Name *tolosanus* wurde seit seiner Entstehung im Jahre 1876 erstmalig wieder von VIRET (1929b, S. 106) verwendet. Da die Zeit des Nichtgebrauches 53 Jahre beträgt, müßte der Name nach Artikel 23 (b) der Internationalen Nomenklaturregeln als nomen oblitum gewertet und der Kommission gemeldet werden, wenn die einschränkende Voraussetzung der Verwendung im „hauptsächlichen zoologischen Schrifttum" als erfüllt angesehen würde. Davon kann hier keine Rede sein, und infolgedessen darf Artikel 23 (b) keine Anwendung finden[10]. Die Konservierung des jüngeren Synonyms *robustus* WEITZEL erscheint um so weniger wünschenswert, als dessen Typus im Kriege verloren ging, während er von *tolosanus* NOULET existiert (vidi!).

[10] Im Bull. of Zoolog. Nomenclature (19,6 S. 345—352, Dec. 1962, Case No. 3, Document 3/1, 3/2, 3/3) behandeln BRADLEY, SMITH und HOLTHUIS die Ungereimtheiten des Artikels 23 (b) und empfehlen dringend dessen Abänderung. Das wäre auch im Hinblick auf den vorliegenden Fall nur zu begrüßen.

Arctamphicyon tolosanus tolosanus (NOULET) 1876

(Form des Stampien terminal)

Abb. 54—56

v* 1876 *Amphicyon tolosanus.* — NOULET, Notes, S. 3—6, Taf. I, Fign. 2, 3 (Mand. fragm., vgl. Holotypus).
v 1899 *Amphicyon* cf. *giganteus* LAURILLARD. — v. REINACH, Erläuterungen, S. 19 (M^1 fragm.).
pars (v) 1929 *Amphicyon* aff. *crassidens* POM. — VIRET, Faunes de Mamm., S. 106 (P^4—M^2).
v 1929 *A. tolosanus* NOULET. — VIRET, l.c., S. 106.
(v) 1930 *Amphicyon robustus* n. sp. — WEITZEL, Amphicyoniden, S. 81 ff, Taf. V, Fign. 3abc, Taf. VI—VII, IX (Mand. sin. mit C u. P_3—M_2; div. Skelett-Elemente).
v 1959 *Amphicyon crassidens.* — TOBIEN, Älteres Miocän, S. 770.
1959 *Amphicyon tolosanus* NOUL. — ASTRE, Terr. Stamp., S. 33.
1962 *Amphicyon tolosanus* NOULET. — KUSS, Nouv. Canidés, S. 342.
1962 *Amphicyon tolosanus* NOULET (= *A. robustus* WEITZEL). — KUSS, Beitrag, S. 13ff, Abb. 2 u. 3 (M^1, M^1 fragm.).

Diagnose: Nominat-Unterart, mittelgroß. Lg. P_4: Lg. M_1 = bis zu 0,70. Talonid des M_2 besonders kurz und gedrungen, *Pseudocyon*-artig. — P^4 schlank, mit schwachem Deuteroconus. M^1 relativ lang und großflächig, vom Protoconus sind Zwischenhügel abgegliedert, Metaconulus besonders lang, Furche zwischen Innenhügel und Innencingulum durch Sporn unterbrochen. — M^2 im Vergleich zu M^1 kurz, aber von fast gleicher Breite, Protoconus kaum untergliedert, kräftiges Innencingulum.

Holotypus: Rechtes Mandibel-Fragment mit fragm. Alv. P_3, P_4—M_2. Museum Toulouse. — Abb. bei NOULET, Taf. I, Fign. 2, 3. — Hier Abb. 54.

Locus typicus: Le Cammas (commune de Castelmaurou, Haute-Garonne, canton de Toulouse-Centre).

Stratum typicum: Stampien terminal der französischen Gliederung, Unteres Aquitan der südwestdeutschen Gliederung.

Beschreibung des Holotypus:

NOULET hat sich bei Aufstellung der Art im wesentlichen mit der bildlichen Wiedergabe des Stückes begnügt. Deshalb wird die Beschreibung hier nachgeholt.

Am Vorderrand des Mandibel-Fragmentes ist noch ein Wurzel-Rest von **P_3** sichtbar. **P_4** nur durch ein kurzes Diastem getrennt, hat länglich-ovalen Umriß, der in der Mitte etwas eingeschnürt wird. Vom Hauptzacken läuft nach vorn eine zunächst schwache, dann stärker werdende Kante herab, die sich auf halber Höhe nach innen zu wenden beginnt. Eine distale Fortsetzung der Kante hält bis gegen den hohen Hinterzacken genau sagittale Richtung ein. Nur hinten hebt sich das allseitig vorhandene Basalband deutlich ab.

M_1 steht ebenfalls dicht aufgeschlossen und erscheint ziemlich gedrungen. Das schräggestellte Paraconid besitzt steilen, leicht konkaven Vorderhang und wirkt daher kurz. Das Protoconid ruht auf einer geräumigen Basis. Sein massiger Eindruck wird noch verstärkt durch die sehr geschwungene Vorderkante. Diese setzt sich nach hinten fort auf das Metaconid zu und geht schließlich über in die quere Schneide des Innenhügels, der das Paraconid an Höhe noch übertrifft. Beherrschendes Element des Talonides ist das Hypoconid. Seine äußere Flanke fällt nur geringfügig steiler ab als die

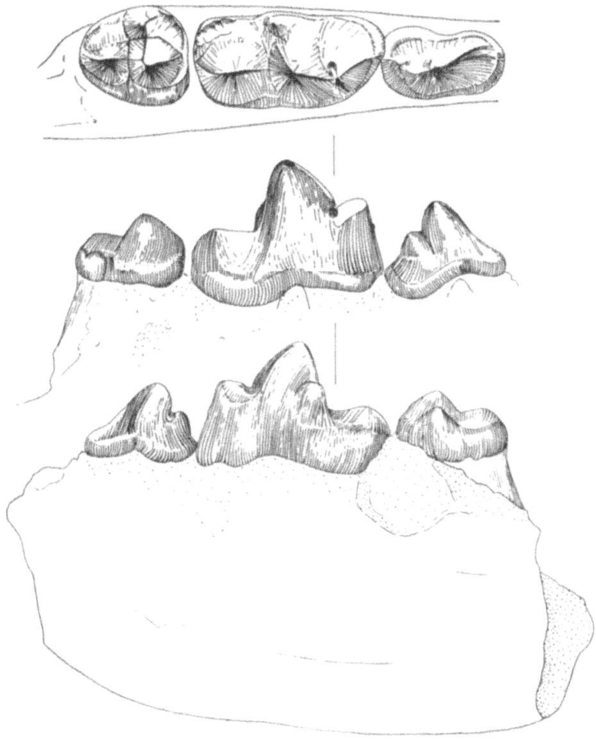

Abb. 54. *Arctamphicyon tolosanus tolosanus* (NOULET) aus dem Stampien terminal von Le Cammas. — Re. UK-Fragment mit P_4—M_2, Kauflache, Außenseite, Innenseite. Holotypus, im Mus. Toulouse. — 1:1.

innere. Das Entoconid wird verkörpert durch einen breiten, etwas gekerbten Sims. Auf der Außenseite des Talonides bildet das Cingulum ein deutlich abgesetztes Band, das nach vorn zu anstelle einer Furche nur durch einen feinen Saum begrenzt wird; innen verliert es sich ganz.

Der Grundriß von M_2 wirkt gestaucht. Sein Talonid ist kürzer und schmaler als das Trigonid. Infolgedessen erinnert der Zahn auffällig an *Pseudocyon*. Das Paraconid fehlt. Entsprechend M_1 erscheint das Protoconid hoch und gedrungen. Eine von seiner Spitze herablaufende Kante wendet im Bogen gegen das Metaconid um und geht schließlich in die entsprechende Struktur dieses Elementes über. Beide Trigonid-Hügel werden durch ein nach vorn-außen gerichtetes Längstal getrennt. Untereinander besteht Verbindung durch eine transversale Kante. Das Metaconid nähert sich sehr stark dem Innenrand der Krone. Im Talonid dominiert das Hypoconid, von dessen Ende ein bogenförmiger Grat zum äußerst schwachen Entoconid herumzieht. Nur auf der Außenseite deutlich entwickelt, trägt das Basalband durch starke Betonung des vorderen Außenecks an der Gestaltung des charakteristischen Zahnumrisses nicht unwesentlich bei.

Alle drei Zähne haben getrennte Wurzeln. Geringe Abnutzungsspuren finden sich allein auf den Außenseiten der Zahnkronen.

Neue Belege:

Das Museum Basel bewahrt ein rechtes Unterkiefer-Fragment mit P_2 fragm., P_3—M_2 von Paulhiac (Nr. Pa 951), ferner M_3 sin. (Pa 953), M_1 sin. (Pa 954) und M^2 dext. (Pa 949) vom gleichen Fundort.

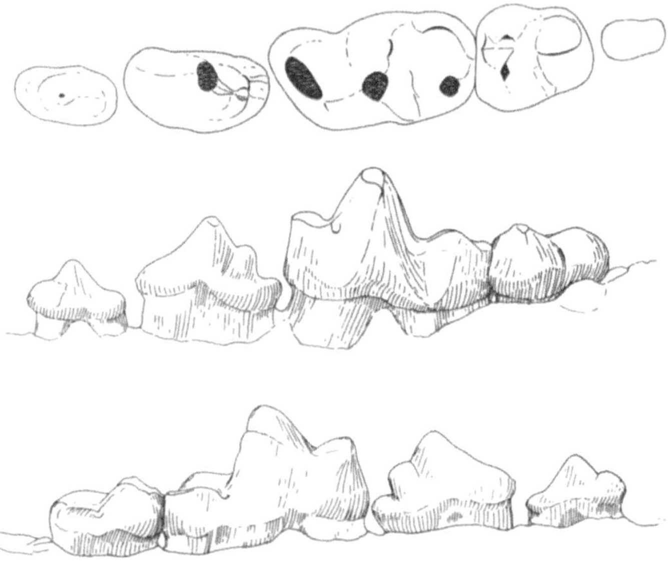

Abb. 55. *Arctamphicyon tolosanus tolosanus* (NOULET) aus den Cerithienschichten von Flörsheim. Typus des „*Amphicyon robustus* WEITZEL“. Original im Kriege zerstört, Abb. nach Abguß im Mus. Darmstadt. Ausschnittsweise Darstellung des P_3—M_2 sin. — Kaufläche, Außenseite, Innenseite. — 1:1.

Die Mandibel bietet wenig Neues, zumal P_3—M_2 etwas verdrückt sind. Ihr M_2 erinnert durch sein stark verdicktes und nach vorn gezogenes Außeneck sehr an M_2 von Chillours aux Bois, den ich *Pseudocyon* zugewiesen habe. Der erstere verfügt noch über ein Paraconid, das am Holotypus fehlt. — P_3 läßt die Andeutung eines Hinterzackens erkennen.

M_3 sin. liegt in vorzüglicher Erhaltung vor. Seine Protoconus nimmt fast zwei Drittel der Kronen-Fläche ein. Nahe dem Innenrand liegt ein winziges Metaconid. Beide Hügel sind durch ein kurzes Längstal getrennt. Das Hypoconid repräsentiert sich in einem ganz schwachen Grat. Anstelle des Entoconides befindet sich eine rauhe Fläche. Der Zahn besitzt eine kräftige Wurzel.

Ein isolierter **M_1** (Pa 954) ist wohl das Gegenstück zum rechten Mandibelast und insofern von Interesse, als durch doppelte Furchung am Talonid-Ende eine Art Hypoconulid entsteht.

M_2 sin. (Pa 962) gehört wahrscheinlich zum selben Individuum wie die vorigen Zähne. Er unterscheidet sich vom M_2 dext. durch das weniger betonte vordere Außeneck. Dadurch erscheint er dem Homologon des Holotypus ähnlicher als sein rechter Nachbar.

Ein M^2 (Pa 949), der offenbar aus dem gleichen Fundgut stammt, erscheint mir hinsichtlich seiner Zugehörigkeit zu *tolosanus* doch recht fraglich. Da er keinerlei Abnutzungsspuren aufweist, kann er mit Sicherheit nicht zum gleichen Tier gehören wie die vorigen Zähne. Seine Größe bleibt auch erheblich unter den zu erwartenden Abmessungen. Das gesamte Relief ist scharf geschnitten, die Außenhügel sind nur mäßig hoch, das Basalband außen und innen kräftig. Der Protocon bildet fast ein geschlossenes Horn, lediglich durch eine sanfte Furche unterbrochen, die den Metaconulus andeutungsweise abgliedert. In seiner Höhe übertrifft der Innenhügel kaum das Innencingulum.

Einer eingehenden Beschreibung bedarf auch jenes Oberkiefer-Fragment von Auterive, das VIRET (1929, S. 106) erstmalig als *Amphicyon* aff. *crassidens* POM. erwähnte (Abb. 56). Gute Abgüsse standen mir in Paris und Basel zur Verfügung. Das Original dürfte auch heute noch in Toulouse vorhanden sein, war wegen einer langfristigen Ausleihe für mich jedoch nicht erreichbar.

P^4 ist ein gestreckt-dreieckiger Zahn von etwas eingeschnürtem Umriß, am vorderen Inneneck mit einem schwachen, aber spitzen Deuteroconus versehen. Sein Haupthügel überragt das nachfolgende Element etwas an Höhe und hat annähernd die Gestalt einer vierseitigen Pyramide. Das Basalband tritt ringsum hervor. — Merkwürdig mutet eine Usur auf der Außenseite des Hinterhügels an, durch die — im Verein mit der Abkauung auf der Innenseite — eine scharfe Schneide entstanden ist. Dies läßt sich nur dadurch erklären, daß entweder der Protoconus oder der Paraconus des Antagonisten (M_1) gelegentlich über die Außenseite von P^4 hinweggreifen. Die Möglichkeit dazu muß in der Ausbildung des Kiefergelenks gegeben sein.

M^1 erscheint ungewöhnlich großflächig. Im Umriß gerundet-dreieckig, besitzt die Hinterseite eine leichte Eintiefung. Die äußeren Flanken der Außenhügel erweisen sich etwas flacher als die mehr gerundeten inneren. Der Protoconus ist durch Usur — ebenso wie das Hinterende des P^4 — etwas aufgerissen. Eigenartigerweise liegt die Spitzen-Usur unterhalb der höchsten Erhebung auf der Innenseite. Der Protoconus nähert sich mehr dem Vorderrand und besitzt eine breite Basis. Seichte, radiale Furchen gliedern die — für das ganze Genus so charakteristischen — langgestreckten Zwischenhügel aus. Der Protoconulus ist in sich noch einmal dreifach untergliedert. Sein kräftigstes Element steht nahe dem Paraconus. Das allseitige Cingulum schwillt unterhalb des Protoconus stark an. Seine Trennfurche gegen den Innenhügel ist an dieser Stelle unterbrochen durch einen Sporn, der Innencingulum und Protoconus verbindet.

M^2 hat mehr rechteckigen Umriß. Die Flucht der Außenhügel verläuft schräger zur Querachse als am M^1. Infolgedessen bildet der Metacon ein unverhältnismäßig schwaches Glied in der Kette der Außenhügel. Insgesamt unschärfer, aber in seinem Aufbau ähnlich wie beim M^1, erweist sich der Protoconus. Das Innencingulum verfügt zwar über gleiche Stärke, sondert sich jedoch vom Protocon durch eine weite, flache Furche ab. Vom Innenhügel läuft nach hinten-innen eine Kante herab, welche die Trennfurche unterbricht und vielleicht die Rolle jenes Spornes spielt, der später für die stratigraphisch jüngeren M_2 so bezeichnend ist.

Diskussion: Als nächstes Vergleichsobjekt bietet sich die prachtvoll erhaltene Mandibel vom Falkenberg bei Flörsheim (Abb. 55) an, auf die WEITZEL seine Art „*Amphicyon robustus*" gründete. Sie ging im Kriege verloren, jedoch stand mir ein Abguß im Museum Darmstadt zur Verfügung. — Alle vergleichbaren Zähne zeigen so große Übereinstimmung mit dem Typus von *Ar. tolosanus*, daß beide unzweifelhaft zur gleichen Unterart gestellt werden müssen. Geringe Abweichungen äußern sich in der etwas fortschrittlicheren Abkau-

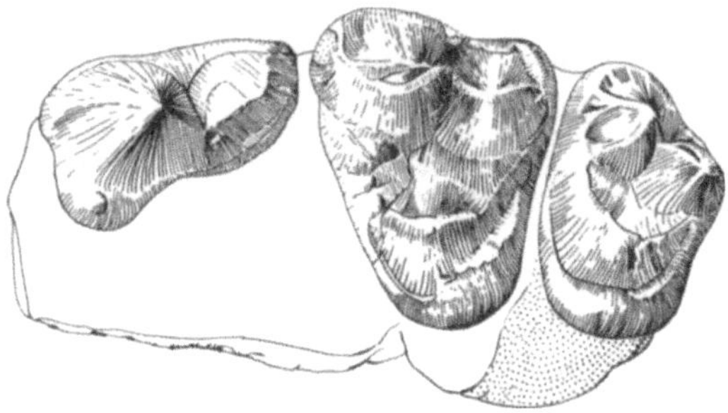

Abb. 56. *Arctamphicyon tolosanus tolosanus* (NOULET) aus dem Stampien terminal von Auterive. OK-Fragment mit P^4—M^2 sin., Aufsicht. Abb. nach Abguß im Mus. Paris. — Das Stück wurde von VIRET (1929) als „*Amphicyon* aff. *crassidens*" bestimmt. — 1:1.

ung und der (nach WEITZEL) „immerhin deutlichen Abgrenzung" des M_2-Paraconides gegen die Nachbarhügel. Diese Unterschiede fallen natürlich nicht ins Gewicht. — Darüber hinaus ergänzt die Flörsheimer Mandibel unsere Kenntnis von den am Typus nicht überlieferten Elementen. C inf. steht im Vergleich zu *Ps. s. astrei* sehr viel steiler, in der Längsrichtung aber genau sagittal. Das umgebende Knochenblech ist kräftig. Die Alveolen belegen P_1 als einwurzeligen, P_2 als zweiwurzeligen Zahn. Beide sind unter sich sowohl wie vom Vorgänger und vom Nachfolger durch Diasteme getrennt. P_3 erweist sich als zweiwurzelig und im Umriß ähnlich P_4. Er entbehrt jedoch des Hinterzackens und ist infolgedessen hinten etwas schmaler als vorn. Die Alveole von M_3 läßt auf einen einwurzeligen, relativ schwachen Molaren schließen.

Insgesamt verhält sich das Unterkiefermaterial recht einheitlich, wie die absoluten Maße zeigen. Allein in den Verhältniszahlen für P_4:M_1 ergeben sich größere Abweichungen:

	Lg. P_4 : Lg. M_1	Lg. M_2 : M_1
Holotypus	0,611	0,593
Flörsheim	0,703	0,593
Paulhiac	0,655	0,603

Die Schwankungen in der P_4/M_1-Relation kündigen bereits die spätere Verkürzung von P_4 an. Aus dem Verhältnis Lg. $M_2:M_3$ würde sich wahrscheinlich ein deutlicher Unterschied zu *Pseudocyon* ergeben, weil dort der letzte Molar größer zu sein scheint als bei *Arctamphicyon*.

Da Situs-Funde, welche eine direkte Verknüpfung von Ober- und Unterkiefer-Zähnen ermöglichen würden, bisher fehlen, bedarf die Unterstellung des Maxillen-Restes von Auterive näherer Begründung. Erst aus dem Helvetium liegen obere und untere Molaren vor, die mit Sicherheit als zusammengehörig betrachtet werden dürfen. Ihr Bauprinzip scheint mir jeden Zweifel an der hier vorgenommenen Deutung auszuschließen. Der am leichtesten mit *Ar. t. tolosanus* verwechselbare *Pseudocyon* dokumentiert in seinem aquitanischen Vertreter ganz anders gestaltete obere Molaren. M^1 dieser Form ist zweimal belegt, M^2 läßt nach der überlieferten Alveole auch eine von *tolosanus* entschieden abweichende Krone erwarten.

Maße in mm:

Holotypus: $P_4 = 16{,}5 \times 9{,}5$; $M_1 = $ ca. $27 \times 13{,}9$; $M_2 = $ ca. $16 \times 13{,}5$; Kieferhöhe unter $M_1 = $ ca. 36.
Flörsheim (nach WEITZEL): $C = 21 \times 14$; P_1 Alv. $= 7{,}5 \times 5$; P_2 Alv. $= 8 \times 5$; $P_3 = 12 \times 6$; $P_4 = 19 \times 9$; $M_1 = 27 \times 14$; $M_2 = 16 \times 12{,}5$; M_3 Alv. $= 9 \times 6{,}5$.
Paulhiac (Basel Pa 951): $P_3 = 13{,}7$; $P_4 = 19 \times 9{,}5$; $M_1 = 29{,}5 \times 15$; $M_2 = 17{,}5 \times 13{,}3$; P_4—$M_2 = 67$; Kieferhöhe unter $M_1 = +51$.
(Basel Pa 954): $M_1 = 29{,}4 \times 14{,}7$.
(Basel Pa 952): $M_2 = 17{,}7 \times 13{,}7$.
(Basel Pa 953): $M_3 = 11{,}9 \times 9{,}8$.
(Basel Pa 949): ? $M_2 = 14{,}1 \times 21{,}5$.

Arctamphicyon-Formen des Höheren Aquitaniums

Sowohl im Phryganidenkalk von Saint Gérand-le-Puy als auch in den übrigen mittelaquitanischen Lokalitäten scheinen — entgegen jeder Erwartung — *Arctamphicyon*-Vertreter zu fehlen. Das berechtigt aber kaum zu irgendwelchen Schlußfolgerungen, weil die Anzahl der bislang aufgefundenen großen Amphicyoniden dieses Zeitraumes verschwindend gering ist.

Ich möchte fast vermuten, daß an dieser Stelle jenes Oberkieferfragment von Laugnac seinen Platz finden wird, das VIRET (1929b, S. 106) erwähnte. Es wird sich auch heute noch im Geologischen Institut Marseille befinden, wo ich es allerdings vergeblich gesucht habe, weil der wichtigere Teil aller Amphicyoniden ausgeliehen und für mich unerreichbar war. — Nach VIRET seien an dem Stück P^4,

M^1, M^2 und die Alveole M^3 erhalten. P^4—$M^2 = 73$ mm. Die Zähne seien nicht nur größer als die von ihm abgebildeten des „*Amphicyon crassidens*", sondern M^1 habe auch einen stärker entwickelten Außenrand und trage einen deutlichen, unverkürzten vorderen Zwischenhügel („paraconule"). Ferner verliere er etwas von seinem triangulären Umriß durch Verlagerung des Innencingulums in den hinteren Abschnitt. — VIRET gelangte zu dem Schluß, daß es sich um eine mehr entwickelte „Mutation von *Amphicyon crassidens*" handeln müsse. Da er den schon besprochenen Caniden von Auterive als „*A.* aff. *crassidens*" bestimmte, wollte er offenbar zum Ausdruck bringen, daß beide auseinander gehalten werden müssen und der erste fortschrittlichere Züge besitzt.

Einen M^1 von Laugnac habe ich schon früher — an Hand eines allerdings schlechten Abgusses im Geologischen Institut Marseille — abgebildet und von *Ps. s. intermedius* getrennt (KUSS 1963, Abb. 4). Auf ihn könnte VIRETs Beschreibung einigermaßen passen. Später wird sich zeigen, daß wir im Helvetium M^1-Typen begegnen, bei denen das Innencingulum in noch viel stärkerem Maße nach hinten verlagert und ausgedehnt wird, andererseits aber auch solchen, die streng den triangulären Umriß bewahren und dadurch enger mit dem Typus von Laugnac verbunden bleiben. Ich meine deshalb, daß die genannten Dokumente sich mit gewisser Wahrscheinlichkeit als Zeugnisse für *Arctamphicyon* herausstellen werden. Die Kenntnis des M^2 von Laugnac wird eine Entscheidung darüber, ob *Pseudocyon*- oder *Arctamphicyon*-Verwandtschaft vorliegt, sehr erleichtern.

Arctamphicyon tolosanus aff. *eibiswaldensis* (TROUESSART) 1898—1899

(Form des Burdigaliums)

pars 1908 *Amphicyon giganteus* LAURILLARD. — MAYET, Etude, S. 212, Taf. VIII, Fig. 8 (M^2), non Fig. 7.

pars v 1934 *Amphicyon major* DE BLAINVILLE. — ROMAN & VIRET, Mamm. du Burd., S. 11/12, Taf. I, Fign. 2, 2a (linkes UK-Fragm. mit M_1—M_2), non Fign. 1, 1a, 1b.

v 1950 *Amphicyon* aff. *crassidens* POMEL. — DEHM, Wintershof-West, S. 33, Abb. 54 (M_1).

Aus der altburdigalen Spaltenfüllung von Wintershof-West beschrieb DEHM zwei — meiner Überzeugung nach sicher — zusammengehörige $\mathbf{M_1}$. von *A.* aff. *crassidens* POMEL. Sie zeichnen sich aus durch kurzes, massives Paraconid, „mächtigen" Haupthügel, hochsitzendes, von der Seite kaum sichtbares Metaconid, betontes hinteres Außeneck und insgesamt plumpen, rechteckigen Umriß. Zwar entsprechen sie in den Abmessungen ungefähr dem „*A. crassidens*", doch ist DEHM schon aufgefallen, daß ein „recht beträchtlicher Unterschied im Metaconid" besteht, „welches bei *crassidens* ziemlich tief und hinten, hier aber hoch und nahe der Hauptspitze ansitzt". Aber auch die übrigen Details führen mich zu einer anderen Bestimmung.

Das Paraconid von „A. crassidens" (recte Ps. s. intermedius) ist vorn zusammengekniffen und mit einer Kante versehen, sein vorderer Rand mehr S-förmig geschwungen und weniger steil, das Protoconid schlanker. Der Umriß wirkt deshalb keineswegs plump. — Unter den älteren Formen finden sich keine direkt vergleichbaren Gegenstücke. Das mag daran liegen, weil M_1 aus dem Höheren Aquitan bisher nicht belegt ist. Die hier vorgenommene Verknüpfung mit *tolosanus* gründet sich auf die jüngeren Abkömmlinge, die wiederum vermittels ihrer oberen Molaren eine Verbindung zu *tolosanus* herstellen. Denn wenn es überhaupt ein entsprechendes Homologon gibt, so ist dies der M_1 des Typus von *eibiswaldensis*.

Aus dem Fundgut von La Romieu haben ROMAN & VIRET zwei fragmentarische Mandibeln dem *A. major* angeschlossen, die unter sich noch verschieden sind und beide nicht zu dieser Art gehören. Uns beschäftigt hier die in Fig. 2,2a abgebildete, die einen fragmentarischen linken Mandibelast mit M_1 und M_2 darstellt, zu dem es ein rechtes Pendant gibt. Dieses ist zwar vollständiger erhalten, verfügt jedoch nur noch über P_2 und P_4. — Den Autoren erschien das Vorkommen von *A. major* im Burdigal um so wahrscheinlicher, als STEHLIN diese Art schon 1907 vorbehaltlich von Baigneaux signalisiert hatte. Trotz der unrichtigen Benennung haben die Autoren von den nächsten Beziehungen ihrer Dokumente eine durchaus zutreffende Vorstellung geäußert: „Ce document, par sa forme et ses dimensions, se rapproche beaucoup du fragment de mandibule droite de Pontlevoy figuré par STEHLIN & HELBING". Allerdings ist auch jener Fund kein *A. major*, sondern *Ar. t. eibiswaldensis*.

Übereinstimmung zwischen dem Rest von La Romieu und demjenigen von Pontlevoy, besteht in folgenden Einzelheiten: M_1 mit steiler, etwas konkaver Vorderfront, Paraconid massig und nicht gekniffen, Protoconid gedrungen, Metaconid ebenfalls kräftig und hoch, seine Verbindungskante gegen das Protoconid fast transversal gerichtet, Metaconid von der Seite kaum sichtbar. Die Rückwand der beiden hinteren Trigonidhügel bildet deshalb fast eine ebene, ungegliederte Fläche. Das Talonid ist breiter als das Trigonid. — M_2 weicht stärker ab durch seinen mehr *Pseudocyon*-artigen Umriß: Talonid gegenüber dem Trigonid deutlich verschmälert. Derartige Umrisse sind ja auch für *tolosanus* charakteristisch. — Ferner besteht Übereinstimmung in der Art der Abkauung: Alle Usuren wenden sich nach außen, sofern sie auf den Hügelspitzen angelegt sind, daneben werden die äußeren Flanken auch noch senkrecht angeschnitten. — ROMAN & VIRET meinten, der M_1 von La Romieu erscheine vergleichsweise „légèrement plus courte“. Die Maße widerlegen das, denn an beiden M_1 maßen die Autoren eine Länge von 38 mm.

Die genannte Abweichung im Bau des M_2 veranlaßt mich, das Stück von La Romieu nicht einfach *eibiswaldensis* zu nennen. Gerade M_2 zeigt noch Anklänge an die primitiveren Verhältnisse des *Ar. t. tolosanus* und unterstreicht damit die intermediäre Position, welche die Form von La Romieu zwischen *Ar. t. tolosanus* und *Ar. t. eibiswaldensis* einnimmt.

Über den nicht abgebildeten P_4 dext. berichten ROMAN & VIRET, er sei „courte, robuste, avec un fort tubercule accessoire postérieur“. Solche Eigenschaften wird man dem P_4 von *A. major* kaum zubilligen können, um so mehr aber demjenigen von *tolosanus*.

MAYET (1908) erwähnte von Avaray zwei obere **M^2**, für die es auf Grund ihrer Größe naheliegend schien, sie dem aus der gleichen Ablagerung stammenden „*A. giganteus*“ an die Seite zu stellen. Dafür sprachen ferner der „subtrianguläre Umriß“ und das kräftige Innencingulum. MAYET erkannte jedoch auch Unterschiede: Umriß weniger triangulär als bei M^1, sein Innenlappen breit und gerundet, Zwischenhügel deutlicher abgetrennt, das äußere Basalband kräftiger, das innere Cingulum höher. — Viele dieser Abweichungen würde man bedenkenlos der natürlichen Verschiedenheit von M^1 und M^2 zuschreiben, wenn sich nicht beweisen ließe, daß der M^2 von *giganteus* eben ganz anders aussieht als erwartet (vgl. S. 68, Abb. 43).

Leider sind — nach freundlicher Auskunft von Herrn Professor SOUGY — beide Zähne während des Krieges in Orléans zerstört worden, so daß wir heute allein auf MAYETs Abbildung angewiesen sind. Deshalb erfahren wir nichts mehr über das Aussehen der Wurzeln, die vielleicht noch wichtige Fingerzeige geliefert hätten. — Trotzdem deckt die Abbildung noch ein wichtiges Kriterium auf, dessen Bedeutung MAYET gar nicht ahnen konnte: Während an diesem M^2 der niedere Protoconus noch vollständig unberührt ist und die Außenhügel erst im Beginn der Abrasion stehen, präsentiert sich am Protoconulus bereits eine ganz ausgeprägte Usur, die sich basiswärts auf das Basalband fortsetzt. Dieses Charakteristikum werden wir auch am helvetischen *eibiswaldensis* wiederfinden. Es fehlt aber mit aller Eindeutigkeit sowohl *giganteus* wie auch *major*. — Um ein echter *eibiswaldensis* zu sein, fehlt dem M^2 von Avaray eigentlich nur die hintere Konkavität des Umrisses, verbunden mit einer minimalen Verbreiterung des Innenlappens, welche diese Partie am helvetischen Homologon mehr gerundet-rechteckig erscheinen läßt. Diese Abweichung muß natürlich im Zusammenhang mit dem noch schmalen Talonid des M_2 gesehen werden, der sich als Antagonist in entsprechender Weise von der jüngeren Form unterscheidet.

Alle drei Fundkomplexe — von Wintershof-West, La Romieu und Avaray — dürfen mit einigem Recht als *eibiswaldensis*-Vorläufer angesehen werden. Bei künftig besserer Dokumentation werden sich wahrscheinlich sogar die alt- und jungburdigalen Formen noch schärfer trennen lassen und die Verleihung eigener Namen rechtfertigen.

Maße in mm:
Wintershof-West (Slg. München, 1937, II 12297/8): $M_1 = 32{,}5 \times 16{,}4$—$17{,}0$.
La Romieu (nach ROMAN & VIRET): $M_1 = 38 \times 20{,}8$; $M_2 = 27 \times 22$.
Avaray (nach MAYET): M^2 dext. $= 24 \times 36$[11]; M^2 sin. $= 24 \times 35$.

Arctamphicyon tolosanus eibiswaldensis (TROUESSART) 1898—1899

(Form des Helvetiums)
Abb. 57—64, Tafel II u. III

pars v 1868 *Amphicyon intermedius* H. v. MEYER (1849). — PETERS, Eibiswald, Taf. III, Fign. 1—4 (UK-Fragm. = Holotypus, P^4, seitenverkehrt), non Fig. 5—7[12]).
1870 Genus *Amphalopex* KAUP. — FRAAS, Steinheim, S. 160/161.
1888 *Amphicyon intermedius* PETERS (non H. v. MEYER). — SCHLOSSER, Affen, S. 74.

[11] Die Breiten-Angabe 56 mm ist zweifellos verdruckt und muß lauten: 36 mm.
[12] MOTTL (1961, S. 18) teilte mit, daß die von PETERS (Taf. III, Fign. 5—7) abgebildeten „*Amphicyon*"-Vertebrae sich als postglaziale *Homo*-Wirbel entpuppt haben.

1891 *Amphicyon intermedius* PETERS. — HOFMANN, Säugethierreste, S. 525.
pars v 1891—1893 *Amphicyon giganteus* LAUR. — ZITTEL, Handbuch, IV, S. 636, Abb. 532b (kop. PETERS), non Fig. 532a.
pars 1896 *Amph. giganteus*, LAUR., Syn. *A. Eibiswaldensis* PET. — ROGER, Verzeichnis, S. 52.
1898 Eibiswalder *Amphicyon* (PETERS, 1868, Taf. III). — ROGER, Wirbelthierreste, S. 6.
* 1898—1899 *Amphicyon eibiswaldensis* PETERS 1868. — TROUESSART, Catal. mamm., S. 290.
1899 *Pseudocyon sansaniensis*. — SCHLOSSER, Bären, S. 124.
v 1908 *Pseudocyon sansaniensis* LARTET. — BACH, *Pseudocyon*, S. 299ff.
(v) 1908 *Amphicyon major* BLAINVLILE. — MAYET, Etude, S. 303—305, Taf. XII, Fig. 11 (UK-Fragm. mit M_{1-2}).
(v) 1925 *Amphicyon major* BL. — STEHLIN & HELBING, Catalogue, S. 27ff, Abb. 1—3 (UK-Fragm. wie bei MAYET, M^1 fragm., M^2).
1961 *Amphicyon*. — MOTTL, Säugetierfunde, S. 18.

Diagnose: Große Unterart des *Ar. tolosanus*, teilweise größer als *Amphicyon major*. P durch weitere Lücken getrennt als bei *Ar. t. tolosanus*. M_2 mit fast rechteckigem Umriß. Obere und untere M2—3 relativ verlängert (Verhältnis Lg. M_2 : Lg. M_1 um 0,70), M^2 infolgedessen großflächiger wirkend.

Holotypus: Rechtes Mandibel-Fragment mit C, Alv. P_1, P_2, Reste von P_3, P_4, M_1 fragm., Alv. M_2. — Im heutigen Zustand schlechter erhalten als in Fig. 1—3 bei PETERS (1868). Slg.: Geologische Bundesanstalt in Wien. — Neue Abb.: vgl. Taf. II u. III.

Locus typicus: Eibiswald in SW-Steiermark (Österreich).

Stratum typicum: Älteres Helvetium (nach MOTTL 1961).

Derivatio nominis: Die von TROUESSART verwendete Schreibweise des Namens *A. eibiswaldensis* mit dem Zusatz „PETERS 1868" kann als eindeutige Indikation gewertet werden. Obwohl ROGER (1896) den Namen schon vor TROUESSART benutzte, darf ihm die Autorschaft nicht zugeschrieben werden, weil er das nomen nur in einer Synonymliste aufführte.

Neue Belege:

M^1 sup. sin. von Riedern (Museum Basel, Nr. Rd. 137), Abb. 58.

Bis auf den basalen Rand des Innencingulums ist die Krone ausgezeichnet erhalten. Die Wurzeln sind zum größeren Teil der Abrollung zum Opfer gefallen. — Der Umriß zeigt eine fast gerade Vorder- und eine konkave Hinterfront. Der relativ niedere Protoconus nähert sich dem vorderen Kronenrand. Langgestreckte Zwischenhügel sind zwar erkennbar, aber nicht scharf abgegrenzt. Die Trennfurche zwischen Innencingulum und Protoconus nimmt ihren Anfang in der Mitte der Vorderseite, folgt dann dem Außenrand in geringer Entfernung bis zur Umbiegung des Innenhügels, erweitert sich dann, um kurz hinter dem Beginn des Metaconulus zu enden. Hinter dem Protoconus verbreitert sich auch das Innencingulum beträchtlich. Eine Verbindung zwischen Innen- und Außencingulum besteht nicht, obwohl auch das letztere sehr deutlich in Erscheinung tritt. Von den Außenhügeln erweist sich der hintere als wesentlich schwächer. — Die Abtragung hat den Paracon unverhältnismäßig mitgenommen. Neben einer großen horizontalen Facette wird insbesondere seine vordere Innenflanke bis nahe an den unteren Kronenrand abgeschliffen. Daneben weisen beide Außenhügel auf ihren nach hinten-innen gerichteten Flanken je eine steil stehende Usur auf. Das Entoconid des M_1 hat eine Spur auf dem Protoconulus hinterlassen.

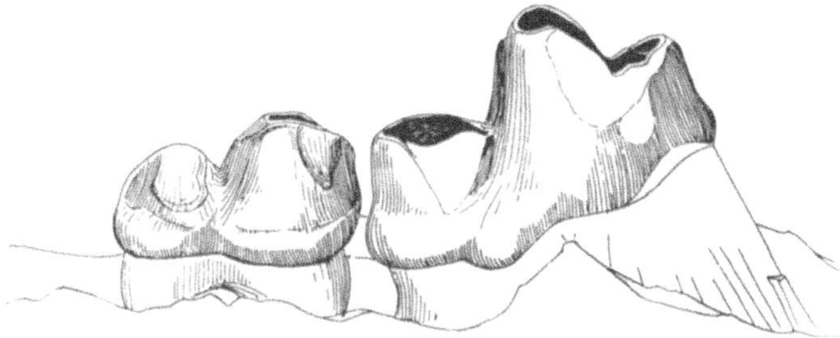

Abb. 57. *Arctamphicyon tolosanus eibiswaldensis* (TROUESSART) aus dem Helvetium von Pontlevoy. Original zur Coll. BOURGEOIS gehörig, im Kriege zerstört. Abb. nach Abguß im Mus Basel. — Re. UK-Fragment mit M_1—M_2. — Außenseite. — 1:1.

M^1 sup. dext. von Benken (Museum Basel, Nr M.M. 2034).

Dieser Zahn repräsentiert ein fortschrittlicheres Abkauungsstadium als der vorige. Bei ihm ist fast schon die gesamte Vorderfront bis nahe an die Protocon-Spitze aufgeschnitten. Am Metacon zieht eine geschlossene Usur bis auf das hintere Außeneck der Krone herab. Die Trennfurche zwischen den beiden Außenhügeln verläuft nicht transversal wie gewöhnlich, sondern richtet sich nach hinten-außen. Innenwurzel und hintere Außenwurzel sind zu einem einheitlichen Komplex verschmolzen, die vordere Außenwurzel steht isoliert. Da ein Teil des Innencingulums nicht überliefert ist, kann der Kronen-Umriß nur rekonstruiert werden. Er dürfte von demjenigen des Riederner M^1 erheblich abgewichen sein.

M^1 dext. von Steyeregg bei Wies (Joanneum Graz, Nr. 1626), Abb. 64.

Dem sonst vollständigen Zahn fehlt der Paraconus. Auch hier sind die langen Zwischenhügel unscharf abgesetzt. Im übrigen stimmt er gut überein mit dem Homologon von Riedern, nur ist das Innencingulum ein wenig schwächer.

M^2 sup. dext. von Wies (Joanneum Graz, Nr. 1625), Abb. 63.

Dieser noch ziemlich frische Molar besitzt drei getrennte Wurzeln. Die beiden Außenhügel rufen den Eindruck hervor, als seien sie nach hinten umgeklappt. Deshalb fallen auch die erst minimal angelegten Facetten stark nach hinten ab. Der Metacon ist ungewöhnlich schwach. Am Protocon zeigt sich eine Tendenz zu weiterer Verflachung, nur die Spitze hebt sich deutlicher heraus. Seine Arme beschreiben einen Halbkreis. Jeder von ihnen weist eine schwache Unterteilung in zwei getrennte Abschnitte auf. Das kräftige Innencingulum verfügt über eine scharfe Kante, die durch sanfte, radial gestellte Kerben unterbrochen wird. An Höhe überragt das Cingulum sogar den Innenhügel. Ein Sporn wie an den übrigen M^2 wird hier vermißt. Stattdessen sind der vordere und hintere Abschnitt der Trennfurche zwischen Basalband und Protocon verschieden breit.

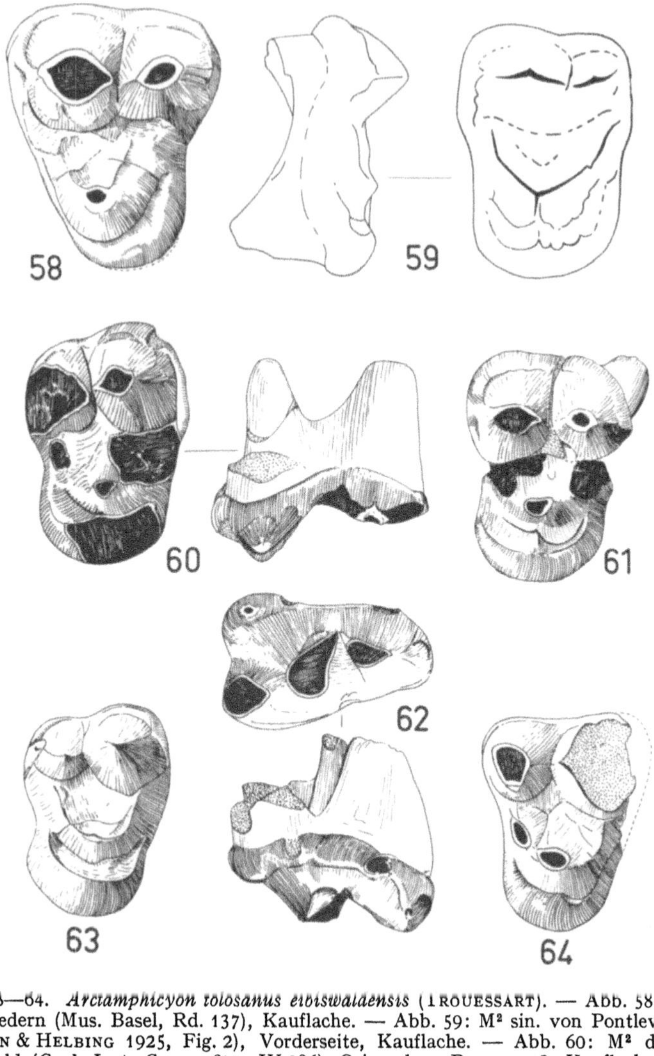

Abb. 58—64. *Arctamphicyon tolosanus eibiswaldensis* (TROUESSART). — Abb. 58: M^1 sin. von Riedern (Mus. Basel, Rd. 137), Kauflache. — Abb. 59: M^2 sin. von Pontlevoy (nach STEHLIN & HELBING 1925, Fig. 2), Vorderseite, Kauflache. — Abb. 60: M^2 dext. von Eibiswald (Geol. Inst. Graz, 1877, IV.386), Original zu BACH 1908, Kauflache, Vorderseite. — Abb. 61: M^2 sin. von Eibiswald (Geol. Inst. Graz, 1877, IV.386), Original zu BACH 1908, Kauflache. — Abb. 62: P^4 dext. von Eibiswald (Geol. Inst. Graz, 1877, IV.386), Original zu BACH 1908, Kauflache, Innenseite. — Abb. 63: M^2 dext. von Wies (Mus. Graz, 1625), Kauflache. — Abb. 64: M^1 dext. fragm. von Steyeregg b. Wies (Mus. Graz, 1626), Kaufläche. — Alle 1:1.

Diskussion: Gegen die taxonomische Einheitlichkeit des Eibiswalder Materials werden wohl kaum Bedenken erhoben werden können. Es ist nicht einmal ausgeschlossen, daß einige der später von BACH beschriebenen Oberkieferzähne individuell zum Unterkiefer gehören und PETERS auch diese Dokumente bereits gekannt hat (Abb. 60—62).

Begreiflicherweise bot der Holotypus ohne Kenntnis der oberen Molaren Anlaß zu mancherlei Mißdeutungen. Sein genau sagittal gerichteter Caninus schließt zuverlässig die oft erwogene Möglichkeit aus, daß er mit *Pseudocyon sansaniensis* ident sein könnte. Wahrscheinlich hätte man seine wahre Natur schon eher erkannt, wenn man wenigstens den M_2 zur Verfügung gehabt hätte. Indessen macht auch P_4 die Unterschiede zwischen *Ps. s. sansaniensis*, *A. major* und dem Eibiswalder Carnivoren deutlich. Neben seiner charakteristischen Form mit hocherhobenem Haupthügel und kräftigem, hohem Hinterzacken nähert er sich soweit dem M_1, daß diesem für sein Paraconid fast kein Platz übrig bleibt.

Es fällt außerordentlich schwer, das abgebrochene M_1-Paraconid in ursprünglicher Gestalt nach anderen Vorbildern zu rekonstruieren. Immer gerät man mit P_4 in Kollision. Es bleibt schließlich keine andere Wahl, als das Element ganz ungewöhnlich verkürzt darzustellen. Sicherlich ist das kein Normalfall. Die Erklärung dürfte in dem Umstand zu suchen sein, daß P_4 und M_1 sich schon während der Wachstumsperiode innerhalb des Kiefers behindert haben. — Dies legt die Vermutung nahe, daß solche Fälle in *den* Genera sich wiederholen können, in denen P_4 und M_1 gewöhnlich eng zusammenrücken. Vielleicht ist deshalb der sog. „*Pseudocyon depereti* MAYET" in Wirklichkeit nichts anderes als ein etwas „verunglückter" *Ar. tolosanus*.

Im übrigen ist für den Eibiswalder M_1 bezeichnend, daß die Hinterflanken von Proto- und Metaconid eine glattflächige Wand bilden, die noch recht eindringlich an den Spezietypus erinnert. Auch die kühn geschwungene Vorderkante des Protoconides ist solch altes Erbstück. Das Talonid, schon im Burdigalium mit der Tendenz zur Verbreiterung belastet, hat unter gleichzeitiger Betonung der Ecken eine Querdehnung erfahren. Der Unterkiefer-Knochen trägt mit seinem steil gestellten Caninus noch immer eine überraschende Ähnlichkeit mit der Mandibel von Flörsheim zur Schau.

Das Mandibel-Fragment von Pontlevoy (Abb. 57) erscheint zunächst problematisch. In klarer Erkenntnis gewisser Unterschiede gegenüber *A. major*, jedoch ohne die Möglichkeit zu beurteilen, ob es sich um spezifische oder individuelle Variabilität handelt, schlossen STEHLIN & HELBING dieses Stück aus der (inzwischen zerstörten) Sammlung BOURGEOIS dem *A. major* an. Sie taten das, wie sie betonten, in Übereinstimmung mit den Ansichten von BOURGEOIS und MAYET. Trotzdem ist der Canide von Pontlevoy kein *A. major*, sondern ein *eibiswaldensis*, wofür mit besonderer Eindringlichkeit auch die oberen Molaren sprechen. (Leider erweist sich an der Mandibel, von der mir ein guter Abguß zur Verfügung steht, die Abbildungsweise der Autoren als nicht ganz zuverlässig. Eventuelle Verzeichnungen der oberen M könnte ich nicht korrgieren.) — STEHLIN & HELBING nannten folgende Abweichungen von *A. major:* 1. Bedeutendere Größe, 2. Dicke, 3. hohes, nicht zurückgesetztes M_1-Metaconid, 4. deutliches M_2-Paraconid. — Andere charakteristische Merkmale müssen hinzugefügt werden: 5. Massiges, nicht gekniffenes M_1-Paraconid mit konkavem Vorderrand, 6. betonte Außenecken am M_1-Talonid, 7. massiges M_1-Protoconid, 8. platte Hinterwand des M_1-Trigonides, 9. senkrechte, randnahe Flanke des M_2-Metaconides, 10. nach außen gewendete Usuren auf den Hügelspitzen neben vertikaler Abkauung. — Mit Ausnahme des bekanntermaßen variablen M_2-Paraconides weisen alle Merkmale auf *eibiswaldensis* hin.

Was nun die oberen Molaren von Eibiswald anlangt (Abb. 60—62), so zeigen zunächst die M^2, daß ihre Form von derjenigen des *Pseudocyon* grundverschieden ist. Höchst seltsam erscheint die Abkauungsweise, weil offenbar schon sehr frühzeitig großflächige Usuren vor der vorderen Mitte und am Außencingulum angelegt werden. Ich konnte nicht genau ermitteln, ob diesen Kauflächen nicht schon Abbrüche oder Absplitterungen voraufgegangen sind, wie das für den Metacon des rechten M^2 (Abb. 60) zweifellos der Fall ist. Die Tendenz, leicht zu splittern, muß entweder in der Zahnform oder in ihrer Stellung begründet liegen. Ich vermute eher das letztere. Da sich der Kaudruck in erster Linie auf den Vorderrand der oberen Molaren zu konzentrieren scheint, genügte vielleicht schon ein geringes Auseinanderrücken von M^1 und M^2, um die Stellen höchsten Druckes zum Splittern zu bringen, nachdem die distale Seite des M^1 keine Entlastung mehr bieten konnte. Übereinstimmend erweist sich gerade die M^1-Rückseite als sehr wenig beansprucht.

M^2 von Pontlevoy (Abb. 59), obgleich etwas größer, verrät deutlich seine Zugehörigkeit zu *eibiswaldensis*. STEHLIN & HELBING haben diverse Unterschiede im Vergleich zu *A. major* genau erkannt: „Sa paroi externe est plus allongée par rapport à la moitié interne de la couronne, le coin postérointerne du contour est plus emoussé, le métaconule à peine indiqué, le cône postéroexterne relativement plus faible; le très fort bourrelet a la tendance de se relier par une crête à la pointe interne du trigonide.“ Deswegen auch der abweichende Umriß: Der innere Lappen hat die Neigung, mehr nach vorn statt nach hinten — wie bei *A. major* — herumzubiegen. Das Quertal zeigt dieselbe Schiefe wie am M^1, und der Protoconus ist in Seitenansicht beträchtlich flacher. — Ein kleiner Unterschied besteht jedoch zu dem M^2 von Eibiswald insofern, als das Innencingulum noch nicht so stark gekerbt ist.

Der M^1 von Steyeregg (Abb. 64) dürfte hinsichtlich seiner Größe dem Eibiswalder Exemplar ziemlich entsprechen und — bis auf das schwächere Innencingulum — auch den normalen M^1-Typus von *eibiswaldensis* am reinsten charakterisieren. Das Homologon von Riedern (Abb. 58) weicht im Umriß scheinbar sehr bedeutend, in Wirklichkeit nicht allzuviel von dem vorherigen ab. Schon aus dem Oberen Aquitan von Laugnac kennen wir die Tendenz des inneren Basalbandes, sich hinter dem Protoconus zu verbreitern. Alle Erfahrungen sprechen aber dafür, daß gerade das Cingulum erheblich variieren kann. Verläßlicher erweist sich die Innenfurche zwischen Basalband und Protocon. Sie steht immer in enger Beziehung zum Innenhügel und reagiert auf dessen Veränderung sehr genau. Sie zeigt bei den hier vereinigten M^1 keine nennenswerten Differenzen. — Effekte wie das Verschmelzen von zwei Wurzeln (M^1 von Benken) haben zwar auch für das Kronenrelief Folgen, doch kommt ihnen keine generelle Bedeutung zu, da sie sich in unabhängigen Gruppen wiederholen. — Das bezeichnendste Merkmal des *eibiswaldensis*-M^1 liegt in dem merkwürdig „verwaschenen" Relief, dem jede Schärfe und Prägnanz abgeht.

Die beiden vorliegenden P^4 von Eibiswald (Abb. 62) gehören verschiedenen Individuen an. Ihr einprägsamstes Merkmal gegenüber *A. major* scheint mir in dem mehr dreieckigen Umriß zu bestehen, der insbesondere durch Verschmälerung des Hinterecks hervorgerufen wird. Dadurch läßt sich ein spezifischer Wert Länge : Breite noch nicht mit genügender Schärfe gegen *major* abgrenzen. Wenn nicht alles täuscht, wird bei stratigraphisch jüngeren Arctamphicyoniden die Tendenz der relativen Verbreiterung von P^4 orthogenetisch weitergeführt. — Stärkere Konkavität der Vorderfront und Auftreten einer sekundären Wurzel an beiden P^4 dürften als Merkmale von untergeordneter Bedeutung zu werten sein.

Insgesamt ergibt sich für den helvetischen *eibiswaldensis* folgendes Bild: Wie nicht anders zu erwarten, variiert das Material in der Größe. Die bekannte M_1-Länge schwankt zwischen 31 und 38 mm. Ähnliche Größenunterschiede lassen sich auch für M^1 und M^2 feststellen. Seit dem Jungburdigalium wird jedoch keine Größenzunahme mehr erkennbar. C inf. hat sich in Gestalt und Position nicht verändert. Während die vorderen 3 Prämolaren weiterhin kleiner werden und weiter auseinanderrücken, wahrt P_4 Größe und Form. Sein enger Kontakt mit M_1 scheint sich eher zu festigen als zu lockern. Auffallend variabel erweisen sich die oberen Molaren. Insbesondere ändert die Konkavität des hinteren Umrisses bedeutend ab, im Prinzip ist sie aber immer vorhanden. Die Abflachung des Kronenreliefs der oberen M hat weiter zugenommen. P^4 zeigt erstmals die Tendenz zu relativer Verbreiterung.

Es erscheint möglich, daß spezifische Unterschiede zwischen alt- und junghelvetischen Formen bei umfangreicherem Material klarer erfaßt werden können.

Maße in mm:

Holotypus (Geol. B.A. Wien): C (an Schmelzuntergrenze) = 23 × 15; Alv. P_1 = 7 × 4; P_2 = 9,4 × 5; P_3 = ca. 13 × 7,4; P_4 = 18 × 10; M_1 = ca. 31 × 16,6. — Lg. d. Diasteme: C—P_1 = 21,5; P_1—P_2 = 5; P_2—P_3 = 13; P_3—P_4 = ca. 9. — Lg. d. Symphyse = + 65.

Pontlevoy (STEHLIN & HELBING 1925, Abb. 3): Lg. M_1 = 38, Br. (nach Abguß) = 19,2; Lg. M_2 = 27, Br. (nach Abguß) = 19,5; Lg. Alv. M_3 = 19.

Eibiswald (Joanneum Graz, Nr. 1420): P^4 sin. = 27,5 × 15,5.

Eibiswald (Geol. Inst. Graz, Nr. 1877, IV, 386): P^4 dext. = 29 × 18,5.

Pontlevoy (STEHLING & HELBING, Abb. 1): M^1 fragm. Lg. ca. 25 (?).

Riedern (Mus. Basel, Nr. Rd. 137): M^1 sin. = ca. 29 × ca. 36.

Benken (Mus. Basel, Nr. M.M. 2034): M^1 dext. = ca. 28 × ca. 36.

Steyeregg (Joanneum Graz, Nr. 1626): M^1 = ca. 23 × 29.

Wies (Joanneum Graz, Nr. 1625): M^2 dext. = 20,7 × 28.

Pontlevoy (STEHLIN & HELBING, Abb. 2): M^2 sin. = 23,5 × 34.

Eibiswald (Geol. Inst. Graz, Nr. 1877, IV, 386): M^2 sin. = 22,3 × 29,5; M^2 dext. = 22 × 29,6.

Formen des Jüngeren Miozäns und Unterpliozäns

Aus dem europäischen Tortonium und Sarmatium sind augenblicklich keine Gattungsvertreter bekannt. Erst im Pannonium des Burgenlandes (Kohfidisch) taucht wieder ein *Arctamphicyon* auf, der aller Wahrscheinlichkeit nach zu dem gleichen Entwicklungszweig gehört. Ein zweiter, jedoch abseits stehender Repräsentant erscheint zur gleichen Zeit in den südwestdeutschen Dinotherien-Sanden von Eppelsheim. — Darf man aus dieser Dokumentationslücke schließen, daß *Arctamphicyon* Europa an der Wende zum Obermiozän verlassen hat, um im Unterpliozän dorthin wieder zurückzukehren? — Die Antwort sollte man am besten solange zurückstellen, bis reichlicheres Material zuverlässigere Aussagen gewährleistet.

Arctamphicyon n. sp.

(Form des Pontiums)
Abb. 65—66

? 1929 „*Amphicyon*" *lydekkeri* PILGRIM. — MATTHEW, Oberservations, S. 481/482, Abb. 18.

Neue Belege:

M² sin. (Abguß) von Eppelsheim. (Bayerische Staatssammlung München, Nr. 1903 I 5). Abb. 66.

Der Umriß nähert sich der Form eines Rechtecks durch starke Verbreiterung des Innenlappens. Die Zahnkrone ist ungewöhnlich flach. Die niederen Außenhügel nehmen nur mehr ein Drittel der Kronenfläche ein. Der zu einer unscheinbaren Warze degradierte Protocon steht noch in Verbindung zu seinem Vorderarm. Der Hinterarm ist durch eine Furche abgetrennt. Beide Zwischenhügel haben die Gestalt langgestreckter Dämme angenommen. Sie schließen zwischen sich eine seichte Grube ein. Das Innencingulum bildet eine breite Plattform, die von unregelmäßigen Graten gegliedert wird. Im mittleren Kronenabschnitt setzt das Cingulum aus, um auf der Außenseite erneut als kräftig entwickeltes Band hervorzutreten. Durch einen Abbruch am hinteren Außeneck entspricht der Umriß hier nicht seiner ursprünglichen Gestalt. Von den drei stämmigen Wurzeln sind die beiden äußeren weitgehend verwachsen.

P⁴ dext. von Gau-Weinheim (Naturhistorisches Museum Mainz, Nr. 1935/564. Abb. 65).

Trotz unverkennbar amphicyonider Züge erhält der Zahn sein besonderes Gepräge durch den breit-dreieckigen Umriß. Das Verhältnis Breite:Länge beträgt 0,61 gegenüber *A. major* von Ravensburg (HELBING 1928d) mit 0,51. Obwohl deutlich ausgegliedert, ist das vordere Inneneck nur andeutungsweise nach rückwärts verschoben. Ob ein Basalhöcker vorhanden war, läßt sich wegen der Beschädigung des Schmelzes an dieser Stelle nicht mit Sicherheit ausmachen. Er kann, wenn überhaupt, höchstens als niedere und dem Rand dicht aufgesetzte Warze realisiert gewesen sein. Vom Haupthügel laufen unter Einschluß einer spitzwinkeligen Furche zwei an Schärfe allmählich abnehmende Schneiden gegen die vorderen Außenecken herab. Zwischen diesen buchtet sich der Grundriß etwas ein. Dem glatten und kaum abgesetzten Basalband der Außenseite steht ein kräftiges und mit kleinen Warzen besetztes Cingulum auf der Innenseite gegenüber. Die massige Erscheinung des Prämolaren resultiert nicht etwa aus einer Verbreiterung der beiden Haupthügel, sondern allein aus der Stärke des Innencingulums. — Die drei getrennten Wurzeln sind schlecht erhalten.

Diskussion: Diese beiden Zähne aus den rheinhessischen Dinotherien-Sanden sind mir lange Zeit rätselhaft gewesen. Der einzige von dort bekannte Amphicyonide, „*Amphicyon eppelsheimensis* WEITZEL", hatte bisher nur Zähne des Unterkiefers geliefert. Am naheliegendsten wäre es also, die oberen Backenzähne auf *eppelsheimensis* zu beziehen. Inzwischen habe ich aber P⁴ und M² eines weiteren Caniden der gleichen Lokalität kennengelernt, die sich deutlich als Abkömmlinge von *A. major* zu erkennen geben. Den Unterkieferzähnen nach zu urteilen, ist *eppelsheimensis* nichts anderes, als ein wenig evoluierter *major*. Über die Zusammengehörigkeit von unteren und oberen Backenzähnen besteht also keine Unklarheit mehr. — Andererseits lehrt die Analyse des Genus

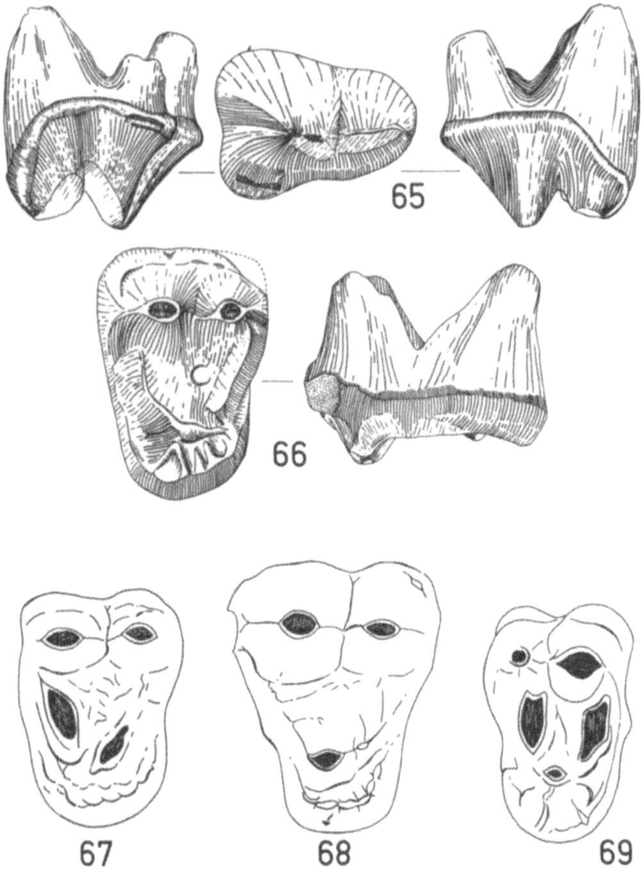

Abb. 65—66. *Arctamphicyon* n. sp. aus den rheinhessischen Dinotheriensanden. — Abb. 65: P^4 dext. von Gau-Weinheim (Mus. Mainz, 1935/564), Innenseite, Kauflache, Außenseite, alle spiegelbildlich. — Abb. 66: M^2 sin. von Eppelsheim (Abguß in Slg. Munchen, 1903 I 5), Kaufläche, Hinterseite. — Abb. 67—69 zum Vergleich. — Abb. 67: „Oberer Molar" (M^2) des „*Amphicyon lydekkeri Pilgrim*" aus den Middle Siwalik beds von Hasnot, nach MATTHEW 1929, Fig. 18. — Abb. 68: „*Amphicyon*"-M^1 sin. aus den Lower Siwaliks, nach MATTHEW 1929, Fig. 19. — Abb. 69: Holotypus (M^2, nicht M^1!) des *Arctamphicyon lydekkeri* PILGRIM aus dem Dhok Pathan stage von Padhri, umgezeichnet nach PILGRIM (1932, Taf. II, Fig. 7). — Alle 1:1.

Arctamphicyon, daß P^4 schon im Helvetium zur Verbreiterung und M^2 zur Abflachung des Kronenreliefs neigt. Die Eppelsheimer Zähne können demnach kaum etwas anderes sein als solche von *Arctamphicyon*. Die Übereinstimmung des M^2 mit demjenigen von Hasnot (MATTHEW, Abb. 18, hier Abb. 67) ist übrigens erstaunlich.

Einen einzigen Unterschied, der eventuell Gewicht haben könnte, sehe ich in dem Umstand, daß beim Molaren von Hasnot der Protoconus mit dem Metaconulus in Verbindung steht und sich gegen den Paraconulus isoliert. Beim Eppelsheimer Homologon ist es genau umgekehrt. Überdies scheint das indische Dokument in der Darstellung von MATTHEW eine etwas unebenere Kaufläche zu besitzen. Trotz weiter räumlicher Entfernung müssen die beiden Carnivoren von Hasnot und Eppelsheim taxonomisch eng zusammengehören. Dafür weichen ihre Gemeinsamkeiten viel zu sehr von allen vergleichbaren Formen ab. Ob sie allerdings in einer gemeinsamen Art zu vereinigen sind, kann ohne Leichtfertigkeit in Anbetracht der unvollständigen Dokumentation nicht gut entschieden werden. Es ist aber ziemlich wahrscheinlich. Auf jeden Fall handelt es sich hier um eine andere Spezies als bei *Ar. lydekkeri* (Abb. 69) und dem Carnivoren von Kohfidisch. (Daß MATTHEW sich in dieser Beziehung täuschte und PILGRIM den Irrtum nicht bemerkte, habe ich schon früher auseinandergesetzt). Eine Benennung der neuen Art vermeide ich aus den gleichen Gründen, die eine Zusammenziehung des Materials verhinderten. Mit mehr Wahrscheinlichkeit als für den *Arctamphicyon* von Kohfidisch darf man im Falle der neuen Art vermuten, daß sie sich schon zeitig vom europäischen *tolosanus*-Stamm abspaltete, in Asien eine eigenständige, stark divergierende Entwicklung durchmachte und im Zuge der pontischen Einwanderung aus dem Osten nach Europa zurückkehrte.

Maße in mm:

P^4 (Mus. Mainz, Nr. 1935/564) = 27,5 × 18,7.
M^2 (Abguß, Slg. München, Nr. 1903 I 5) = 24 × 33,5.

Entwicklungsgeschichtlicher Rückblick

Für die Zeit des Untermiozäns ergeben sich noch zahlreiche Parallelen zum Genus *Pseudocyon*. Beide Entwicklungsreihen liegen anfangs so nahe beieinander, daß sie unbedingt auf eine gemeinsame Wurzel zurückgeführt werden müssen. Im Jungburdigalium vollzieht sich eine Abkehr von der gemeinsamen Linie. *Arctamphicyon* überschreitet das Größenmaximum von *Pseudocyon* und beginnt mit einer Verlängerung der hinteren Molaren. Die Streckung dieser Gebißelemente geschieht unter Abflachung des Reliefs. Im Helvetium hat M_2 bereits seine Breitendifferenz zwischen Trigonid und Talonid ausgeglichen. M^2 gewinnt ebenfalls rechteckigen Umriß. Sein Protoconus löst sich aus dem Verband mit den Zwischenhügeln und wird zur Bedeutungslosigkeit degradiert. Zwischenhügel und Innencingulum, dieses stark verbreitert und durch zunehmende Furchung zu einem vielgipfeligen Band sich umwandelnd, teilen sich in die ursprüngliche Funktion des Protocons. M^1 flacht sich ebenfalls ab, P^4 nimmt an Breite zu. Damit ist ein auf mehr quetschende Nahrungszerkleinerung gerichteter Funktionswandel des Gebisses eingeleitet, der konsequent bis ins Pliozän fortgeführt wird. Parallelen zu den Ursiden sind keineswegs zu übersehen. Vielleicht liegt gerade im Funktionswandel ein Grund für die Tatsache, daß das Genus *Arctamphicyon* zu den am längsten ausdauernden Repräsentanten unter den eurasiatischen Amphicyoniden gehört.

Arctamphicyon ? depereti (MAYET) 1908

(Form des Jüngeren Burdigaliums)
Abb. 70 u. 71

? 1867—1869 *Pseudocyon* sp. (de l'Orléanais). — BOURGEOIS in GERVAIS, Zool. et Pal. générales, S. 156.
pars v* 1908 *Pseudocyon Depereti* n. sp. — MAYET, l'Orléanais, S. 218—223, Taf. IX, Fign. 4a/b (Mand. sin., vgl. Holotypus), non Textfig. 71.
1922 *Pseudocyon Depereti.* — ROMAN, Bordelais, S. 233.
v ? 1928 *Amphicyon lactorensis* n. sp. — ASTRE, *Amphicyon*, S. 238. Abb. 1—2 (M^2 dext.).
1929 *Ps. Depereti* MAYET. — VIRET, Limagne Bourb., S. 124.
? 1934 *Amphicyon lactorensis* ASTRE. — ROMAN & VIRET, La Romieu, S. 15/16, Abb. 4 (kop. ASTRE).
1945 *Pseudocyon Depéreti* MAYET. — HÜRZELER, Zur Kenntnis etc., S. 637.

Diagnose: Mittelgroßer bis großer Amphicyonide mit *Pseudocyon*-artigem M_2. C groß und kräftig. P_3 bis M_3 dicht aufgerückt. M_1-Paraconid verkürzt. Mandibel lang und schlank.

Holotypus: Linke Mandibel mit fragm. Alv. C, Alv. P_{1-4}, M_1, M_1, Alv. M_3. — Mus. Orléans, Nr. 785. — Abb. MAYET 1908, Taf. IX, Fign. 4a/b. — Hier Abb. 70.

Locus typicus: Chilleurs-aux-Bois.

Stratum typicum: Jüngeres Burdigalium (Sables de l'Orléanais).

Diskussion: Der sogenannte „*Pseudocyon depereti*" steht im europäischen Miozän allem Anschein nach völlig isoliert. Im Genus *Pseudocyon* darf er nicht belassen werden, weil er mit hoher Wahrscheinlichkeit die Bedingung der *Pseudocyon*-Zahnformel (2 I) nicht erfüllt. Andererseits hatte MAYET keineswegs ganz Unrecht, als er auf gewisse Ähnlichkeiten zu „*Amphicyon crassidens*“ hinwies, der seiner Ansicht nach — was durchaus richtig ist — ein

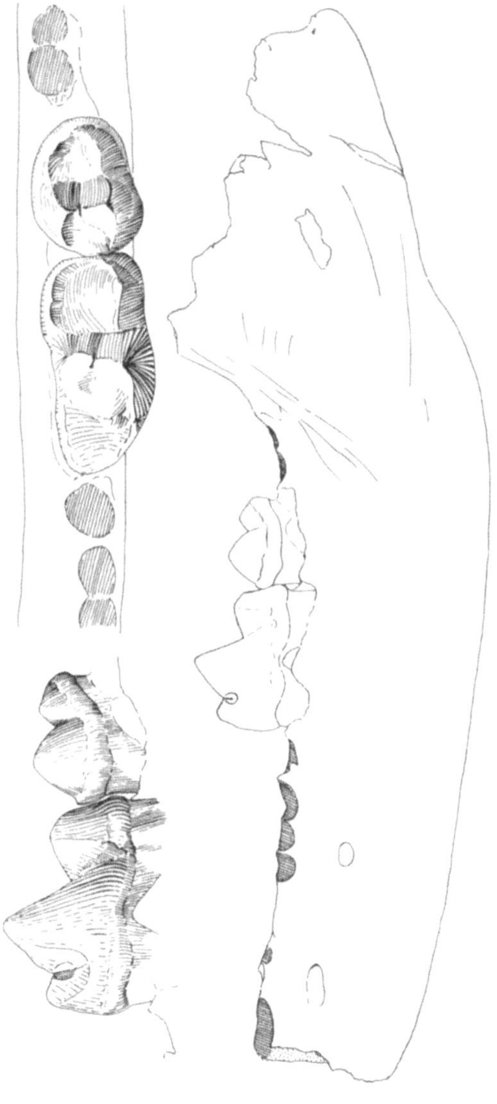

Abb. 70. *Arctamphicyon ? depereti* (MAYET) von Chilleurs-aux-Bois. — Obere Reihe: Ausschnitt aus dem li. UK-Ast mit M_1—M_2, Außenseite, Aufsicht. Mus. Orléans (1 : 1). Unten: Außenseite des Unterkiefers ($^2/_3$ nat. Gr.) Original zu MAYET 1908, Typus des „*Pseudocyon depereti* MAYET“.

Pseudocyon sei. Die jungburdigalen Vertreter dieses Genus erlauben jedoch auch ohne Erhaltung ihrer Incisiven eine klare Entscheidung über ihre Gattungszugehörigkeit, weil der C bereits deutlich aus der sagittalen Richtung herausgedreht ist. Das trifft für *depereti* nicht zu. Darüber hinaus gibt es keinen *Pseudocyon*, bei dem P_3 bis M_3 eng aufgeschlossen stehen und bei dem das M_1-Paraconid eine derartige Verkürzung aufwiese. — Wie zuvor ausgeführt, stehen sich im Burdigalium die Vertreter der Genera *Pseudocyon* und *Arctamphicyon* noch so nahe, daß dem Anschluß an *Arctamphicyon* weniger Hindernisse entgegen stehen. Neben dem *Pseudocyon*-artigen M_2 tritt bei dieser Gattung gelegentlich auch eine Verkürzung des M_1-Paraconides auf. Ich habe schon auf S. 93 die Möglichkeit erörtert, ob diese Verkürzung nicht vielleicht eine Anomalie darstellen könnte, so daß diesem Merkmal kein differenzierender Wert beigemessen werden dürfte. Trotzdem ergibt sich keine volle Übereinstimmung mit *Arctamphicyon*. Nicht zuletzt stört der viel zu große Caninus, der *depereti* auf Grund der Alveole zugeschrieben werden muß. In diesem Punkte ähnelt er wieder *Pseudocyon*. Bei *depereti* mischen sich in seltsamer Weise Entwicklungstendenzen des einen wie des anderen Genus. Am sinnvollsten wäre deshalb, *depereti* in eine eigene Gattung zu stellen. Solange er aber derart unvollkommen dokumentiert ist, wäre der Taxonomie damit ein schlechterer Dienst erwiesen, als wenn er vorbehaltlich an *Arctamphicyon* angeschlossen wird. — Ausscheiden kann man die Möglichkeit, daß *depereti* irgendeine nähere Beziehung zu dem ebenfalls deplacierten „*Pseudocyon*“ *gerandianus* verkörperte, denn sein gestrecktes M_1-Protoconid stellt ihn einwandfrei in die Verwandtschaft der zuvor diskutierten Gattungen.

Im Jungburdigalium, also gleichaltrig mit *depereti*, geistert noch immer ein anderer, völlig isoliert stehender Amphicyonide herum, der ausschließlich durch M^2 belegt ist: „*Amphicyon lactorensis* ASTRE“ von Mas-d'Auvignon. Keineswegs ungerechtfertigt hat ASTRE eine nähere Beziehung dieser Form zu jenem „*Amphicyon* spec., taille de l'*Amphicyon aurelianensis* MAYET“ erblickt, den STEHLIN & HELBING (1925, Fig. 4) von Pontlevoy abgebildet haben. (Dieser erweist sich jetzt als *Pseudocyon*). Eigentümlicherweise suchte ASTRE gerade bei *depereti* keine nähere Verbindung, wo sie doch am nächsten gelegen hätte. Vermutlich erklärt sich das daraus, daß ASTRE sich ganz allgemein für Pseudocyoniden eine kräftigere Bezahnung vorgestellt hat: „La dentition des Pseudocyons est plus trapue que celle des Amphicyons.“ — ROMAN & VIRET (1934) äußerten über *lactorensis*, sie wären nicht überrascht, wenn sich jener M^2 am Ende als kleines Individuum — vielleicht ein Weibchen — von *A. major* erweisen würde. Das halte ich für völlig ausgeschlossen, denn der Zahn zeigt nicht etwa primitivere, sondern progressivere Merkmale als *A. major:* Der Metacon steht hinter dem Paracon erheblich an Stärke zurück; der Protocon ist soweit erniedrigt, daß er kaum noch das innere Basalband überragt; dieses hat sich enorm gedehnt und verleiht dem Molaren seinen ungewöhnlich querverlängerten Umriß. Vor allem aber sind die beiden Außenwurzeln ihrer ganzen Länge nach verschmolzen. Es drängt sich fast der Eindruck auf, als sei der Zahn an der Außenseite zusammengestaucht. Auch der Abkauungsmodus weist in eine andere Richtung als *A. major.* Werden bei diesem zuerst die Hügel des Trigons

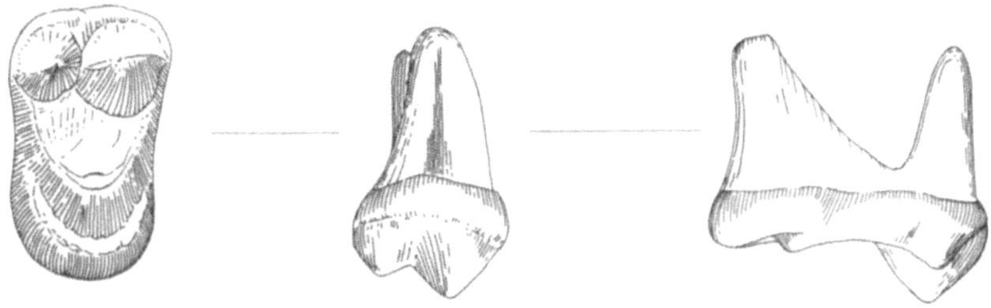

Abb. 71. *Arctamphicyon ? depereti* (Mayet). — M² dext. von Mas-d'Auvignon (Geol. Inst. Toulouse), Holotypus des „*Amphicyon lactorensis* Astre", Kauflache, Außenseite, Hinterseite. 1:1.

abgetragen, bevor weitere Teile der Kronenfläche ergriffen werden, so ist es bei *lactorensis* umgekehrt. Trotz nahezu frischer Haupthügel, liegt bereits eine große Usurfläche vor dem vorderen Protoconus-Arm. Die nächstdeutliche breitet sich unterhalb der inneren Metacon-Flanke bis nahe an die Kronenbasis aus. Eine dritte findet sich schließlich unmittelbar hinter dem Protocon, also im Tal zwischen Innenhügel und Innencingulum. — Aus der Form des M² wird man auf einen gedrungenen — d.h. kurzen und breiten — Antagonisten schließen müssen, wie *depereti* ihn hat. Die Abkauungsweise zeigt deutliche Anklänge an *Arctamphicyon,* bei dem M² ebenfalls am stärksten vor dem Protocon angeschnitten wird. Am nächsten käme dem Molaren von Mas-d'Auvignon jenes Homologon von Avaray, das Mayet (1908, Taf. VIII, Fig. 8) fälschlich auf *A. giganteus* bezog, wenn man es sich an der Außenseite stark zusammengedrückt vorstellen würde. Da dieser Zahn zu *Arctamphicyon* gehört, sollte der des *lactorensis* wohl einen taxonomischen Platz in seiner Nähe einnehmen. — Es spricht also vieles — nicht zuletzt auch die Größe — für eine Zusammengehörigkeit von *depereti* und *lactorensis* zur gleichen Art. Wenn sich das einmal als gegeben herausstellen sollte, so wäre es zugleich ein Beweis dafür, daß *depereti* zwar in die weitere Verwandtschaft von *Arctamphicyon* zu stellen ist, seine Unterschiede aber zumindest den Rang einer Spezies ausmachen.

Ein rechtes Unterkiefer-Fragment mit C und P_1 von bedeutender Größe im Museum Orléans (Nr. 757, vidi) hat Mayet in seiner Textfigur 71 abgebildet und für ein *depereti*-Dokument erklärt. Ein Amphicyonide ist das auf keinen Fall, ob überhaupt ein Carnivore, erscheint mir höchst fraglich.

Mayet hat in die Synonymie von *depereti* ein Zitat von Bourgeois aufgenommen, das ich mit ? versehen ebenfalls wiedergebe. Ich kann nicht übersehen, ob Bourgeois damit eines der von Mayet behandelten Stücke gemeint hat. Jedenfalls wurde der *Pseudocyon* in der Faunenliste der Sables de l'Orléanais später von Gervais (1872) widerrufen.

Maße in mm:

Chilleurs-aux-Bois (Mus. Orléans, Nr. 785): Lg. d. Zahnreihe P_1—M_3 a.d. Alv. = 115. — Lg. Alv. P_1 = 6,5; Alv. P_2 = 7,5; Alv. P_3 = 12,5; Alv. P_4 = 14; M_1 = 29 × 15; M_2 = 18 × 15; Alv. M_3 = 11,5. — Diastem P_2—P_3 = 9. — Kieferhöhe unter P_1 = 35, unter M_1 = 40.

Mas-d'Auvignon (Mus. Toulouse): M^2 dext. = 29,7 × 17,5.

X. Genus *Pseudocyon* Lartet 1851

1851 Lartet, Notice sur la colline de Sansan etc., S. 16.

Typus durch Monotypie: *Pseudocyon sansaniensis* Lartet 1851.

Diagnose: Zahnformel $\frac{2\,1\,4\,3}{2\,1\,4\,3}$. Äußerer I stark vergrößert. — C sup. in situ mit den Achsen der Längsdurchmesser nach vorn, C inf. mit denselben Achsen nach hinten konvergierend. — P_{1-3} sup. et inf. niedrig, einfach, relativ breit, ab Aquitanium zunehmend kleiner. P_4 mit ± deutlichem vorderem Basalzacken, gerundetem, kegelförmigem Haupthügel und Hinterzacken, bei jüngeren Formen zunehmend kleiner. — M_1 mit konkaver Vorderkante, gerundet-kegelförmigem Protoconid, hochsitzendem Metaconid, betontem Hypoconid und niedrigem, bis zum Verlust fortschreitendem Entoconid. — M_2 ähnlich ausgebildet, äußeres Vordereck betont inneres Hintereck abgestumpft. — M_3 unbekannt, Alveolen relativ groß, im Sarmatium vermutlich verkleinert. — Untere M mit zunehmend ausgeprägtem felidem Abkauungsmodus.

P^4 von gestreckt-triangulärem Umriß, Quertal weit, Deuteroconus ± deutlich entwickelt. — Umriß des M_1 ebenfalls triangulär,

Vorderseite gerade bis etwas konkav, Hinterseite immer konkav; Zwischenhügel schwach abgegrenzt und frühzeitig unscharf; Protoconus stumpf (?) und wenig höher als das Innencingulum; Trennfurche zwischen diesen beiden Elementen relativ flach und breit; bei älteren Formen gleichmäßig den gesamten Protoconus umgreifend, nur in der Mitte von einem meist schwachen Sporn unterbrochen; bei jüngeren Formen auf der Vorderseite mehr ausgedünnt, wodurch der Protoconus mehr nach vorn gerückt erscheint; äußeres Basalband kräftig, vor dem Paraconus verdickt. — M^2 ähnlich M^1, aber mit flacherem Relief, Außenhügel zunehmend reduziert, hinteres Außeneck immer abgestumpft. — M^3, soweit bekannt, dem M^2 ähnlich aber kleiner, Relief sehr unscharf. — M^3 schon ab Aquitanium, M^1 und M^2 (soweit bekannt) ab Sarmatium mit teilweise verwachsenen Wurzeln.

Erforschungsgeschichte des Genus *Pseudocyon*

Kein anderes Genus der Subfamilie ist bisher so undurchsichtig geblieben wie *Pseudocyon*. Mit Recht hat HÜRZELER (1945, S. 637) erklärt: „Was unter diesem Namen zu verstehen ist, konnte ... bisher keiner der Autoren klarlegen." Dafür trägt in erster Linie die völlig ungenügende Diagnose LARTETs die Verantwortung. Sie lautet: „Carnassier digitigrade plus grand que le précédent (gemeint ist *Hemicyon*, Verf.), mais un peu moins grand que l'*Amphicyon*. C'est celui de tous nos carnassiers que se rapproche le plus de Chien par son système dentaire et par la forme de quelques os retrouvés de ses extrémités. Cependant ses canines conservent encore ces arêtes finement dentelées que nous avons observées dans l'*Amphicyon* et l'*Hemicyon*. Sansan, Simorre." Als einzige Spezies wurde *Ps. sansaniensis* namhaft gemacht.

Durch nichts war bisher verbürgt, daß der später von FILHOL vorgelegte Typus für *Ps. sansaniensis* identisch ist mit dem, was LARTET gemeint hatte. Ich bin jedoch in der Lage zu zeigen, daß FILHOLs Bestimmung tatsächlich der Vorstellung des Genus-Autors entspricht. Ein im Museum Toulouse konservierter Fund (Unterkiefer und zwei obere Molaren) aus der Sammlung E. LARTETs ist von ihm selbst als „*Pseudocyon* sp." signiert worden (vgl. S. 123). Er ist nicht nur generisch, sondern auch spezifisch ident mit der heute als Typus geltenden Mandibel von Sansan. Daß dieses Stück nicht der Holotypus sein kann, geht aus dem anderen Fundort

(Ponsan-Soubiran) und der offenen Spezies-Bestimmung hervor. Ferner entspricht er größenmäßig — im Gegensatz zur Genus-Diagnose — durchaus dem großen *Amphicyon* von Sansan. Leider vermochte ich nicht, den nomenklatorischen Status der sog. Typus-Mandibel zu ermitteln und kann deshalb nicht entscheiden, ob er als Holo-, Lecto- oder Neotypus zu werten ist.

Aufgrund der mißverständlichen Diagnose LARTETs kann es nicht verwundern, daß selbst seine unmittelbaren Zeit- und Fachgenossen falsche Wege gingen. H. v. MEYER, der bereits 1849 die Art *Amphicyon intermedius* aufgestellt hatte, verkannte zeitlebens deren Zugehörigkeit zum Genus *Pseudocyon*. Ebenso blieb POMEL verborgen, daß seine — übrigens mit *A. intermedius* idente — Spezies *Amphicyon crassidens* ein *Pseudocyon* ist.

Was WAGNER (1857) unter dem Namen *Pseudocyon robustus* von Pikermi beschrieb, überwies GAUDRY (1862) dem Genus *Metarctos*. Dieser Carnivore hat heute einen allgemein anerkannten Platz bei *Simocyon primigenius* (ROTH & WAGNER) gefunden. Einen weiteren *Pseudocyon*, den GERVAIS (1867—1869) in einer Faunenliste der Sables de l'Orléanais unter Berufung auf BOURGEOIS erwähnt hatte, widerrief der Autor wenig später (1872).

Ohne nähere Umstände über die Berechtigung seines Handelns anzugeben, hat FILHOL (1891) erstmalig einen stichhaltigen Beleg für das Genus *Pseudocyon* vorweisen können. Dabei unterlief ihm insofern ein folgenschwerer Fehler, als er die Zahl der Incisiven (drei statt zwei) falsch angab und damit das handgreiflichste Merkmal der Gattung ungewollt verschleierte.

In der folgenden Zeit erkannten mehrere Autoren, daß ein Unterschied zwischen *Amphicyon* und *Pseudocyon* bestehen müsse, doch konnte niemand die Kriterien exakt formulieren. Die größte Schwierigkeit ergab sich aus dem Umstand, daß die so wichtigen oberen Molaren nicht bekannt waren.

SCHLOSSER hat sich verschiedentlich — jedoch mit großem Mißgeschick — um eine Definition des Genus bemüht. 1899 erkannte er „gern" die Realität von *Pseudocyon* an. Nachdem er die Amphicyoniden von Eibiswald (PETERS, 1868) und Tuchorschitz (SUESS, 1861) dem Genus *Pseudocyon* überwiesen hatte, glaubte er, eine umfassende Gebiß-Diagnose geben zu können. 1901 widerrief er seine zuvor geäußerte Meinung. Er verwies den Caniden von Tuchorschitz zurück in das Genus *Amphicyon* und distanzierte sich zugleich von seinem guten Glauben an die Gültigkeit der Gattung

Pseudocyon. Dies hinderte ihn nicht, 1902 weitere Materialien aus dem süddeutschen Pontium mit diesem Namen zu belegen. — Keine einzige von SCHLOSSERs *Pseudocyon*-Bestimmungen erweist sich heute als richtig. Anläßlich der Behandlung von *Ps. s. intermedius* (H. v. MEYER) komme ich noch einmal darauf zurück.

Insbesondere der eigenartige und dem Homologon von *Pseudocyon s. sansaniensis* ähnliche M_2 einer Mandibel von Chilleurs-aux-Bois mag MAYET (1908) bewogen haben, eine neue *Pseudocyon*-Art „*Ps. depereti*" zu begründen. — Auf der Ähnlichkeit mit dem M_1 dieser Spezies beruht die Bestimmung „*Ps. sansaniensis*, mutation de petite taille", für einen Zahn von Pont-Pourquet (bei Saucats), die auf ROMAN (1922) zurückgeht. Beide Dokumente gehören nicht dem vermeintlichen Genus an (vgl. S. 101).

Ohne zu ahnen, daß der von BLAINVILLE benannte *Amphicyon minor* ein Konglomerat höchst verschiedenartiger Carnivoren darstellt und nur als nomen dubium behandelt werden kann, wies FRICK (1926) die Typus-Mandibel von Sansan unverständlicherweise dieser „Art" zu.

1929 hat HELBING erstmalig wieder neue Belege vorweisen können. Seine Bestimmung erfolgte „mit Reserve" und begegnet auf den ersten Blick insofern gewissen Zweifeln, als verschiedene Abweichungen vom sog. Holotypus nicht übersehen werden können. Sie erklären sich jedoch zwanglos als Entwicklungsfortschritte. — Als obere zweite Molaren gedeutete Dokumente von Wintershof-West (DEHM 1950) und Sansan (GINSBURG 1961) sind in Wirklichkeit dritte obere Molaren, haben aber einen berechtigten Platz in diesem Genus.

Anders jener *Pseudocyon gerandianus*, den VIRET (1929b) auf verschiedenen Materialien von Saint Gérand-le-Puy begründete. Er besitzt nachweislich noch die komplette Incisiven-Zahl. Andererseits hat VIRET unwissentlich aber auch eine ganze Reihe echter *Pseudocyon* Dokumente publiziert. Sie erschienen unter dem Namen *Amphicyon* oder *Amphicyonopsis*. Ich selbst habe ebenso ahnungslos (KUSS 1962) einige Stücke an das Genus *Amphicyonopsis* oder unbenannte Genera überwiesen, die nichts anderes sind als *Pseudocyon*-Angehörige.

Entscheidend gefördert wurde die Kenntnis über die umstrittene Gattung allein durch GINSBURG, indem er (1961, S. 46) die von mir nachgeprüfte Beobachtung machen konnte, daß an der Typus-Mandibel im Gegensatz zur Aussage FILHOLs nur zwei Incisiven vorhanden sind. Dennoch täuschte auch er sich in der Auffassung, *Pseudocyon* sei deswegen ein gut fundiertes Genus, weil die schönen Zahnreihen von Chilleurs-aux-Bois und Saint Gérand-le-Puy dazu gerechnet werden müßten.

Trotz der beträchtlichen Anzahl von Irrtümern, mit denen die Gattung *Pseudocyon* belastet ist, darf an ihrer Daseinsberechtigung heute nicht mehr gezweifelt werden. LARTET hat vollkommen richtig beobachtet und geurteilt — nur hätte er sich ein wenig deutlicher ausdrücken sollen.

Pseudocyon sansaniensis LARTET 1851

1851 LARTET, Notice, S. 16.

Die **Art-Diagnose** entspricht der Gattungs-Diagnose.

Verbreitung: Mittleres Aquitanium bis Pontium.

Pseudocyon sansaniensis astrei (KUSS) 1962

(Form des Oberen Stampiums)

Abb. 72

v* 1962 *Amphicyon ? astrei* nov. spec. — KUSS, Nouveaux Canidés, S. 336ff, Abb. 2 u. 3 (linker UK mit C fragm., P_1, P_3, Alv. P_4, M_1 fragm., M_2; I^3).

Diagnose: Vielleicht noch jederseits 3 I vorhanden. C in Verlängerung der Kieferachse, kräftig. P_4 groß (Lg. P_4: Lg. M_1= ca. 0,70). Alle Backenzähne mit Randbucht. Talonid-Außenhügel von M_2 durch eine bogenförmige Leiste verbunden.

Holotypus: Linke Mandibel (s. oben) im Laboratoire de Géologie de la Faculté des Sciences de Toulouse. — Abb. 72 und KUSS 1962.

Locus typicus: Gardouch (Haute-Garonne).

Stratum typicum: Stampien terminal.

Diskussion: Bei Aufstellung der Art mußte ich hinsichtlich der Gattungszugehörigkeit zu einer Notlösung greifen, weil die prägnantesten Merkmale keinem der bekannten Genera vollständig entsprachen. Es waren dies: 1. Kräftiger Bau der Mandibel. 2. Weite Abstände zwischen den Prämolaren. 3. Überwiegend schräg („felinoid") abkauende Molaren. 4. *Pseudocyon*-artiger M_2. 5. Auftreten von „Randbuchten" an allen Backenzähnen. 6. Sagittale Richtung des C. — (Unter „Randbuchten" verstand ich eine bogenförmige Aufwölbung der Schmelzbasis am vorderen Außenrand der Backenzähne).

Der größere Teil dieser Kriterien hätte sich ohne weiteres mit der Gattungs-Diagnose von *Pseudocyon* gedeckt, zumal M_2 den

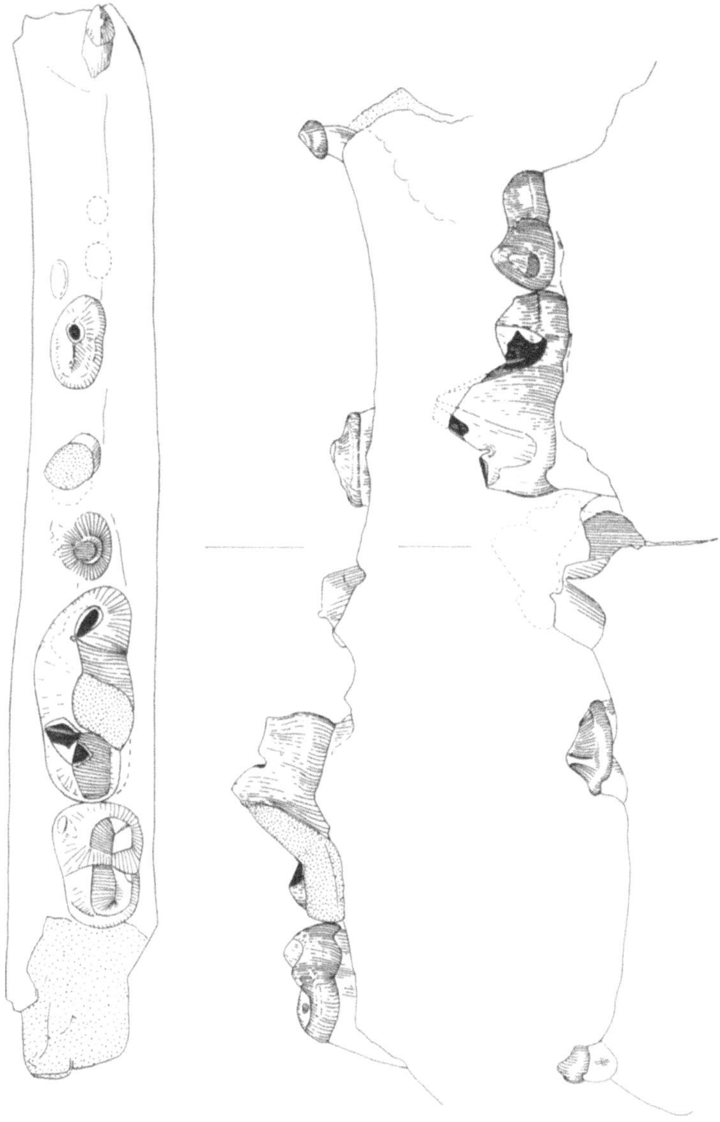

Abb. 72. *Pseudocyon sansaniensis astrei* (Kuss) aus dem Oberen Stampium von Gardouch. Original zu Kuss 1962, im Geol. Inst. Toulouse. Li. UK-Fragment mit C fragm. (nicht dargestellt), P_3, Wurzelrest von P_4, M_1 fragm., M_2. — Aufsicht, Innenseite, Außenseite. — 1:1.

Anschluß an dieses Genus geradezu herausforderte. Die sagittale Richtung des C legte jedoch den Verdacht nahe, daß noch drei I in der Kieferhälfte vorhanden sind, während *Pseudocyon* definitionsgemäß deren nur zwei besitzen darf. Ferner fehlen dem typischen

Pseudocyon die Randbuchten. — Nachdem ich inzwischen einsehen lernte, daß die Amphicyoniden einem phylogenetischen Umwandlungsprozeß unterliegen, halte ich diese Hindernisse heute nicht mehr für so gravierend, um *astrei* nicht doch an die Gattung *Pseudocyon* zu überweisen. Sicher ist, daß der belegte I3 schon beträchtliche Stärke hat und *Ps. s. intermedius* allein als Abkömmling von *astrei* in Frage kommt. Auch für die Randbuchten bietet sich ein Anknüpfungspunkt bei der später zu beschreibenden Mandibel des helvetischen Fundpunktes von Ponsan-Soubiran. Hier enthält der M_1 noch eine schwache Reminiszenz an dieses Gebilde (vgl. Abb. 78). Genetisch lassen sich die Randbuchten wohl am sinnvollsten damit erklären, daß sie die Kontaktstelle des jeweils voraufgehenden Zahnes markieren. Sie blieben bei *astrei* auch dann noch erhalten, als durch Auseinanderrücken der vorderen Prämolaren eine Berührung gar nicht mehr stattgefunden hat. An diesen Zähnen verschwanden die Buchten bei jüngeren Abkömmlingen spurlos. Da P_4 jedoch — als charakteristisches Merkmal für *Pseudocyon* — stets die enge Bindung an M_1 bewahrte, die sich in der Regel sogar in einem seitlichen Überlappen beider Zähne ausdrückt, können am M_1 auch später noch Spuren der Randbucht auftreten. — Vielleicht darf man daraus den Schluß ziehen, daß die Vorläufer von *astrei* eine sehr eng geschlossene Reihe von Backenzähnen besessen haben müssen. Bedenkt man ferner, daß die Buchten schon im Aquitan von den Prämolaren verschwunden sind, so sollte wohl auch der Auflockerungsprozeß der Prämolaren-Reihe (sei es infolge einer Schnauzen-Verlängerung oder bzw. und einer P-Verkleinerung) als ein Ereignis von geringer Dauer aufgefaßt werden. Daraus würde dann allerdings eine bedeutende Verlangsamung des Entwicklungstempos vom Aquitan ab resultieren.

Maße in mm:

C inf. (Dm an der Bruchstelle) $= 27 \times 17$; $P_1 = 6{,}0 \times 4{,}8$; $P_3 = 13{,}0 \times 7{,}0$; P_4 (Lg. d. Alv.) $= 20$; $M_1 = 28{,}5 \times 14$—15; $M_2 = 16{,}5 \times 13{,}0$. — Lg. P_1—M_2 $= 125$. — Kieferhöhe unter $M_1 = 63$. — C sup. (Dm a.d. Wurzel) $= 30 \times 18$. — I^3 (Dm a. d. Kronenbasis) $= 12 \times 9$.

Pseudocyon sansaniensis intermedius (H. v. MEYER) 1849

(Form des Mittleren Aquitaniums)

Abb. 73—76

1846 «La plus grande (espèce de l'*Amphicyon* de l'Allier, Verf.) est intermédiaire pour la taille aux deux espèces de Sansan». — POMEL, Note sur des animaux etc., S. 379.

1849 *Amphicyon intermedius*. — H. v. MEYER, N. Jb. Min. 1849, S. 379.

v* 1850 *Amphicyon intermedius.* — PLIENINGER, Ueber *Amphicyon*, S. 216, Taf. 1, Fig. 8 (M^1 dext.), nec Fig. 9!

v 1850 *Amphicyon intermedius* H. v. MEYER. — JÄGER, Üb. d. foss. Säugethiere, S. 820, Taf. 72, Fign. 22 und 23 (M^1, Original PLIENINGERs).

v 1848—1852 «Une espèce à peu près grande comme *Amph. major*, LARTET et de BLAINV. — GERVAIS, Zool. et Pal. fr., Tafelerl. S. 13, Taf. 28, Fign. 12, 12a (M_1 dext.).

v 1853 *Amphicyon crassidens*, POM. — POMEL, Catalogue meth., S. 71.

v 1859 «*Amphicyon* ayant les dimensions de l'*A. major*». — GERVAIS, Zool. et Pal. fr., 2. Ed., S. 215, Taf. 28, Fign, 12, 12a (M_1, derselbe wie in der 1. Ed.).

non v 1868 *Amphicyon intermedius* H. v. MEYER 1849. — PETERS, Eibiswald, Taf. 3, Fign. 1—4.

non v 1861 *Amphicyon intermedius* MEY. — SUESS, Österr. Tertiärablag., S. 224f, Taf. II.

v 1879 *Amphicyon major*, DE BLAINV. — FILHOL, Etudes, S. 75.

1888 *Amphicyon crassidens* POMEL. — SCHLOSSER, Die Affen etc., S. 70, Taf. 4, Fig. 54 (M^3, nec M^2), non Fig. 56.

— *Amphicyon ulmensis.* — SCHLOSSER, l.c., S. 73.

non v 1891 *Amphicyon intermedius* SUESS. — HOFMANN, Miocänschichten, S. 520f, Taf. 4, Fign. 1—10.

1896 *Amph. crassidens* POMEL. — ROGER, Verzeichnis etc., S. 52 (falsche Synonymie).

1898—1899 *A. crassidens*, POMEL (nec FILHOL). — TROUESSART, Catalogus Mamm., S. 289.

1908 «*A. crassidens* ... me paraît être un *Pseudocyon*». — MAYET, Etude des Mamm., S. 217.

— *Pseudocyon crassidens.* — MAYET, l.c., S. 223.

pars 1910 *Amphicyon Eseri* PLIENINGER. — SCHLOSSER, Brüxer Braunkohlenbecken ,S. 231 f (M^1 dext. von Ulm, nec M^1 sin. von Brüx).

1929 *Amphicyon crassidens* POMEL. — HELBING, Zur Osteologie etc., (div. Extremitäten).

v 1929 *Amphicyon crassidens* POM. — VIRET, Les faunes de Mamm., S. 102f, Taf. 3, Fign. 1—6 (2 Mand., M_1, P^4—M^1, C, Mc.), Abb. 15 (Calvarium-Fragm.).

— *Amphicyon Eseri* PLIENINGER. — VIRET, l.c., S. 123 (non S. 117—120).

non — «Une mutation plus évoluée de l'*A. crassidens*» (v. Laugnac). — VIRET, l.c., S. 106.

non — *Amphicyon* aff. *crassidens* (von Auterives). — VIRET, l.c., S. 106.

non v 1930 *Amphicyon crassidens* POM. — WEITZEL, Neue Amphicyoniden, S. 81.

non v 1950 *Amphicyon* aff. *crassidens* POMEL. — DEHM, Raubtiere, S. 33, Abb. 54.

non 1958 *Amphicyon intermedius* WHITE. — OLSEN, The fossil carnivore, S. 157ff[13].

non v 1959 *Amphicyon crassidens.* — TOBIEN, Über älteres Miocän, S. 770.

---

[13] *Amphicyon intermedius* WHITE 1940 aus dem Unteren Miozän Nordamerikas hat die vollständige Zahnformel von *Amphicyon* und ist mit *Ps. s. intermedius* (H. v. MEYER) nicht identisch.

Diagnose: Unterart von der Größe des *Ps. s. sansaniensis.* C kräftiger als bei diesem und weniger aus der Sagittalen gedreht, I entsprechend schwächer (?). P weniger reduziert.

Holotypus: M^1 dext. (mit Wurzeln im Gestein steckend). Museum Stuttgart, Nr. 4568, z.Zt. im Museum Basel. (Etikett: „*Amphicyon giganteus* LAURILL. = *Amphicyon intermedius* H. v. M. — Original zu H. v. MEYER, N. Jb. 1849, p. 548. — Original zu PLIENINGER, Jahresh. 5, 1849, T. I, Fig. 8. — Original zu JÄGER, Nachträge 1850, p. 820, T. 72, Fig. 22/23. — Original *ulmensis* SCHL. — v. MANDELSL. 63. — Ulm".) Abb. bei PLIENINGER und JÄGER (1850), hier Abb. 75.

Locus typicus: Süßwasserkalk des Michelsberges bei Ulm.

Stratum typicum: Untere Süßwassermolasse (= Mittl. Aquitanium).

Bemerkung zur Nomenklatur: Der Name „*Amphicyon intermedius* H. v. MEYER" hat in der Literatur so gründliche Verwirrung gestiftet, daß SCHLOSSER (1889) schließlich den Vorschlag machte, ihn zu unterdrücken und durch „*A. ulmensis*" zu ersetzen. Dabei bestand zu alledem gar kein Anlaß, weil die Art korrekt definiert war. Man hätte sich nur auf den ursprünglichen Begriffsinhalt zu besinnen brauchen.

Die Indikation H. v. MEYERS (1849, S. 548) lautet: „Unter den vom Grafen MANDELSLOHE mir zuletzt mitgeteilten Gegenständen fällt der erste Querzahn der rechten Oberkiefer-Hälfte einer neuen Spezies des der Familie der Caniden angehörigen Genus *Amphicyon* auf, welche ich *A. intermedius* nannte nach der Stellung, die sie zwischen *A. major* BL. und *A. dominans* MYR. einnimmt". Als Fundort wird ausdrücklich Ulm genannt.

Wenig später (1850, Taf. 1, Fig. 8, nec. Fig. 9!) lieferte PLIENINGER die Abbildung des von v. MEYER benannten Zahnes. Er erklärte dazu (S. 216): „Den Zahn Fig. 8 hat HERM. V. MEYER als ersten Querzahn der ... Oberkieferhälfte einer Spezies des ... Genus *Amphicyon* ... erkannt und diese Spezies *A. intermedius* benannt". Damit ist zunächst die Identität des Gegenstandes in beiden Publikationen sichergestellt. — Eine zweite Art *(Amphicyon eseri)*, die PLIENINGER in derselben Notiz neu benennt und abbildet (Taf. 1, Fig. 9) stellt schon auf den ersten Blick etwas völlig anderes dar und hätte eigentlich niemals Anlaß zur Verwechslung bieten dürfen.

Aber die Kette der Irrtümer beginnt schon bei PLIENINGER. Entgegen der ausdrücklichen Feststellung v. MEYERs schreibt er beiden Arten den Fundort „eözäne Ablagerungen von Kirchberg" zu. Daß PLIENINGER damit unbedingt im Irrtum war, geht auch hervor aus der im gleichen Jahr publizierten Arbeit JÄGERs (1850, S. 820, Taf. 72, Fign. 22 und 23), in der er denselben Zahn — sogar noch in der Matrix — abbildet als Fundort den „Süßwasserkalk des Michelsberges bei Ulm" bezeichnet. Später hat sich auch SCHLOSSER (1910, S. 232) auf Grund des anhaftenden Gesteins im gleichen Sinne geäußert. Letzten Endes zeugt ja auch das Etikett des Originals für einen Irrtum PLIENINGERs.

Leider hat H. v. MEYER selbst zu weiteren Irrtümern Anlaß gegeben, indem er später grundverschiedene Dinge auf seine Art bezog. Nach der geringen Übersicht in damaliger Zeit konnte der Autor allerdings kaum zu einem besseren Ergebnis gelangen. Hat doch selbst nach über hundert Jahren noch niemand zu zeigen vermocht, ob und wie sich der sogenannte „*Amphicyon intermedius*" von Eibiswald vom Typus dieser Art unterscheidet.

SCHLOSSERs Irrtümer in dieser Sache sind fast unglaubhaft, zumal ihm das v. Meyersche Manuskript zur Verfügung stand, und er deshalb die beste Voraussetuzng zur Aufklärung älterer Fehlbestimmungen besaß. Nach dem Verlust des Manuskripts sind wir in vielen Fällen dieser Möglichkeit beraubt. Anstatt sich auf den eindeutigen Holotypus zu berufen, ersetzte SCHLOSSER (1889) den Artnamen *intermedius* durch *ulmensis*. Nachdem er Gelegenheit hatte, das PLIENINGERsche Original zu studieren, erklärte er es „für eine angenehme Pflicht, dem Speziesnamen *Eseri* zur Priorität zu verhelfen". SCHLOSSER verwechselte also *intermedius* mit *eseri*. Aus dem Objekt (Brüxer Braunkohle), das er mit diesem Namen belegte, geht unmißverständlich hervor, daß allenfalls mit dem Holotypus von *intermedius* — aber auf gar keinen Fall mit *eseri* PLIENINGER! — eine gewisse Übereinstimmung besteht. Dieser Lapsus hatte insofern unangenehme Folgen, als VIRET (1929b, S. 117ff.) im Vertrauen auf die Autorität SCHLOSSERs weitere Dokumente auf diesen falschen „*eseri*" bezog.

Auch über die Identität von *intermedius* und *crassidens* war SCHLOSSER im unklaren. Hatte er sich noch 1889 — mit Recht — gegen die von FILHOL vertretene Ansicht gewendet, *crassidens* und *major* seien weitgehend dasselbe, so äußerte er später, daß *crassidens* und *intermedius* mit *giganteus* zu vereinigen seien. 1910 (S. 233) brachte er wiederum zum Ausdruck, daß er sie für verschiedene Arten hielte. — Spätere Autoren haben sich zu dieser Frage m. W. nicht geäußert.

Nachdem nunmehr Klarheit darüber besteht, daß „*A. intermedius* H. v. MEYER" ein verfügbarer Name im Sinne der Nomenklaturregeln ist, muß zunächst die Synonymie mit dem Namen *A. crassidens* POMEL sichergestellt werden. Das ist insofern schwierig, als *intermedius* auf einem M^1, *crassidens* aber auf einem M_1 basiert. VIRET (1929b, Taf 3, Fig 3) hat die bisher einzigen Oberkieferzähne von *crassidens* vorlegen können: M^1 und P^4 in situ. Ihre Zugehörigkeit zu den mehrfach dokumentierten Unterkieferzähnen kann schon allein deswegen kaum bezweifelt werden, weil es im Phryganidenkalk bisher keine anderen gibt, mit denen sie verwechselt werden könnten. Um jeden Irrtum auszuschließen, habe ich das Original von *intermedius* gesucht (und in Basel gefunden), um es mit M^1 von *crassidens* zu vergleichen. (Das Original von *crassidens* ist verschollen. Einen Abguß fand ich in Marseille). Nun bin ich sicher, daß beide Dokumente die gleiche Art verkörpern. Da *A. intermedius* H. v. MEYER 1849 die Priorität gebührt gegenüber *A. crassidens* POMEL 1853, wird der letztere Name jüngeres Synonym.

Nachdem ich den Eindruck gewonnen hatte, *crassidens* müsse zum Genus *Pseudocyon* gehören — was VIRET (1929b, S. 103) entgegen der Vermutung MAYETs nachdrücklich in Abrede stellte — war der Nachweis zu erbringen, daß er nur zwei Incisiven besitzt. An keinem Unterkiefer war dies möglich. Indessen versprach jenes Calvarium Aussicht auf Erfolg, das schon VIRET (1929b, Abb. 15) abgebildet hat. Eine 2—3 mm dicke Kalkkruste verdeckte alle Einzelheiten. Nachdem sie — dank freundlicher Erlaubnis von Herrn Prof. LEHMAN, Paris — entfernt war, zeigte sich einwandfrei, daß nur zwei Incisiven-Alveolen vorhanden sind (Abb. 76). Damit ist die Zugehörigkeit von *intermedius* zum Genus *Pseudocyon* gesichert.

Beschreibung des Holotypus (M^1 dext.)

Grundriß gerundet-dreieckig, Vorderseite fast gerade, Hinterseite etwas konkav. Transversalfurche zwischen den Außenhügeln kurz hinter der Mitte gelegen. Sie läßt darauf schließen, daß der abgebrochene Metaconus nicht viel weniger Raum einnimmt als der Paraconus. Protocon unscharf, wenig höher als das Innencingulum. Ein Protoconulus ist nicht erkennbar, da hier eine Facette liegt. Vom zweihügeligen Metaconulus ist die buccalwärts liegende Erhebung überwiegend abgeschliffen. Das innere Basalband hat bedeutende Breite. Die Trennfurche zwischen ihm und dem Protoconus wird in der Mitte durch einen Sporn unterbrochen. Sie ist hinten breiter und schärfer als vorn. Auf der Vorderseite verbindet sich das Cingulum direkt mit dem ebenfalls kräftigen Außencingulum. Vor dem Paracon schwillt es beulenartig an. Die Horizontalfacette dieses Hügels fällt nach hinten ein wenig ab. Zwei Vertikalfacetten bedecken seine vordere und hintere Innenflanke. Von den — insgesamt wohl drei getrennten — Wurzeln lassen sich infolge des anhaftenden Gesteins nur zwei erkennen.

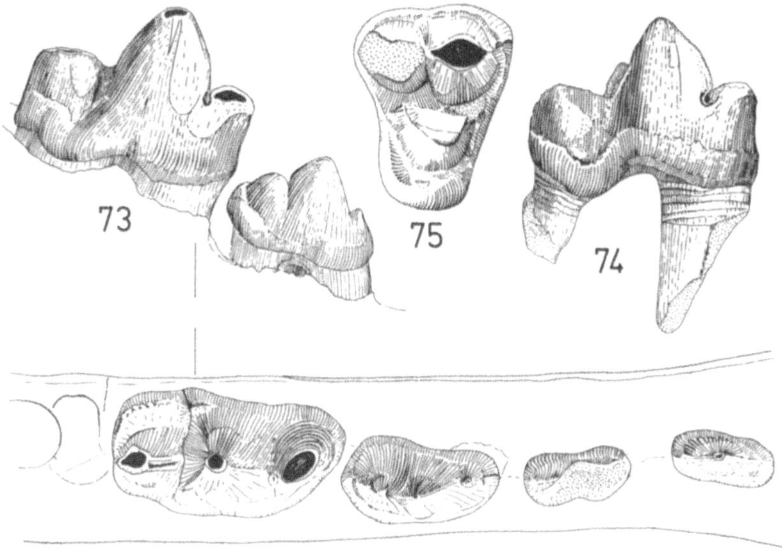

Abb. 73—75. *Pseudocyon sansaniensis intermedius* (H. v. MEYER). — Abb. 73: Li. UK-Fragment (spiegelbildlicher Ausschnitt) mit P_3—M_1 und Alv. M_2 von Langy, im Mus. Paris. Außenseite von P_4—M_1, Aufsicht auf UK. — Abb. 74: M_1 dext. von Langy im Mus. Lyon, Nr. 800 Ter. St. G., Holotypus des „*Amphicyon crassidens* POMEL", Original zu GERVAIS (1848—1852, Taf. 28, Fign. 12, 12a) und VIRET (1929, Taf. III, Fign. 4a, b). — Abb. 75: M^1 dext. aus dem Süßwasserkalk des Michelsberges bei Ulm, Mus. Stuttgart Nr. 4568, Holotypus des „*Amphicyon intermedius* H. v. MEYER", Original zu PLIENINGER (1850, Taf. 1, Fig. 8) und JÄGER (1850, Taf. 72, Fign. 22—23). — Alle 1:1.

Diskussion: Am M^1 sin. von Lagny (VIRET, 1929b, S. 104, Taf. 3, Fig. 3, Abguß von P^4—M^1) sind beide Außenhügel erhalten. Während der Paraconus eine kräftige, ebenfalls nach hinten abfallende Spitzenusur trägt, weist der Metaconus nur geringe Abtragungsspuren auf. Von außen gesehen sind deshalb beide etwa gleich hoch. (Es wäre denkbar, daß der Metaconus leicht zum Splittern neigt, wenn er unter plötzlichen Kaudruck gerät. So wäre vielleicht der Defekt am Holotypus zu erklären.) Die Trennfurche zwischen den Außenhügeln erweist sich als relativ breit. Der Protoconus ist auch hier unscharf und sogar etwas niedriger als das Innencingulum. Ein Protoconulus läßt sich ebenso wenig nachweisen wie am Holotypus, dagegen blieb der langgestreckte Metaconulus soweit erhalten, daß eine schwache Gliederung in einen kurzen vorderen und einen längeren hinteren Abschnitt erkennbar wird. Die Aufbeulung des Basalbandes vor dem Paracon stimmt mit dem Holotypus überein. Die bemerkenswerteste Abweichung besteht in der etwas geringeren Konkavität des hinteren Umrisses. Sonst stimmt dieser M^1 mit dem Holotypus so ausgezeichnet überein, daß die spezifische Identität nicht in Zweifel gezogen werden kann.

P^4 des gleichen Kieferfragments ist am Vorderende beschädigt. Durch starke Verjüngung im hinteren Abschnitt wirkt der Umriß betont triangulär. Das vordere Inneneck war offenbar mit einem individualisierten Höckerchen besetzt. Eine Kante, die vom Haupthügel gegen das vordere Außeneck vorspringt, mündet in eine Erhebung des Cingulums ein. Wegen der minderen Qualität des Abgusses läßt sich die Gestalt des Basalbandes nicht sicher beurteilen.

Einen M^3 sin. erwähnte SCHLOSSER (1889, S. 70, Fig. 54) aus H. v. MEYERs Manuskript mit folgender Charakteristik: „Der obere M ist offenbar der letzte im Kiefer. Für einen M3 erscheint er jedoch etwas zu groß; außerdem besitzt er jedenfalls zwei Außenhöcker, von denen der zweite allerdings durch allerlei Wülste verdeckt wird. Die Wurzeln waren nach der Zeichnung H. v. MEYERs ziemlich innig verschmolzen, Lg. = 13 mm, Br. = 20 mm." Die Bestimmung lautete auf *Amphicyon crassidens*, Fundort: Weisenau. — Das anschließend zu besprechende Dokument wird zeigen, daß dieser Zahn für einen M^3 keineswegs zu groß, für einen M^2 hingegen entschieden zu klein ist. Trotz aller Unstetigkeit, die letzten Molaren wesensgemäß ist, bezeugt der M^3 von Weisenau unübersehbare *Pseudocyon*-Merkmale.

Das schon erwähnte Calvarium der Collection DE LAUNAY (Abb. 76) ermöglicht wenigstens eine gewisse Vorstellung von jenen Zähnen des Oberkiefers, die anderweitig nicht belegt sind. Von den beiden Incisiven-Alveolen besitzt die äußere eine Breite, die größer ist als die halbe Breite des Caninus. Die innere entspricht etwa einem Drittel. Zwischen dem inneren I und der sutura incisiva liegt ein 6 mm breites Diastem. Beide I stehen in engem Kontakt. (Es erscheint deshalb zumindest fraglich, ob man GINSBURGs Deutung der unteren I von *s. sansaniensis* als I_1 und I_3 so ohne weiteres auf den Oberkiefer übertragen kann, denn soweit heute ein Urteil möglich ist, stehen die unteren I von Amphicyoniden niemals in einer Reihe. Der mittlere ist immer herausgedrängt und dürfte deshalb am ehesten der Reduktion zum Opfer fallen. Im Oberkiefer bilden die I jedoch immer eine geschlossene Front.) Nach den Alveolen scheinen die Längsdurchmesser der oberen Eckzähne in sehr spitzem Winkel nach vorn zu konvergieren. Das Diastem

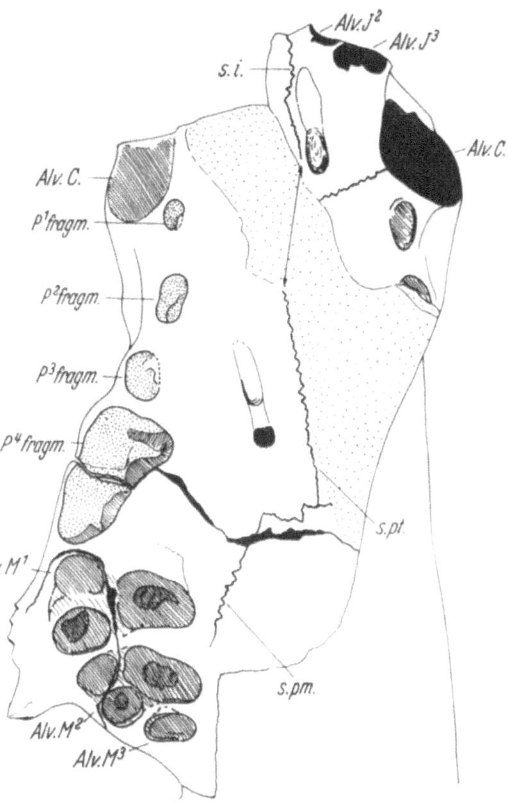

Abb. 76. *Pseudocyon sansaniensis intermedius* (H. v. MEYER). — Schnauzen-Fragment von Langy (Coll. DE LAUNAY, Mus. Paris). Original zu VIRET (1929, Fig. 15). Das Stuck zeigt deutlich, daß nur 2 I-Alveolen in einer Kieferhälfte vorhanden sind. — s. i. = sutura incisiva, s. pt. = sutura palatina, s. pm. = sutura palatomaxillaris. Alveolen der linken Frontzahne schwarz gezeichnet. — 1 : 2.

zwischen I^3 und C sup. mißt 6,5 mm. Da es bei Okklusion den C inf. aufzunehmen hat, wirkt es unverhältnismäßig klein. — Die Prämolaren stehen lückig und gewinnen in distaler Richtung an Größe. P^4 bestätigt selbst in fragmentärer Erhaltung das weiter oben entworfene Bild. — Von den ausgefallenen Molaren lassen sich immerhin die Alveolen-Umrisse mit hinreichender Deutlichkeit erkennen. Danach sind M^1 und M^2 dreiwurzelig, M^3 einwurzelig. Ob sich, wie anzunehmen ist, die kompakte Wurzel des M^3 in der Tiefe spaltet, war nicht zu ermitteln. Von Wichtigkeit ist die Tatsache, daß M^2 seinem Vorgänger an Größe kaum nachsteht und daß er ein abgestumpftes, hinteres Außeneck besitzt. Ich ziehe daraus den Schluß, daß der phylogenetisch bedingte Fortschritt auf dem Wege von *Ps. s. intermedius* bis zu *s. sansaniensis* keine wesentliche Verschiebung der Größenrelation im Gefolge hatte. Als Modell darf man etwa an den weiter unten beschriebenen M^2 der helvetischen Unterart denken. — Am Rande ergab die Präparation des Calvariums einige interessante Details über die Beschaffenheit der Gaumenpartie. Sie sind aus Abb. 76 ersichtlich und demonstrieren nicht ganz unbeträchtliche Unterschiede gegenüber dem (aus Materialgründen) einzig vergleichbaren *Amphicyon*-Vertreter, *A. lemanensis*. Überraschende Ähnlichkeit ergibt sich zu „*Ps. gerandianus* VIRET", den ich auf Grund seiner Bezahnung aus diesem Genus glaubte ausschließen zu müssen.

Da VIRET die Unterkiefer-Dentition gebührend behandelt hat, kann ich auf beschreibende Einzelheiten verzichten. — Bemerkt sei, daß keines der bekannten Dokumente gestattete, die Annahme von nur zwei I auch im Unterkiefer unmittelbar zu erhärten. Jedoch lassen die C inf. bereits eine deutliche Rotation erkennen (Konvergieren der Längsdurchmesser nach rückwärts) und liefern dadurch einen mittelbaren Hinweis. Wahrscheinlich waren die I jedoch schmächtiger als beim Holotypus des *Ps. s. sansaniensis*. Dafür erweisen sich die C als relativ bedeutend kräftiger. — P_4 liefert ein sehr auffälliges *Pseudocyon*-Merkmal durch seinen prägnanten vorderen Basalzacken. Außerdem steht er anscheinend immer dicht aufgeschlossen auf M_1, manchmal sogar in seitlicher Überlappung. Auch die übrigen P lassen sich gut von *Amphicyon* durch ihren etwas 8-förmig eingeschnürten Umriß unterscheiden. — Für M_1 ist besonders das Profil des Vorderrandes charakteristisch: Hoch und gerade bis leicht konkav. (Vgl. Abb. 74.) Seine größte Breite liegt in der Regel am Ende des Trigonides vor dem Quertal. Hier beschreibt das Basalband auf der Außenseite einen Bogen, der, tiefer absteigend als gewöhnlich, mit der schrägeren Abkauung in Zusammenhang steht. — M_2 galt bisher immer als das charakteristischste Element des Unterkiefers bei Überweisungen an das Genus *Pseudocyon*. Doch ist Vorsicht insofern geboten, als recht ähnliche Formtypen auch bei anderen Gattungen auftreten können. Durch sehr deutliche Abstumpfung des hinteren Innenecks entfernt sich M_2 am meisten vom gewöhnlich rechteckigen Homologon des *Amphicyon*. Bei fortschreitender Usur legt der Protoconus auf der Außenseite eine steilstehende Facette an, die *A. major* z.B. fehlt. — M_3 ist bisher unbekannt. Seine Alveolen weisen am Unterkiefer von Lagny (Coll. DE LAUNAY) Größenunterschiede auf (links größer als rechts). Vielleicht geht M_3 frühzeitig verloren. Jedenfalls findet sich an einer Lyoner Mandibel (Mus., Nr. St. G. 800 bis) keine Spur mehr von diesem Molaren.

Maße in mm:

Linke Mandibel (Coll. DE LAUNAY, Mus. Paris): Alv. $P_1 = 7 \times 5,5$; $P_2 = 12,5 \times 6,5$; $P_3 = 14 \times 7$; $P_4 = 20 \times 11$; $M_1 = 29 \times 16,5$; Alv. $M_2 = 18 \times 11,5$; Alv. $M_3 = 13 \times 7,5$; Diastemlänge: P_1—$P_2 = 3$; P_2—$P_3 = 7$; P_3—$P_4 = 4$; Länge der Zahnreihe P_1—M_3 Alv. $= 128$; Kieferhöhe unter $P_1 = 43$, unter $M_1 = 52$.

Rechter Oberkiefer (Coll. DE LAUNAY, Mus. Paris): Alv. $I^2 = 9,7 \times 7$; Alv. $I^3 = 16,5 \times 13$; Alv. C sup. $= 27 \times 21$; Alv. $P^1 = 7,5 \times$ ca. 5,5; Alv. $P^2 = 12 \times 6$; Alv. $P^3 = 15 \times 8,5$; $P^4 = 29 \times$ ca. 18,5; Alv. $M^1 = 21,5 \times 30$; Alv. $M^2 = 16 \times 24$; Alv. $M^3 = 7 \times 12,5$. (Alle Alveolenmaße nur näherungsweise.) Diastemlänge: I^3—$C = 6,5$; C—$P^1 = 3,5$; P^1—$P^2 = 9$; P^2—$P^3 = 5$; P^3—$P^4 = 3$. Halbe Schnauzenbreite (sutura incisiva — Außenrand C) $= 35$.

Mandibel (Mus. Lyon, Nr. St. G. 800 bis), Zahnlängen: Alv. $C = 30$; Alv. $P_1 = 8,5$; $P_3 = +12$; $P_4 = +19,5$; $M_1 = +31,5$; $M_2 = +16$. Kieferhöhe unter $P_4 = 50$; Kieferbreite unter $M_1 = 28,5$.

M_1 dext. (Mus. Lyon, Nr. 800 Ter St. G.) $= 31,1 \times 16$.

C inf. sin. (Mus. Lyon, Nr. St. G. 797), größter Dm: $31,5 \times 22,5$.

P^4—M^1 dext. (Abguß, nach VIRET, 1929b). $P^4 = 28$—29×16; $M^1 = 21 \times 28$.

M^1 dext. (Holotypus) $= 22 \times 27,3$.

Pseudocyon sansaniensis aff. *sansaniensis* LARTET 1851

(Form des Burdigaliums)

Abb. 77

pars v 1934 *Amphicyon* aff. *steinheimensis* FRAAS. — ROMAN & VIRET, Mamm. du Burdigalien, S. 13ff, Taf. I, Fign. 4, 4a (Mandib. dext.), non Fign. 5 u. 6.

v 1937 aff. *Pseudocyon sansaniensis* LARTET. — DEHM, Tert. Spaltenfüll., S. 358.

v 1950 aff. *Pseudocyon sansaniensis* LARTET. — DEHM, Wintershof-West, Abb. 57 (M^3 sin. nec M^2).

Die von ROMAN & VIRET aus dem Jüngeren Burdigalium von La Romieu auf *A.* aff. *steinheimensis* bezogene Mandibel repräsentiert ohne Zweifel einen echten *Pseudocyon*, der in seinen Merkmalen ganz auffällig zwischen *s. intermedius* und *s. sansaniensis* steht. Allein die Tatsache der unbekannten oberen Molaren hält mich davon ab, diese Übergangsform mit eigenem Namen zu versehen.

ROMAN VIRET haben sich ausdrücklich gegen die Möglichkeit verwahrt (S. 15), daß die Mandibel zu „*crassidens*" gehören könnte, in unserem Sinne also ein *Pseudocyon* sei. Zwar erreiche M_1 schon die Länge von „*crassidens*", doch bliebe eine Konfusion des-

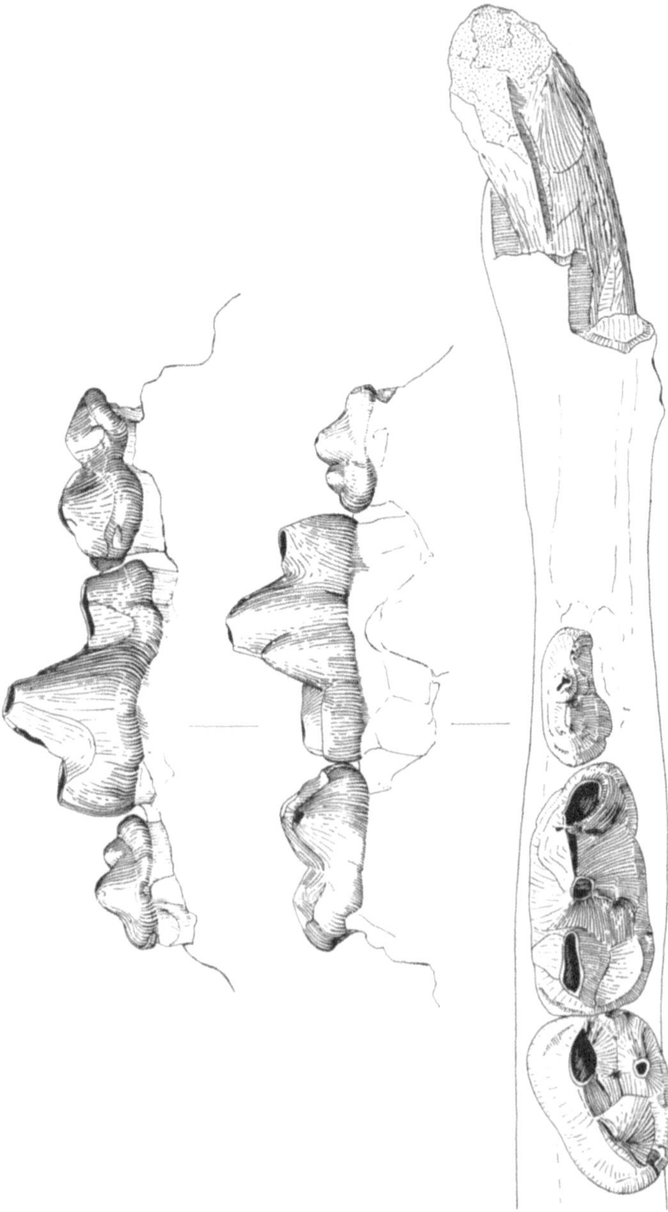

Abb. 77. *Pseudocyon sansaniensis* aff. *sansaniensis* LARTET aus dem Burdigalium von Chilleurs-aux-Bois, (Mus. Basel, S. O. 6531). — Li. UK-Fragment mit C und P_4—M_2, Außenseite, Innenseite, Aufsicht. — 1:1.

halb ausgeschlossen, weil M_1 der aquitanen Form massiver sei und ein mehr zurückgesetztes, von der Außenseite sichtbares Metaconid besitze. Auch seien die Prämolaren viel weniger reduziert.

Aber genau die erwähnten Kriterien sind es, welche den Übergangscharakter der Mandibel von La Romieu ausmachen. Der Vergleich des jüngeren *s. sansaniensis* mit dem älteren *intermedius* überzeugt leicht davon, daß ein burdigaler *Pseudocyon* eigentlich gar nicht anders aussehen kann, weil bei der helvetischen Form die genannten Merkmale orthogenetisch weiter entwickelt worden sind.

Da *A. steinheimensis* eine sehr evoluierte Art darstellt, steht er dem Caniden von La Romieu in jeder Hinsicht viel ferner als jeder beliebige *Pseudocyon*. Freilich urteilten die französischen Kollegen aus einer anderen Perspektive. Für ROMAN mag der 1922 fälschlich als *Ps. sansaniensis* (mutation de petite taille) gedeutete Carnivore von Pont-Pourquet als *Pseudocyon*-Vorbild gegolten haben, während die Vorstellung VIRETs wohl durch seinen „*Ps. gerandianus*" bestimmt gewesen sein mag.

Am augenfälligsten läßt P_4 der in Rede stehenden Mandibel auf *Pseudocyon*-Zugehörigkeit schließen: Gerundeter Haupthügel, voluminöser Hinterzacken und vor allem der typische Vorderzacken. Aber auch M_1 ist unverkennbar: Steiler, etwas konkaver Vorderrand, gerundetes Protoconid, niederes Hypoconid, absteigender Bogen des Schmelzrandes auf der Talonid-Außenseite und betont vertikale Usur. P_4 und M_1 stehen sehr eng aneinander, ihre Außenseiten bilden eine Front. Die Prämolaren-Reste lassen auf einen Rekuktionsgrad dieser Zähne schließen, der genau in der Mitte zwischen *intermedius* und *sansaniensis* liegt.

ROMAN & VIRET wiesen darauf hin, daß M_1 von „*crassidens*" massiger sei als das Homologon von La Romieu. Zwar ist diese Tatsache nicht zu leugnen, doch ist sie rein entwicklungsgeschichtlich bedingt und deshalb kein Argument gegen unsere Auffassung — im Gegenteil. Denn von *Ps. s. intermedius* bis zu *s. sansaniensis* ergibt sich eine kontinuierliche Verschmälerung des M_1:

Aquitanium: *Ps. s. intermedius* $= 29 \times 16{,}5$ mm
Burdigalium: *Ps. s. aff. sansan.* $= 30 \times 15$ mm (La Romieu)
Helvetium: *Ps. s. sansaniensis* $= 30 \times 13{,}5$ mm (Holotypus)

Die Bemerkung der beiden Autoren, der Raum für die Incisiven müsse an der Mandibel von La Romieu wegen des dünnen Knochenblech-Restes zwischen Alveole C und Symphyse ziemlich klein gewesen sein (um 8 mm), könnte leicht den Verdacht erregen, daß eben doch kein *Pseudocyon* vorliegt. Nun bricht das Knochenblech zwischen Symphyse und Caninus natürlich in der Regel an der dünnsten Stelle. Da aber *Pseudocyon* für seine I durch Auswärtsdrehung der Eckzähne Platz schafft, ist nicht die Dicke des Knochenblechs entscheidend für Größe und Gestalt der Schneidezähne.

DEHM (1950, Abb. 57) bildete einen angeblichen M^2 von Wintershof-West unter der Bestimmung als aff. *Pseudocyon sansaniensis* LARTET ab, über dessen Deutung hinsichtlich seiner Position ich schon früher Bedenken geäußert habe (KUSS 1962b). Nachdem ich jetzt einen unbedenklichen M^2 von *sansaniensis* kenne (vgl. S. 125), kann ich mit Bestimmtheit sagen, daß der Wintershofer Molar ein M^3 ist.

Das Museum Basel bewahrt unter der Nummer S. O. 6531 einen schlecht erhaltenen Mandibelast aus dem Jungburdigal von Chilleurs-aux-Bois, dessen *Pseudocyon*-Zugehörigkeit allein schon aus der schrägen Stellung seines Caninus hervorgeht (Abb. 77). Die vorderen Prämolaren fehlen. P_4, am Innenrand leicht beschädigt, hat typische Gestalt. M_1 weicht von der Norm etwas ab durch einen leicht konvexen Vorderhang. M_2 erinnert eindringlich an sein Homologon von *Arctamphicyon t. tolosanus* der Lokalität Paulhiac. Im Verhältnis zu M_1 ist M_2 auch ungewöhnlich groß (Lg. M_2 : Lg. M_1 = 0,714). Für die absolute Größe ergeben sich gegenüber dem Dokument von La Romieu ähnliche Schwankungen, wie sie im Helvet zu beobachten sind. In der recht bedeutenden Kieferhöhe (= 60 mm unter M_1) darf man wohl nicht mehr als den Ausdruck individueller Variation sehen.

Maße in mm:

Mand. dext. (Fac. Lyon Nr. 1781): Lg. Alv. P_2 = 9,5; Lg. Alv. P_3 = 13; Lg. P_4 = 18,2; M_1 = 30 × 15. Länge der Diasteme: C—P_2 = ca. 27; P_2—P_3 = 12,8; P_3—P_4 = 10.

M^3 (München Nr. 12881): 11,3 × 16,4.

Mand. sin. (Mus. Basel Nr. S.O. 6531): C = 27,5 × ca. 15 Dm; P_4 = 18,2 × 7; M_1 = 35 × 17,2; M_2 = 25 × 18,7; P_3—M_2 = 75,8; Lg. Hinterrand C—Vorderrand P_3 = ca. 57; Kieferhöhe unter M_1 = 60.

Pseudocyon sansaniensis sansaniensis LARTET 1851

(Form des Helvetiums)

Abb. 78—80

* 1851 *Pseudocyon sansaniensis.* — LARTET, Notice, S. 16.

v 1891 *Pseudocyon sansaniensis* (LART.). — FILHOL, Mamm. foss., S. 153ff, Taf. X, Fign. 1—3 (Mand. dext., seitenverkehrt).

? 1899 *Amphicyon major.* — SCHLOSSER, Bären, S. 124, Taf. XIV, Fig. 27 (M_2 u. M^2).
non 1901 „vermuthlich *Pseudocyon sansaniensis*". — SCHLOSSER, Säugethierfauna, S. 63.
non v 1908 *Pseudocyon sansaniensis* LARTET. — BACH, Üb. *Ps. sansaniensis*, S. 299ff.
non 1922 „*Pseudocyon sansaniensis*, mutation de petite taille". — ROMAN, Sur quelques Mamm., S. 233, Taf. I, Fign. 1, 1a, 1b.
? 1925 *Amphicyon* spec., taille de l'*Amphicyon aurelianensis* MAYET. — STEHLIN & HELBING, Catalogue, S. 35/36, Abb. 4 (M^2 sin.).
1926 *Amphicyon minor.* — FRICK, Hemicyoninae, S. 51.
non 1929 *Pseudocyon sansaniensis* ? LARTET. — VIRET, *Tomocyon grivensis*, S. 223, Abb. 1.
non v 1929 *Pseudocyon sansaniensis* LARTET. — HELBING, Steinheim, S. 180—184, Abb. 1—3.
non 1944 *Pseudocyon sansaniensis* LARTET. — VILLALTA & CRUSAFONT, Nuovos carnivoros, S. 7, Abb. 1.
? v 1950 *Amphicyon major* BLAINVILLE. — ZAPFE, Neudorf, S. 123 (C inf.).
v 1961 *Pseudocyon sansaniensis* LARTET. — GINSBURG, Carnivores, S. 45ff, Abb. 19 (C inf.), Taf. V, Fign. 1a—c (Mand. dext.), Fig. 2 (C sup.), Fig. 3 (M^3 nec M^2).

Diagnose: Nominat-Unterart von *Ps. sansaniensis* LARTET. — Winkel zwischen Symphyse und Längsachse des Durchmessers von C inf. etwa 45 Grad. P soweit reduziert, daß sich Vorder- und Hinterwurzel von P_2 und P_3 fast berühren; Lg. des P_4 teilweise schon bis auf 50% der M_1-Länge verkürzt. M^1 und M^2 (soweit bekannt) noch ohne Wurzelverschmelzung.

? Holotypus: Rechte Mandibel mit 2 fragm. I, C fragm., Wurzelresten von P_1—P_3, P_4—M_2 und Alv. M_3. — Abbildungen bei FILHOL (1891, Taf. X, Fign. 1—3, seitenverkehrt), GINSBURG (1961, Taf. V, Fig. 1a—c) und hier Abb. 78 — Museum Paris Nr. 207. — Ob dieses Stück tatsächlich als Holotypus zu werten ist, läßt sich nicht mehr genau ermitteln (vgl. S. 106).

Locus typicus: Sansan (Gers.)

Stratum typicum: Jüngeres Helvetium (nach GINSBURG 1961).

Neue Belege:

Aus der Sammlung E. LARTET im Museum Toulouse kann ich drei höchst interessante Dokumente vorlegen, die unsere Kenntnis über *Ps. s. sansaniensis* in wesentlichen Punkten vertiefen und erweitern. Es handelt sich um einen linken Unterkieferast sowie um M^1 fragm. und M^2 von Ponsan-Soubiran. Diese Stücke hat E. LARTET handschriftlich als „*Pseudocyon* sp." signiert und damit auf indirekte Weise kundgetan, was er unter diesem Gattungsnamen verstanden wissen wollte. Wenn er sich im vorliegenden Fall zu keiner Artbestimmung entschließen konnte, so offensichtlich deswegen, weil diese Mandibel größer ist als der Typus von Sansan. Sie erfüllt damit nicht jene spärliche Bedingung, die LARTET an *sansaniensis* geknüpft hatte: „Größer als *Hemicyon* (von Sansan, Verf.) und kleiner als *Amphicyon major*". — Der Fundort Ponsan-Soubiran (canton de Masseube) wurde von RICHARD (1948) in das «Helvétien supérieur (niveau de Simorre)» gestellt und dürfte somit Sansan chronologisch ziemlich genau entsprechen.

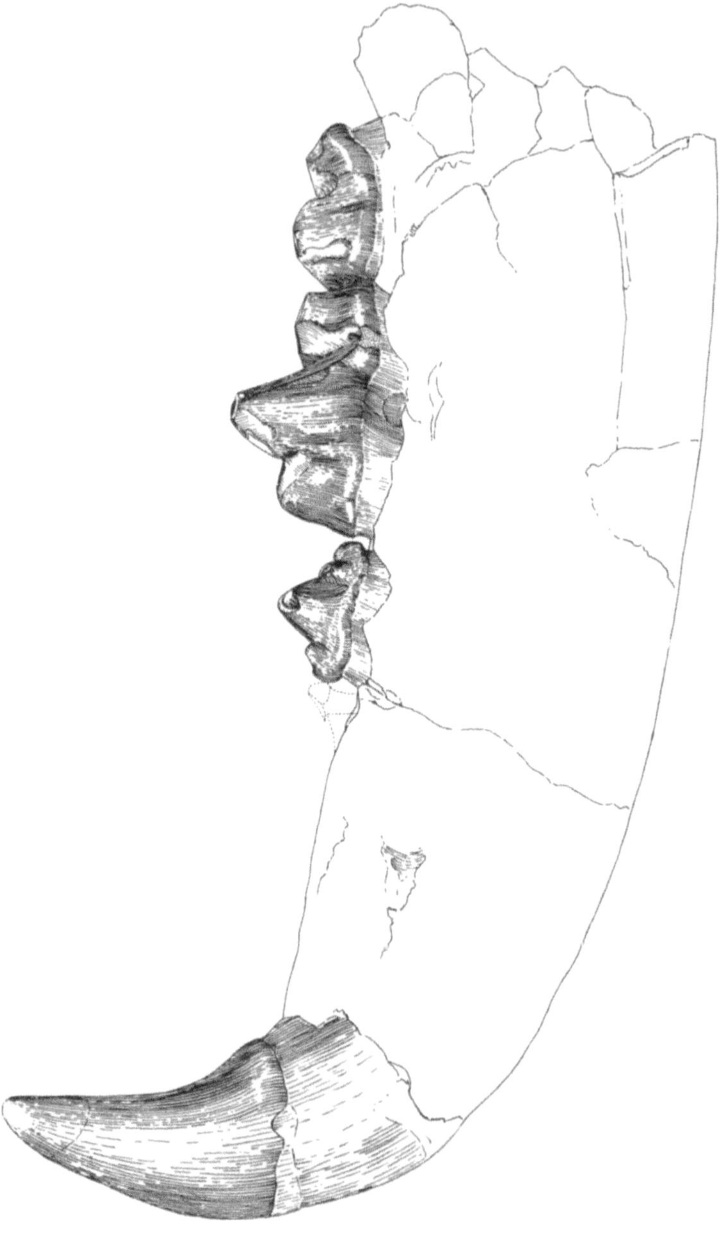

Abb. 78. *Pseudocyon sansaniens's sansaniensis* LARTET von Ponsan-Soubiran. Mus. Toulouse, Coll. E. LARTET. Außenseite des li. UK-Astes mit C und P_4—M_2. Region der vorderen Prämolaren wegen schlechter Restauration nicht repräsentativ. — 1:1.

In Abb. 78—79 stelle ich den **Unterkiefer** vor. Den Umrissen des Knochens darf keine Bedeutung beigemessen werden, weil große Teile durch Füllmasse ergänzt sind. Abgesehen davon, besteht — bis auf die bedeutendere Größe — eine so weitgehende Übereinstimmung mit dem Typus, daß man ihre Zugehörigkeit zum gleichen Taxon kaum wird bezweifeln wollen. Im Sinne GINSBURGs könnte man das Stück als männlichen Repräsentanten auffassen. Die einzig bemerkenswerte Abweichung liegt begründet in dem altertümlicheren Verhältnis von Länge P_4:Länge M_1, das sich noch den Werten der burdigalen Art-Vertreter annähert.

Erhaltung, Größe und individuelles Alter machen es mehr als wahrscheinlich, daß die beiden oberen Molaren vom selben Tier herstammen wie die Mandibel.

Dem **M^1 dext.** fragm. (Abb. 79) fehlt bedauerlicherweise der so wichtige Innenlappen mit dem Protoconus. Alle drei (mit Sicherheit vollkommen getrennten) Wurzeln sind abgebrochen. — Obwohl die beiden Außenhöcker sich in der Breite ihrer Basis nicht wesentlich unterscheiden, ist der vordere doch beträchtlich höher. Beide zeigen an der Spitze eine ziemlich gleich große Usur. Am Metacon steht sie waagerecht, am Paracon fällt sie nach hinten gegen das Quertal ab. Vor dem Paracon steht eine auffällige Verdickung des Basalbandes. Dieses Gebılde scheint die Funktion eines Polsters gegen P^4 zu besitzen, denn es wird von einer kräftigen Kontaktusur gezeichnet. Die ursprüngliche Existenz von Zwischenhöckern kann nur vermutet werden, da diese Bereiche und zugleich auch die interne Trigonid-Grube ungewöhnlich stark abgeschliffen sind. Steile Facetten finden sich sowohl auf dem nach vorn als auch nach hinten gerichteten Teil des inneren Paraconid-Abhanges . Der Metacon trägt nur die hintere Facette. An der Außenseite läßt sich ein gut entwickeltes Basalband erkennen.

M^2 dext. (Abb. 79) sichert zunächst die Tatsache, daß dieser Molar seinem vorderen Nachbarn größenmäßig nicht viel nachsteht. (Dasselbe ergab sich schon für *Ps. s. intermedius*). Der Umriß ist unregelmäßig oval und betont das vordere Außeneck. Der Hinterrand beschreibt einen schwach konkaven, der Vorderrand einen entsprechenden konvexen Bogen. Dadurch erhält der Innenlappen eine leichte, nach rückwärts gerichtete Umbiegung. Die Außenhügel sind niedriger als am M^1, jedoch in gleicher Art und Weise usiert. Der Paracon erscheint bedeutend voluminöser als der Metacon und hängt außerdem ein wenig nach innen über. Eine Aufbeulung des Basalbandes, am M^1 direkt vor dem Paracon gelegen, ist hier mehr auf die Außenseite gerückt. Durch schwaches Relief zeichnet sich der innere Halbmond aus. Seine Spitze steht fast genau in der Mitte, eher ein wenig nach hinten verschoben. Proto- und Metaconulus besitzen Individualität, sind aber ebenfalls schon angekaut. Zwischen Protocon und Innencingulum liegt eine weite, seichte Furche, die den gesamten Halbmond umgreift. Drei vollständig erhaltene und getrennte Wurzeln. — Es fällt auf, daß am M^2 die Zwischenhügel von der Abtragung eher ergriffen werden als der Protoconus, obgleich sie ja tiefer liegen als jener. Das hängt offensichtlich mit der Entoconid-Reduktion der unteren Molaren zusammen und kann bei geeignetem Abkauungsstadium wertvolle Identitätsmerkmale liefern.

Mit diesen beiden Backenzähnen sind endlich auch die wichtigsten Zahn-Elemente des Oberkiefers von *Pseudocyon* eindeutıg belegt. Es ist höchst erfreulich, daß die (rein theoretische) Vorstellung vom Aussehen des M^2 bei mehreren Autoren (HELBING 1929a, DEHM 1950, GINSBURG 1961) doch zu annähernd richtigen Ergebnissen geführt hat.

Diskussion: GINSBURG (1961) konnte an Hand des Typus nachweisen, daß *Ps. sansaniensis* im Gegensatz zu den Ausführungen FILHOLs wahrscheinlich nur zwei Incisiven im Unterkiefer besitzt. Abgesehen davon, daß diese Incisiven-Zahl für Amphicyoniden

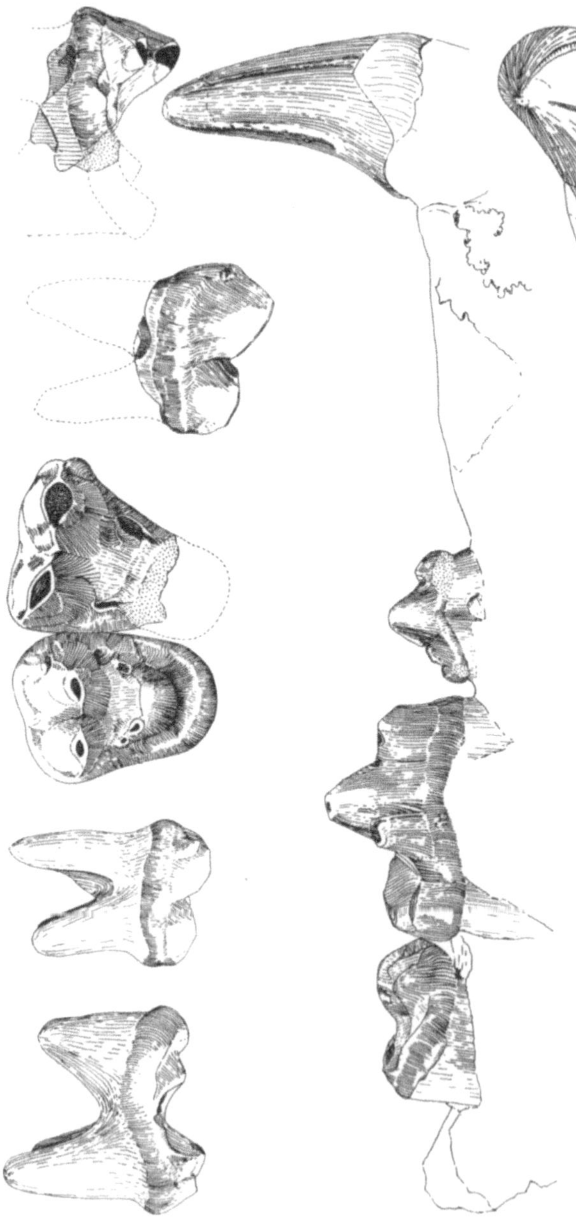

Abb. 79. *Pseudocyon sansaniensis sansaniensis* LARTET von Ponsan-Soubiran (vgl. auch Abb. 78). Mus. Toulouse, Coll. E. LARTET. — Obere Reihe von li. nach re.: Vorderseite des M^2 dext., Außenseite des M^2, M^2 und M^1-fragm., Außenseite des M^1, Hinterseite des M^1. — Mitte: Innenseite des li. UK. — Unten: Aufsicht auf UK. — Alle Zahne stammen vom gleichen Individuum. — Etwas verkleinert.

ungewöhnlich ist, schien mir eine definitive Entscheidung darüber im vorliegenden Zustand des Objekts nicht so ohne weiteres möglich. Um sicher zu gehen, wurden die betreffenden Wurzelstümpfe im Museum Paris etwas angeschliffen. Das Ergebnis sprach eindeutig für die Richtigkeit von GINSBURGs Vermutung. — Wieviel Incisiven *Ps. s. sansaniensis* im Oberkiefer besitzt, war in Ermangelung geeigneten Materials nicht zu ermitteln. Da sich aber für den älteren *Ps. s. intermedius* der sichere Nachweis von nur zwei I im Oberkiefer erbringen ließ, wird man dasselbe mit guten Gründen auch für *sansaniensis* annehmen dürfen. — Durch die erst jetzt aufgedeckte Unterscheidung in der Zahnformel erhalten auch die morphologischen Merkmale von *Pseudocyon* ein größeres Gewicht, um so mehr, als sie sich bei aller Variabilität im Prinzip doch überraschend genau wiederholen.

Im Vergleich zu anderen Artvertretern erweist sich der Typus als kleines Individuum. Die Größenschwankung umfaßt etwa denselben Bereich, wie GINSBURG ihn auch für *Amphicyon major* festlegen konnte. Bei diesem hat GINSBURG die kleinen Exemplare als ♀♀, die großen als ♂♂ gedeutet. Unter diesem Aspekt würde der Typus von *Ps. s. sansaniensis* als ♀, der oben beschriebene Fund von Ponsan-Soubiran als ♂ zu gelten haben.

Neben dem Typus FILHOLs hat GINSBURG (1961, S. 48, Taf. V, Fig. 3) einen angeblichen M^2 sin. publiziert. Außer einer etwas bedeutenderen Größe ist die Übereinstimmung dieses Zahns mit den bisher besprochenen M^3 anderer Gattungsangehöriger evident. — GINSBURG meinte, der Molar könne aus Gründen gleicher Erhaltung durchaus zum gleichen Individuum gehören wie der Typus. Das mag zutreffen; um so mehr aber ergeben sich Bedenken gegen die Position als M^2, denn für das neue Dokument von Ponsan-Soubiran lassen sich folgende metrische Beziehungen ermitteln:

$$\text{Breite } M^2 : \text{Länge } M_1 = 28{,}5 : 35{,}5 \text{ mm} = 0{,}80.$$

Die Breite des M^2 entspricht hier also genau $^4/_5$ der M_1-Länge. Betrachten wir mit GINSBURG den Molaren von Sansan als M^2, so ergeben sich folgende Werte:

$$\text{Breite „}M^2\text{“} : \text{Länge } M_1 \text{ (Typus)} = 18{,}2 : 30{,}0 = 0{,}61.$$

Das ist weniger als $^2/_3$ der M_1-Länge, obwohl der Typus ohnehin schon ein kleines Individuum darstellt. Entsprechend den Proportionen des Artgenossen von Ponsan-Soubiran müßte für den Typus

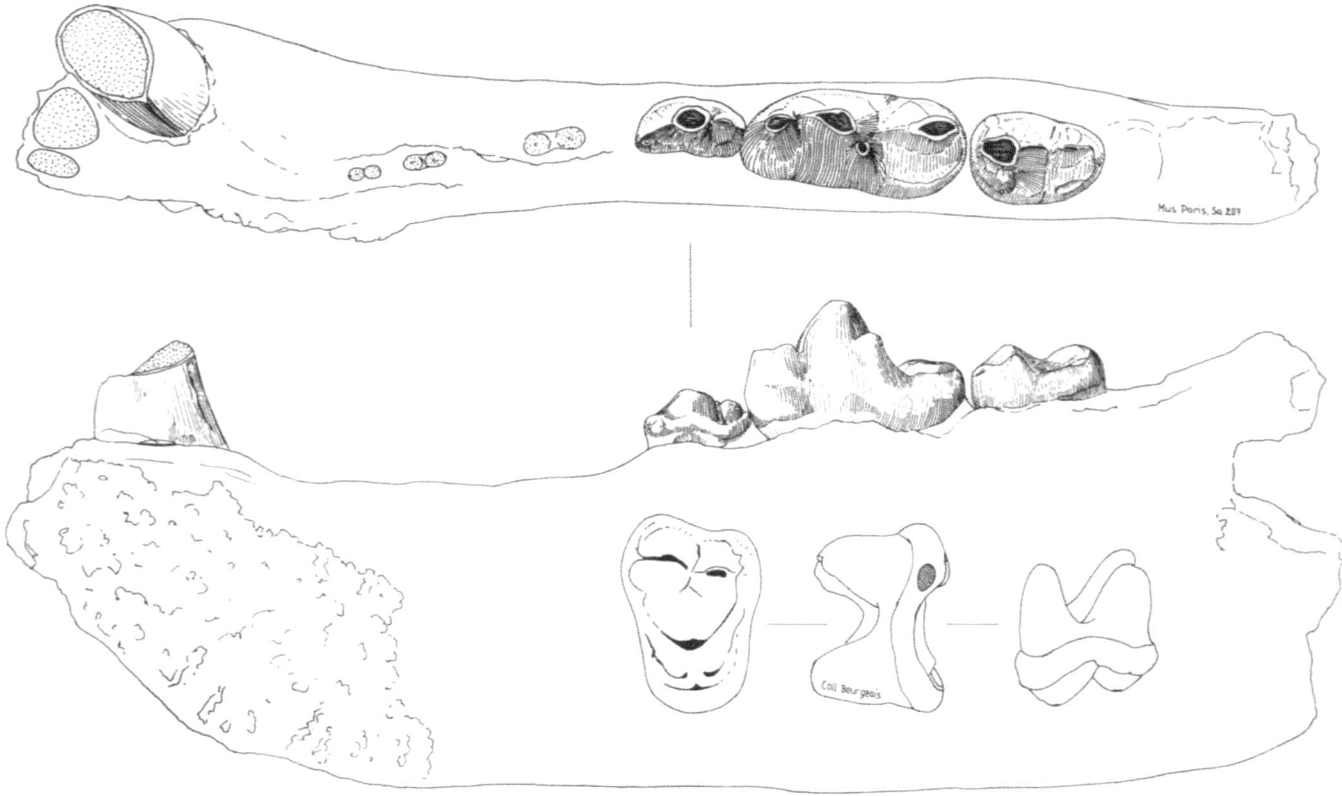

Abb. 80. *Pseudocyon sansaniensis sansaniensis* LARTET von Sansan (Mus. Paris, Sa. 207). ? Holotypus, Original zu FILHOL (1891, Taf. X, Fign. 1—3) und GINSBURG (1961, Taf. V, Figr. 1a—c). Aufsicht, Innenseite. Beachtenswert sind die Fragmente von insgesamt nur 2 I und der halbe rechte Winkel, den die Längsachse des C mit der Symphysenachse bildet. — In die untere Abb. eingezeichnet: M^2 sin. von Pontlevoy aus der Coll. BOURGEOIS, nach STEHLIN & HELBING (1925, Fig. 4). Dort als „*Amphicyon* spec., taille de l'*Amphicyon aurelianensis* MAYET" bezeichnet. Kaufläche, Vorderseite, Außenseite. — 1:1.

eine M^2-Breite von etwa 24 mm erwartet werden. Kein Zweifel also, daß der angebliche M^2 in Wirklichkeit ein M^3 ist. Sein flaches Kronenrelief und die teilweise verwachsenen Wurzeln ordnen sich zwanglos allein dieser Deutung unter.

Von Sansan bildete SCHLOSSER (1899, Taf. XIV, Fig. 27) unter dem Namen *Amphicyon major* einen außerordentlich großen M_2 ab, zu dem er erklärte, daß die Bezeichnung nur vorläufig gedacht sei und er den Zahn zu *Ps. sansaniensis* rechne. Ferner erwähnte er (l. c. S. 124) einen M^2 von 21 mm Länge und 31 mm Breite, den er direkt auf *Pseudocyon* bezog. Die Größe beider Zähne übertrifft alle verbürgten Maße ganz beträchtlich. Da beide Stücke höchstwahrscheinlich als verloren gelten müssen und SCHLOSSER nachweislich keine exakte Vorstellung vom Aussehen des *Pseudocyon* hatte, bleibt ihre Bestimmung problematisch.

Die Eckzähne von *Ps. s. sansaniensis* unterscheiden sich von jenen des *A. major* durch eine leichte Krümmung in transversaler Richtung, die im Gefolge der abweichenden Incisiven-Ausbildung eingetreten ist. GINSBURG (1961, Abb. 19 und Taf. V, Fig. 2) hat zwei dieser Caninen m. E. richtig bestimmt. Trotz gleicher Merkmale überwies er jedoch einen dritten (Paris Nr. Sa. 41) an *A. major*, obwohl dieser eine alte, auf *Pseudocyon* lautende Beschriftung trägt. Ich meine, daß auch er zu *Pseudocyon* gehört. — Übrigens übertrifft der bei GINSBURG abgebildete C inf. (Sa. 208) an Stärke selbst noch sein Homologon an der Mandibel von Ponsan-Soubiran. Man fragt sich deshalb, ob die Größenvariation nicht vielleicht doch bis zu so großen Exemplaren führt, wie sie sich in den soeben genannten Maßen SCHLOSSERs widerspiegeln würden.

Was nun die Skelett-Elemente von Sansan anlangt, die GINSBURG zu *Ps. sansaniensis* gestellt hat, so glaube ich, daß ihre Bestimmung sich als richtig herausstellen wird. Beweisen läßt sich das im Augenblick jedoch nicht. Amphicyoniden, die nicht zu *A. major* gehören, müssen auch in Sansan nicht zwangsläufig als *Pseudocyon* gedeutet werden. Wie aus dieser Arbeit hervorgeht, haben wir im Helvet noch mit anderen großen Amphicyoniden zu rechnen, für die es ebenfalls an Situs-Funden mangelt.

Ich hege den Verdacht, daß noch zwei weitere, aus der Literatur schon bekannte Gebiß-Elemente Anspruch auf den Namen *Ps. s. sansaniensis* erheben dürfen: C inf. von Neudorf a. d. March (ZAPFE 1950, S. 123) und M^2 von Pontlevoy (STEHLIN & HELBING 1925, S. 35/36, Abb. 4, hier in Abb. 80).

Den **C. inf.** hat ZAPFE als *Amphicyon major* bestimmt. Die innere Kante dieses Eckzahns ist — im Gegensatz zu den von GINSBURG für typisch gehaltenen *Pseudocyon*-Merkmalen — kräftig. Da aber dieselbe transversale Krümmung und auf der medialen Seite eine Furche in Erscheinung tritt, würde ich ihn eher auf *Pseudocyon* beziehen. Zu *A. major* gehört er m. E. jedenfalls nicht.

Leider sind wir hinsichtlich des **M²** von Pontlevoy künftig auf Vermutungen angewiesen, weil das Belegmaterial im Kriege verloren ging.

Seine Beschreibung lautet:

«La M² ... a les cônes externes très inégaux, le cône interne exessivement bas, les arêtes du trigone bien marquées, le paraconule effacé, le métaconule vaguement indiqué, le bourrelet interne volumineux, relié par une petite crête au cône interne. Mais le contour de la couronne diffère sensiblement de celui de la dent 4 (M² einer größeren Art von Pontlevoy, Verf.), le bord antérieur étant beaucoup plus étendu que le bord postérieur et formant un angle plus aigue avec la ligne qui passe par les pointes des cônes externes. Le bourrelet externe est plus accentué, surtout à ses deux extrémités».

Wenn STEHLIN & HELBING bei Bestimmung des Molaren auf „*Amphicyon aurelianensis* MAYET" anspielten, so ist das nur als Verlegenheitslösung anzusehen, die allein auf die Größe abhob. In Wirklichkeit dürften entsprechende Molaren dieses Caniden erwartungsgemäß ganz anders aussehen, da er doch wohl ein Hemicyonide ist. Indessen kommt dem Vergleich mit dem größeren Carnivoren von Pontlevoy, den ich hier unter der Bezeichnung *Arctamphicyon t. eibiswaldensis* führe, eine gewisse Berechtigung zu, da gemeinsame Züge mit *Pseudocyon* nicht zu leugnen sind. Die von den beiden Autoren herausgearbeiteten Unterschiede scheinen mir aber gerade die für *Pseudocyon* charakteristischen zu sein. — Einige Differenzen ergeben sich aber auch gegenüber dem M² von Ponsan-Soubiran: Dieser ist größer, sein Umriß vorn deutlich konvex, ein Sporn des Innencingulums fehlt, die Zwischenhügel sind deutlicher abgetrennt. Die zwangloseste Beziehung bietet sich zweifellos zu einem M² von La Grive an (VIRET 1951, Taf. I, Fig. 4), doch ist dieser jünger als Pontlevoy. Über ihn wird später noch einiges zu sagen sein.

Maße in mm:

Rechter Unterkiefer (Typus, Mus. Paris Nr. Sa. 207). Alv. $I_1 = 7 \times 4$; Alv. $I_3 = 12 \times (10)$; C inf. (Dm. am Kieferrand) $= 21 \times 13,5$; Alv. $P_1 =$ ca. 6 lg.; Alv. $P_2 =$ ca. 8,5 lg.; Alv. $P_3 = 8,7$; $P_4 = 15 \times 8,5$; $M_1 = 30,0 \times 13,5$; $M_2 = 17,3 \times 12,5$. — Länge der Diasteme: C inf. — $P_1 = 20,5$; P_1—$P_2 =$ ca. 3,0; P_2—$P_3 =$ ca. 6,0; P_3—P_4 ca. 6,0; M_1—$M_2 =$ ca. 1,0; Gesamtlänge Hinterrand C—Hinterrand $M_2 = 118,2$. — Kieferhöhe unter $P_2 = 42$; unter $P_4 = 48,5$; unter $M_2 = 55$.

C inf. (Mus. Paris Nr. Sa. 208): Dm. = 28,5 × 18.
C sup. (Mus. Paris Nr. Sa. 209): Dm. = 21 × 19,5.
M^2 (von Pontlevoy) = 18 × 27.
M^3 (Mus. Paris Nr. Sa. 210) = 12,1 × 18,2.
Linker Unterkiefer von Ponsan-Soubiran (Mus. Toulouse)
C inf., Dm. am Kieferrand = 27 × 17; P_3 = ca. 11—12 lg.; P_4 = 19 × 10; M_1 = 35,5 × 16,2; M_2 = 22,3 × 16,5; P_4—M_2 = 78.
M^1 (von Ponsan-Soubiran) = 23 × ca. 28—30.
M^2 (von Ponsan-Soubiran) = 19,8 × 28,5.

***Pseudocyon sansaniensis* aff. *serus* n. subsp.**

(Form des Tortoniums)

Abb. 83

? 1902 *Dinocyon*. „Ich möchte ihn fast eher zu *Pseudocyon sansaniensis* rechnen". — SCHLOSSER, Bohnerze, S. 43, Taf. III, Fign. 15, 20 (M^2).
pars ? v 1929 *Amphicyon* aff. *steinheimensis* FRAAS. — VIRET, *Tomocyon* etc., S. 222/223, Taf. XIX, Fig. 10 (M^1).
v 1929 *Amphicyonopsis* n. gen. — VIRET, l.c., S. 225/226, Abb. 2 (M_1 sin.).
non 1929 *Pseudocyon sansaniensis* ? LART. — VIRET, l.c., S. 223, Abb. 1 (M^2).
pars ? v 1951 *Amphicyon* aff. *steinheimensis* FRAAS. — VIRET, Catalogue, S. 29, Taf. I, ? Fig. 4 (M^2), Fign. 2a—c (M_3 nec M_2).
v 1962 *Amphicyonopsis* VIRET. — KUSS, Problem. Caniden, S. 159, Abb. 14c—d (M_1, z.T. kop. VIRET).

Aus dem Torton stehen im Augenblick nur isolierte Zähne zur Verfügung. Es kommt erschwerend hinzu, daß außer *Pseudocyon* mindestens noch drei weitere Formen (allein von La Grive) zu berücksichtigen sind, deren Dokumentation ebenfalls nur auf Einzelzähnen beruht, die der Größe nach aber wohl in Betracht gezogen werden müssen (*Tomocyon*, *A. major* und *A. steinheimensis*). Daraus erklären sich die Fragezeichen der obigen Synonymliste.

Schon 1962 ist mir die enge Beziehung des Typus von *Amphicyonopsis* zum Genus *Pseudocyon* aufgefallen. Damals hielt ich ihn für einen Abkömmling von *Ps. intermedius*, weil der von mir als P_4 von *Amphicyonopsis* gedeutete Zahn auf Grund seiner Größe eine direkte Ableitung von *Ps. s. sansaniensis* natürlich ausschließen mußte. Heute sehe ich ein, daß dem P_4 von Ebingen trotz seiner „feliden" Abkauungsweise ein anderer Platz zugewiesen werden muß, weil *Amphicyonopsis* gar nichts anderes sein kann als die geradlinige Fortsetzung des helvetischen *Pseudocyon*. Die Mandibel von Ponsan-Soubiran schließt — eindeutiger als der Typus — jeden Zweifel darüber aus. Obwohl man früher zwischen beiden Formen eine Gattungsgrenze gezogen hat, zeigt sich nach umfassenderer

Materialkenntnis, daß der Unterschied keineswegs sonderlich groß ist. Am M_1 von La Grive ragt die Vorderfront etwas steiler auf, und das Cingulum wird entsprechend breiter. Vielleicht steht damit im Zusammenhang auch die etwas breitere, mehr gestauchte Paraconid-Partie. Doch sind das Differenzen, die kaum den Bereich individueller Variabilität überschreiten.

$\mathbf{M_2}$ sin., den Viret (1951) von La Grive abbildete, scheint selbst dem Autor hinsichtlich seiner Bestimmung als *A.* aff. *steinheimensis* bedenklich gewesen zu sein. Er schreibt: „... je fais des réserves pour la tuberculeuse 1104, dent très fraîche aux racines non fermées, sans trace d'usure ni de contact. Elle a certainement appartenu à un petit individu; d'autre part, elle est aberrante par son métaconide repoussé en arrière du protoconide, par la brièveté du talonide qui n'occupe guère que le $^1/_3$ postérieur de la dent, par l'effacement de l'angle postéro-interne." — Im Vergleich zum Holotypus von *A. steinheimensis* entpuppt sich dieser Molar als etwas völlig anderes. Ich meine, daß alle Merkmale in Richtung auf *Pseudocyon* weisen. Für einen M_2 reicht die Größe allerdings nicht aus. Mit größerer Wahrscheinlichkeit wird ihm infolgedessen die M_3-Position zuzuerkennen sein (vgl. auch M_2 von Gau-Weinheim, Abb. 85).

$\mathbf{M^1}$ sin. von La Grive (Faculté Lyon Nr. 1101), den Viret (1929a) in die Verwandtschaft von *A. steinheimensis* verwies, steht den bekannten M^1 von *Pseudocyon* m. E. bedeutend näher als dem Steinheimer Caniden. Allein der Innenlappen mit dem Protoconus ist etwas breiter als bei den älteren Formen, doch könnte das untypisch sein. Charakteristisch ist immer noch die Einknickung an Vorder- und Hinterfront. Das Basalband erstreckt sich auf beiden Seiten des Protoconus bis zum Knick. Bei *A. steinheimensis* bleibt dazu kein Platz, weil der Protoconus sich viel näher an den Vorderrand heranschiebt und das Innencingulum deshalb mit dem Raum hinter dem Protoconus vorliebnehmen muß. Die Trennfurche zwischen Innenhügel und Basalband hat bei *A. steinheimensis* die Form einer flachen Mondsichel. Ferner unterscheidet *A. steinheimensis* sich durch einen streng triangulären Umriß und einen höheren Protocon.

Schon bei Erwähnung des $\mathbf{M^2}$ von Pontlevoy habe ich darauf hingewiesen, daß er einem entsprechenden Zahn von La Grive (Mus. Lyon Nr. 1103) recht nahe steht. Das hatte auch Viret bereits erkannt. 1951 (S. 29) machte er nunmehr darauf aufmerksam, daß dieser Molar „nahezu eine genaue Kopie" jenes M^2 von Feisternitz darstelle, den HOFMANN (1891 Taf, IV, Fig. 5) abgebildet habe. In dieser Feststellung hat VIRET sich bestimmt getäuscht. Ich habe das Original von Feisternitz gesehen und weiß deshalb zuverlässig, daß im Bau des Protoconus sowie des Innencingulums unvereinbare Gegensätze bestehen. Letzte Sicherheit über die Zugehörigkeit des M^2 von La Grive zum Genus *Pseudocyon* vermag allerdings auch ich nicht zu bieten.

Vielleicht ist hier der Ort, um einen problematischen M^2 sin. zu erwähnen, den SCHLOSSER (1902) aus dem Manuskript H. v. MEYERs kopiert und provisorisch als „*Dinocyon*" (?) bestimmt hat. KLÄHN erwähnte ihn später (1925, S. 200) unter dem Namen „*Dinocyon sansaniensis* FILHOL". Das Stück stammt aus einer Spaltenfüllung von Meßkirch, deren Alter meist als Obermiozän angegeben wird. Die Ungenauigkeit der Einstufung wie auch die etwas unglückliche Abbildung erlauben zwar kein Urteil darüber, ob der Molar bei der tortonischen Unterart von *Pseudocyon* an der richtigen Stelle steht, jedoch zweifle ich nicht daran, daß er zu *Pseudocyon* gehört. Interessanterweise zeigen die hinteren Wurzeln teilweise Verschmelzung, wie sie bei älteren Formen bisher noch nicht, bei jüngeren dagegen in viel höherem Maße beobachtet werden konnte.

Maße in mm:

M_1 sin. von La Grive (Mus. Lyon Nr. 1136) = 33 × 17.
M_3 sin. von La Grive (Mus. Lyon Nr. 1104) = 15,5 × 11.
M^1 sin. von La Grive (Fac. Lyon Nr. 1101) = 23 × 28.
M^2 dext. von La Grive (Mus. Lyon Nr. 1103) = 18 × 25.

Pseudocyon sansaniensis serus n. subsp.

(Form des Sarmatiums)

Abb. 81—82

v 1929 *Pseudocyon sansaniensis* LARTET. — HELBING, *Pseud. sansan.* etc., S. 180ff, Fign. 1—3 (UK-Fragm. mit M_1 fragm. u. M_2, M^2).
1940 „evtl. auf die aberrante Gruppe der Thaumastocyoninae zu beziehen". — HÜRZELER, Felinoide Caniden, S. 150.
pars 1962 „Genus indet. II (höchstwahrscheinlich = *Amphicyonopsis* VIRET)". — KUSS, Probl. Caniden, S. 156ff, Abb. 14a—b (M_1 fragm. u. M_2, non P_4).
pars 1962 Genus indet. III. — KUSS, l.c., S. 161 (M^2 von Steinheim).

Diagnose: Unterart von der Größe der Nominat-Unterart. Untere Molaren mit extrem steiler Abkauung, weitgehend reduziertem Entoconid und sehr kräftigen Zahnwurzeln. M^2 mit noch mehr verbreiterter und abgeflachter Krone, Außenhügel sehr schräg zur Mittellinie. Zahnwurzeln z. T. verschmolzen.

Holotypus: Mandibel-Fragment mit M_1-Talonid und M_2 sowie M^2 dext. vom gleichen Individuum. Museum Stuttgart Nr. 6226 (z. Zt. in Basel), Mus. Basel Nr. Sth. 672, Abb. HELBING 1929, Abb. 1—3. Hier Abb. 81—82

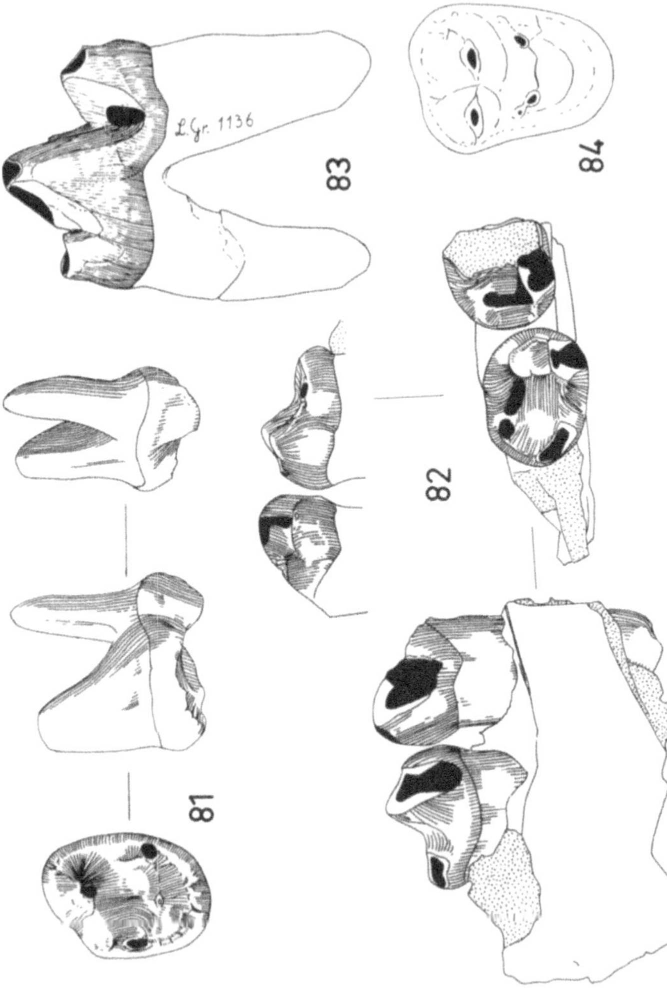

Abb. 81—84. *Pseudocyon sansaniensis* LARTET aus dem Tortonium und Sarmatium. — Abb. 81: M^2 dext. von *Ps. s. serus* n. ssp. aus dem Sarmatium von Steinheim, umgezeichnet nach HELBING (1929, Fig. 3), Aufsicht, Hinterseite, Außenseite. — Abb. 82: Re. UK-Fragment mit M_1 fragm. und M_2 vom gleichen Individuum wie Abb. 81, ebenfalls umgezeichnet nach HELBING (l. c. Fig. 1), Innenseite, Außenseite, Aufsicht. Usuren nach den Originalen (Mus. Basel, Sth. 672) ergänzt. — Abb. 83: Außenseite des M_1 sin. von *Ps. s.* aff. *serus* n. ssp. von La Grive, Tortonium (Mus. Lyon, L. Gr. 1136). Typus des „*Amphicyonopsis* VIRET 1929". — Abb. 84: M^2 dext. von Ponsan-Soubiran zum Vergleich mit Abb. 81. — Alle 1:1.

Locus typicus: Steinheim am Albuch.

Stratum typicum: Sarmatium.

Derivatio nominis: serus = (lat.) spät.

Diskussion: Bei der Beschreibung seines Steinheimer Materials hat HELBING — ebenso wie ich später zunächst auch — einen wesentlichen Punkt übersehen. Zwar schloß er das Mandibel-Fragment ohne Einschränkung *Ps. sansaniensis* an, hinsichtlich des M^2 konnte er sich nur „unter Reserve" dazu entschließen. Seine Abbildungen erwecken die Illusion, als ob der M^2 individuell jünger sei als der Unterkiefer. Anläßlich einer erneuten Nachprüfung habe ich mich davon überzeugt, daß beide Stücke unbedingt zum gleichen Tier gehören, weil ihre Kauflächen exakt zueinander passen. Eine Aufteilung des Materials auf verschiedene Taxa ist deshalb nicht mehr zu vertreten.

Die evidenten Unterschiede gegenüber der Nominat-Unterart veranlaßten mich seinerzeit, gegen die von HELBING vorgenommene Verschmelzung beider Formen in derselben Art zu opponieren und auf die Verwandtschaft mit *Amphicyonopsis* zu verweisen. Entsprechend der jetzt gewählten taxonomischen Verfahrensweise wird den Unterschieden in Form einer selbständigen Unterart Rechnung getragen.

Im Vergleich zu *s. sansaniensis* hat der M_2 auffällige Veränderungen erfahren. Proto- und Metaconid sind etwas höher, das Talonid entsprechend niedriger und kürzer. Der Umriß erscheint nahezu rund. Wenn überhaupt, werden horizontale Usuren höchstens noch in frühestem Alter angelegt und später völlig ausgelöscht, so daß an den Außenhügeln der unteren Molaren scharfe Klingen entstehen. Im Alter haben die Zahnwurzeln ungewöhnliche Länge und Stärke. Am M^2 sind zwei Wurzeln komplett verschmolzen. Für P_1—P_3 wird man dasselbe erwarten dürfen, sofern die vordersten P nicht schon gänzlich in Verlust geraten sind. (Damit wäre dann — mit Ausnahme des M_1-Metaconides — das Bild eines „Thaumastocyoniden" vollendet.) M^2 hat sich dem veränderten Antagonisten angepaßt. Entsprechend der Entoconid-Reduktion am M_2, konnte auch der M^2-Protocon weiter erniedrigt werden. Von dem ursprünglich V-förmigen Bogen blieb nur noch eine Andeutung des vorderen Astes übrig. Das innere Basalband erweist sich als vielfältig gefurcht — soviel ich sehe, immer das Anzeichen einer „gealterten" Form. Drei ungefähr gleich große Facetten liegen vor dem Protoconus und jeweils hinter den beiden Außenhügeln. Eine vierte, sehr kleine bedeckt den Protoconus.

Maße in mm:

Unterkiefer-Fragment (Mus. Basel Nr. Sth. 672): M_1 fragm. Br. = 15; M_2 = 18,8 × 15.

M^2 (Mus. Stuttgart Nr. 6226) = 16,2 × 22,5.

Pseudocyon sansaniensis **aff. serus n. subsp.**

(Form des Pontiums)

Abb. 85

? v 1885 *Amphicyon major*, LARTET, Var. *Pyrenaicus*, nob. — DEPÉRET & RÉROLLE, Note, S. 499ff, Taf. XVII, Fign. 4—9 (C, UK-Fragm. mit P_4 u. M_1 fragm., P^4, M^1 fragm., M^2 fragm., M^3, Astragalus, Calcaneus, 3 Metacarp.). Fign. 6—9 seitenverkehrt.

? 1927 *Amphicyon major* race *pyrenaicus* DEPÉRET & RÉROLLE. — ROMAN, Mammifères, S. 380.

non 1927 *Amphicyon pyrenaicus* DEPÉRET. — ROMAN, l.c., S. 380, Taf. XIX, Fign. A, B.

pars ? 1931 *Amphicyon pyrenaicus* DEPÉRET & RÉROLLE. — PILGRIM, Pontian Carnivora, S. 7. (Non ROMAN 1927.)

? *1962* *A. pyrenaicus* DEP. & RÉR. — DE BEAUMONT, Observations, S. 89.

? *1962* *Pseudocyon.* — KUSS, Problem. Caniden, S. 148.

Wie ich schon 1962 angedeutet habe, spricht einiges dafür, daß der Canide von Cerdagne (franz. Ost-Pyrenäen) nicht in die Verwandtschaft von *Amphicyon major* gehört, wie DEPÉRET & RÉROLLE gemeint haben, sondern **vielleicht** ein *Pseudocyon* ist. Leider sind die von den Autoren gelieferten Abbildungen schlecht und für eine Beurteilung völlig ungeeignet. Ich habe im Museum Paris die Originale zwar gesehen, zu einer klaren Entscheidung kann ich mich dennoch nicht entschließen, weil die wichtigsten Gebiß-Teile gar zu fragmentarisch belegt sind. — Am eindringlichsten spricht das Unterkiefer-Fragment für *Pseudocyon.* P_4 steht so nahe dem M_1, daß er seitlich sogar ein wenig überlappt. Dergleichen fand ich an keiner Mandibel von *A. major,* wohl aber regelmäßig bei *Pseudocyon,* sofern der Zahnverband noch intakt war. P_4 trägt vor dem Haupthügel eine kleine Warze, die ebenfalls charakteristisch ist. M_1 verfügt über eine relativ lange Vorderwurzel und einen konkaven Vorderrand am Paraconid. Seine Usuren stehen schräger, als die Abbildung glauben läßt. Der völlig verzeichnete M^3 ist in Wirklichkeit seinem *Pseudocyon*-Homologon keineswegs unähnlich. Am M^2-Fragment besitzt der niedrige Protoconus keine Spur von einem hinteren Flügel. M^1 fragm. zeichnet sich durch ein den ganzen Protoconus umfassendes Basalband von mäßiger Stärke aus, was für *A. major* höchst seltsam wäre. Schließlich fragt es sich, ob P^4 eines pontischen *major*-Vertreters nicht doch ganz anders aussehen müßte als jener von Cerdagne (vgl. S. 32). — Ohne umfassendere Funde wird die Problematik dieser Stücke kaum befriedigend zu lösen sein.

Im Museum Mainz (Nr. 1934/438) fand ich einen **M_2** sin. aus dem Pontium von Gau-Weinheim, dessen *Pseudocyon*-Zugehörigkeit kaum bezweifelt werden kann. Er darf somit als erster sicherer Nachweis von *Pseudocyon* im Unterpliozän betrachtet werden (Abb. 85). Bis auf Abbrüche an den vielleicht noch nicht voll entwickelten Wurzeln ist er ausgezeichnet erhalten. Er zeigt erst sehr geringfügige Abtragung. Dem breiten Trigonid steht ein außerordentlich verkürztes und verschmälertes Talonid gegenüber. Das

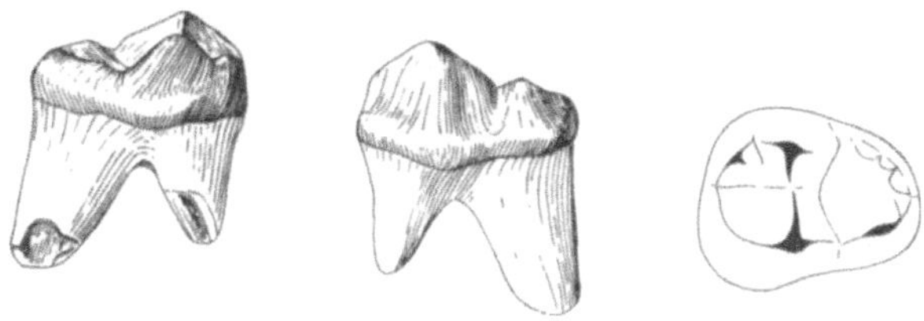

Abb. 85. M_2 sin. von *Pseudocyon s.* aff. *serus* n. ssp. aus dem Pontium von Gau-Weinheim, (Mus. Mainz, 1934/438), Innenseite, Außenseite, Kauflache. — 1:1.

Paraconid gibt sich deutlich zu erkennen. Proto- und Metaconid fluchten genau in transversaler Richtung und sind durch eine leistenartige Schneide verknüpft. Während das Hypoconid — wenn auch kurz und niedrig — noch Höcker-Individualität bewahrt, kann von einem Entoconid kaum noch die Rede sein. Drei gleich große Warzen am Rande der inneren Plattform vertreten seine Stelle. Mit Ausnahme der Entoconid-Region umgibt das Cingulum als schlecht markierter Wulst die gesamte Kronenbasis. — Die Ähnlichkeit mit dem zuvor als M_3 gedeuteten Molaren von La Grive ist unverkennbar. Vom Steinheimer M_2 unterscheidet ihn das mehr gekniffene Talonid, das, insgesamt gesehen, viel typischer und beständiger zu sein scheint als die mehr verbreiterte, halbkreisförmige Gestalt des Steinheimer M_2-Talonides.

Damit endet einstweilen unsere Kenntnis der Spezies *Pseudocyon sansaniensis* LARTET.

Maße:

M_2 (Mus. Mainz Nr. 1934/438) = 20,0 × 15,8 mm.

Entwicklungsgeschichtlicher Rückblick

In groben Zügen können wir die Evolution des *Pseudocyon*-Unterkiefers für den Zeitraum zwischen „Stampien supérieur" und Helvetium überschauen. Am auffallendsten und zugleich eindeutigsten dokumentiert sich die Reduktion des Prämolaren-Gebisses.

Ob diese ab Tortonium irgendwann zum völligen Verlust eines oder mehrerer Prämolaren geführt hat, bleibt ungewiß. — Bis zum Burdigal herauf vermitteln die Belege den Eindruck, als würde die Prämolaren-Reduktion durch Verlängerung des hinteren Dentitions-Abschnittes kompensiert. Vielleicht erweist sich das anhand umfangreicheren Materials als irreal. Dies ist schon deswegen wahrscheinlich, weil für das Helvetium keine relative Verlängerung von M_2 festgestellt werden kann. Setzt man für den (ungenügend erhaltenen) Steinheimer *Pseudocyon* als angemessenen Schätzwert die M_1-Länge =35,5 mm (entsprechend Ponsan-Soubiran), so würde daraus eher eine Verkürzungstendenz resultieren. — In der nachstehenden Tabelle ergibt sich aus dem Vergleich der Quotienten von Lg. M_2:M_1 und Lg. P_4:M_1 für die älteren Formen eine positive, für die jüngeren (ab Burdigalium) eine negative Differenz.

	Lg. M_2: M_1	Lg. P_4: M_1	Differenz
Stampien supérieur (*astrei*)	0,58	0,70	+0,12
Aquitanium (*intermedius*)	0,60	0,67	+0,07
Burdigalium (Chilleurs)	0,71	0,52	—0,19
Burdigalium (La Grive)	—	0,60	—
Helvetium (Sansan)	0,58	0,50	—0,08
Helvetium (Ponsan-Soub.)	0,63	0,55	—0,08
Sarmatium (Steinheim, Schätzwert)	0,53 ?	—	—

Schrittweise Verminderung der Entoconide an den unteren, Abflachung des Reliefs an den oberen Molaren (insbesondere der Protoconi) und Verschärfung des „felinoiden" Abkauungsmodus sind weitere Abänderungen, die sich zeitlich vielleicht nicht einmal ganz scharf festlegen lassen, weil ältere Merkmale eventuell immer wieder durchschlagen können. So wird z.B. das M_2-Paraconid niemals endgültig abgebaut, und nach dem halbkreisförmigen M_2-Talonid von Steinheim folgt wieder das übliche, gekniffene Talonid am M_2 von Gau-Weinheim.

Erstaunlicher als diese sich in langsamem Tempo vollziehenden Umgestaltungsprozesse ist die Tatsache, daß trotz der Prämolaren-Reduktion keine Verkürzung der Schnauze eintritt und auch die Molaren nicht weiter nach vorn rücken. Der Abschnitt zwischen C und P_4 verliert ja schließlich immer mehr von seiner ursprünglichen Funktion. Möglicherweise steht damit die Metamorphose der Incisiven in ursächlichem Zusammenhang. Bei diesen vollzieht sich ein deutlicher Funktionswandel auf Kosten ihrer Anzahl. Ich halte es nicht für ausgeschlossen, daß im Pontium (oder schon früher) nur noch ein I jederseits vorhanden ist.

Eine höchst interessante Parallele bietet sich im *Thaumastocyon bourgeoisi* STEHLIN & HELBING aus dem Helvetium von Pontlevoy. Ich möchte glauben, daß *Thaumastocyon* und *Pseudocyon* derselben Entwicklungstendenz gefolgt sind. Der erste erreichte auf schnellerem Wege einen noch höheren Spezialisationsgrad. Er besaß wahrscheinlich nur noch einen, allerdings enorm vergrößerten I in jeder Kieferhälfte. Auch er hat die vorderen Prämolaren stark reduziert und doch seine Schnauze nicht verkürzt. Vielleicht bietet *Thaumastocyon* ein Leitbild für die jüngeren Pseudocyoniden, das jedoch niemals von diesen erreicht wurde. Weniger denn je zweifle ich daran, daß *Thaumastocyon* ein *Pseudocyon*-Abkömmling ist.

XI. Genus *Pseudocyonopsis* gen. nov.

Typus-Art: *Pseudocyonopsis landesquei* (HELBING) 1928.

Diagnose: Mittelgroße Amphicyoniden mit vollständiger Zahnformel. Prämolaren schon $\pm$ verkleinert und durch Lücken getrennt, P_1—P_3 ohne Hinterzacken. M_1 von *Cynodictis*-artigem Gepräge durch kurzes, hohes Paraconid, ebensolches Protoconid und relativ kurzes Talonid; Längsfurche des Talonides vor dem terminalen Rand gegabelt, wodurch Andeutungen eines Hypoconulides sichtbar werden. M_2 mit weitgehend bis völlig reduziertem Entoconid, bei Formen des Aquitaniums mit *Pseudocyon*-artigem Umriß.

Verbreitung: Oberes Stampium (Molasse de l'Agenais) bis Mittleres Aquitanium (Phryganiden-Kalk).

Bemerkung: Unter diesem Genus-Namen werden vorläufig zwei Amphicyoniden vereinigt, die bisher unter der Bezeichnung *Amphicyon landesquei* HELBING und *Pseudocyon gerandianus* VIRET geführt wurden. Beide zeichnen sich durch primitive Züge aus, die durch Anklänge an *Cynodictis* im vergleichbaren M_1 zum Ausdruck kommen. (Oberkiefer-Zähne von *landesquei* sind bisher unbekannt.) Während *landesquei* durch seinen gestreckten M_2 noch stark an *Amphicyon* s. str. erinnert, hat *gerandianus* mehr *Pseudocyon*-artiges Aussehen gewonnen. Es war deshalb eine Entscheidung darüber zu treffen, ob *gerandianus* genetisch in die Verwandtschaft von *Pseudocyon* gehört, oder ob lediglich eine konvergente Entwicklung vorliegt. Ohne Zweifel handelt es sich um Konvergenz, denn 1. ist *landesquei* der einzige oberstampische Amphicyonide, der als Vorläufer in Frage kommt, 2. entbehren sowohl die oberstampischen wie mittelaquitanischen *Pseudocyon*-Vertreter jeder *Cynodictis*-Ähnlichkeit im M_1, und ihr M_2 hat bereits den für *Pseudocyon* typischen Umriß angenommen, 3. ist der M_2-Umriß von *gerandianus* bei genauerem Zusehen nicht ohne weiteres mit demjenigen von *Pseudocyon* zu vergleichen. Damit soll nicht geleugnet werden, daß selbst im M^1 und M^2 gewisse Anklänge an *Pseudocyon* vorhanden sind. Auf eine überraschende Ähnlichkeit in der Ausbildung der sutura palatomaxillaris wird auch an anderer Stelle hingewiesen (vgl. S. 118). Trotzdem scheidet eine engere Verwandtschaft zwischen *gerandianus* und *Pseudocyon* aus. — Mit nicht geringer Wahrscheinlichkeit wird sich das Genus *Pseudocyonopsis* bis in das Alt-Oligozän zurückverfolgen lassen. HELBING hat bereits auf die große Ähnlichkeit zwischen *landesquei* und einem Teil jener Materialien aufmerksam gemacht, die FILHOL (1877) in der Spezies „*Amphicyon ambiguus*" vereinigte. Die Übereinstimmung ist in Wirklichkeit sogar größer, als sie allein aufgrund der FILHOLschen Abbildungen vermutet werden dürfte.

Pseudocyonopsis landesquei (HELBING) 1928

Art-Diagnose entsprechend der Gattungs-Diagnose.

Pseudocyonopsis landesquei landesquei (HELBING) 1928

(Form des Oberen Stampiums)

v* 1928 *Amphicyon Landesquei* nov. spec. — HELBING, Carnivoren, S. 12—16, Taf. I, Fign. 1—6, ? 7—9 (Mand. sin. und ? Calcaneus) [1928a].
1950 *Amphicyon landesquei* HELBING 1928. — DEHM, Wintershof-West, S. 18.
1962 *A. landesquei* HELBING. — KUSS, Canidés, S. 343.
1962 *Amphicyon lundgreeni* HELBING. — DE BEAUMONT, Observations, S. 90.

Diagnose: Nominat-Unterart von *Ps. landesquei* (HELBING). — P höher und gestreckter als bei *Ps. l. gerandianus*. M_2 oval und mit rückwärts verschobenem, kräftigem Metaconid.

Holotypus: Mand. sin. mit C fragm., P_2-M_2, Alv. P_1 und M_3. — Mus. Basel, Nr. L.M. 540. Helbing 1928a, Taf. I, Fign. 1—3.

Locus typicus: La Milloque.

Stratum typicum: Oberes Stampium (Molasse de l'Agenais).

Diskussion: Hinsichtlich der Beziehungen dieses Caniden zu älteren Formen hat HELBING sich in erster Linie auf eine „nahe Übereinstimmung mit *Amphicyon ambiguus* FILHOL" berufen, soweit diese Art in FILHOLs Tafel XII, Fign. 22, 25, 26 dokumentiert wird. Ich habe diese Stücke im Museum Paris gesehen und kann HELBING um so nachdrücklicher beipflichten, als die entsprechenden Abbildungen, wie gesagt, zuungunsten der Ähnlichkeit arg verzeichnet sind. So besitzt M_1 des *ambiguus* durchaus keinen von der Seite sehr breit erscheinenden Protoconus, und P_4 verfügt nur andeutungsweise über den außerordentlich kräftig dargestellten vorderen Basalzacken. — Die übrigen von HELBING diskutierten Materialien, die auch mittelstampische Formen umfassen, kann ich nicht aus eigener Kenntnis beurteilen. Sie scheinen nach Schilderung dieses Autors eine enge Verbindung zwischen *ambiguus* und *landesquei* herzustellen. Wie HELBING mit Recht betonte, verhält sich *landesquei* in der „relativ fortgeschrittenen Reduktion des Endoconides von M_2 ... fortschrittlicher als *Amphicyon lemanensis*". Also kann schon aus diesem Grunde zu dem größenmäßig am ehesten entsprechenden Amphicyoniden des Aquitaniums keine nähere Beziehung bestehen.

Maße in mm (nach HELBING):
Lg. P_1 a. d. Alv. = 9; $P_2 = 12{,}1 \times 6{,}7$; $P_3 = 14{,}2 \times 6{,}8$; $P_4 = 19{,}8 \times 9{,}1$; $M_1 = 24{,}6 \times 11{,}2$; $M_2 = 15{,}0 \times 9{,}3$; Längsdurchmesser C = 21,4.

Pseudocyonopsis landesquei gerandianus (VIRET) 1929

(Form des Aquitaniums)
Abb. 86

pars 1899 *Pseudocyon bohemicus* n. sp. — SCHLOSSER, Bären, Taf. XIV, Fig. 4 (nur M_2).
pars 1901 „Vielleicht *Amph. crucians* FILH." — SCHLOSSER, Säugethierfauna, S. 7 (nur M_2 von Weisenau).
v* 1929 *Pseudocyon gerandianus* n. sp. — VIRET, Limagne Bourb., S. 120—125, Abb. 17, Taf. VII, Fign. 1—3 (Mand. sin. mit M_2; Mand. fragm. sin. mit P_2—M_1 u. Alv. M_2; Schnauzen-Fragm. mit Alv. I^{1-3}, Alv. C sup., Alv. P^1, P^2—P^3, fragm. P^4—M^1, M^2, Alv. M^3).
1945 *Pseudocyon gerandianus*. — HÜRZELER, Zur Kenntnis etc., S. 637.
1961 *Pseudocyon gerandicus* VIRET. — GINSBURG, Sansan, S. 48.

Diagnose: Unterart, deren P niedriger und kürzer sind als bei *Ps. l. landesquei* (HELBING). P_4 mit winzigem Vorderzacken. M_2 gedrungen, *Pseudocyon*-artig, sein Metaconid nur wenig zurückgesetzt.

Holotypus: Linkes Mandibel-Fragm. mit P_2—M_1 und Alv. M_2. — Fac. Lyon. — VIRET 1929b, Taf. VII, Fign. 3a/b. — Hier Abb. 86.

Locus typicus: Saint Gérand-le-Puy (Allier).

Stratum typicum: Mittleres Aquitanium (Phyrganidenkalk).

Diskussion: Das in dieser Art vereinigte Material von Saint Gérand-le-Puy umfaßt die wichtigsten Elemente der Unter- und Oberkiefer-Bezahnung. Vorbehalte gegen die Zugehörigkeit des Oberkiefers, wie VIRET sie zum Ausdruck brachte, scheinen mir

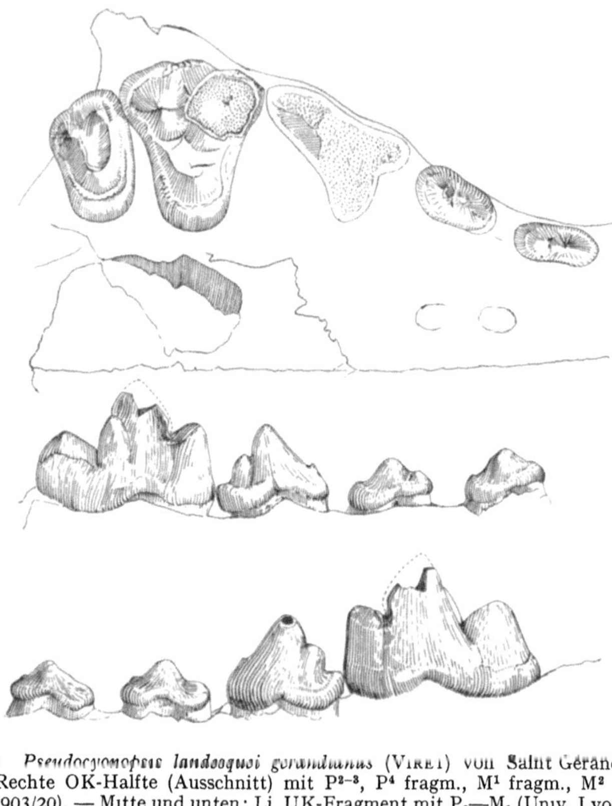

Abb. 86. *Pseudocyonopsis landesquei gerandianus* (VIRET) von Saint Gérand-le-Puy. — Oben: Rechte OK-Hälfte (Ausschnitt) mit P^{2-3}, P^4 fragm., M^1 fragm., M^2 (Mus. Paris, 1903/20). — Mitte und unten: Li. UK-Fragment mit P_2—M_1 (Univ. Lyon). — Mitte: Innenseite. Unten: Außenseite. — Alle 1:1.

grundlos zu sein. — Das Schnauzen-Fragment weist mit Sicherheit drei Incisiven-Alveolen auf, von denen die äußere über doppelt so groß ist wie jede der beiden inneren. Da *Pseudocyon* durch den Besitz von nur zwei I charakterisiert wird, darf *gerandianus* nicht länger in diesem Genus verbleiben. Für den Unterkiefer ist der Nachweis von drei I materialbedingt nicht zu führen. An der vollständiger erhaltenen Mandibel (Mus. Lyon, St. G. 2848) ist der Raum zwischen Symphyse und C sogar breiter als bei *Amphicyon lemanensis*, der nachweislich über drei I verfügt. Er sollte zur Aufnahme von drei I ausreichen. — Bei Unterstellung seines *gerandianus* unter das Genus *Pseudocyon* berief sich VIRET vor allem auf „*Pseudocyon*" *depereti* MAYET, während er im typischen *Pseudocyon sansaniensis* „un rameau bien différent" erkannte. Indessen erweist sich selbst zu *depereti*, der s. str. kein *Pseudocyon* ist, die Übereinstimmung als höchst oberflächlich. Zwar hat auch dessen M_1-Paraconid ungewöhnliche Kürze, dafür aber steht das Protoconid auf so breiter Basis wie bei den echten Pseudocyoniden. Sein M_2-Entoconid ist längst nicht so weitgehend reduziert wie bei *gerandianus*, und sein M_2-Metaconid nimmt einen erheblich größeren Raum ein. Darüber hinaus bestehen tiefgreifende Unterschiede im Bau der Mandibel und des C, dessen Alveole einen gewaltig großen Eckzahn erwarten läßt. — Unleugbar sind dagegen die engen Beziehungen zu *landesquei*, den VIRET damals noch nicht gekannt hat. Die M_1 beider Arten beinhalten noch *Cynodictis*-hafte Merkmale. Bei der jüngeren Form haben sich die Prämolaren etwas verkürzt und erniedrigt. Im Zuge dieses Schrumpfungs-Prozesses dürften jene winzigen Vorderzacken entstanden sein, die am deutlichsten auf P_4, aber auch schon auf P_3 erkennbar sind. M_2 hat gleichermaßen eine Verkürzung — jedoch unter gleichzeitiger Verbreiterung — erfahren, worauf die Ähnlichkeit mit *Pseudocyon* beruht. Bei der Verbreiterung rückte das Metaconid etwas vor und verlor an Stärke, während das Basalband am vorderen Außeneck an Dicke zunahm und infolgedessen ein breiteres Trigonid vortäuscht. In Wirklichkeit haben wir es also mit einem Reduktionsprozeß zu tun, der, wie sich auch in anderen Fällen nachweisen läßt, vom Basalband kompensiert wird. P_4 und insbesondere M_1 verhalten sich folgerichtig am konservativsten. (Für den Oberkiefer fehlt die Vergleichsmöglichkeit, doch sollte es hier nicht anders sein.)

Maße in mm:

Mand. (Fac. Lyon, Holotypus): $M_1 = 24{,}3 \times 12$.

Mand. (Mus. Lyon, St. G. 2848): Gesamtlänge = ca. 216; Zahnreihe (Hinterrand C bis Alv. M_3) = 115; Lg. M_1 a. d. Alv. = 27; $M_2 = 16 \times 12{,}2$; Lg. M_3 a. d. Alv. = 10.

Schnauzen-Fragment (Mus. Paris, 1903—20): Rechte Zahnreihe: Alv. C = $16{,}5 \times 10{,}5$; Alv. $P^1 = 8 \times 5$; $P^2 = 9 \times 5$; $P^3 = 11 \times 6$; P^4 fragm. $= 22 \times 12$; $M^1 = 18{,}5 \times$ ca. 21; $M^2 = 11 \times 17$. — Lg. d. Diasteme: C—P^1 = 3; P^1—P^2 = 5; P^2—P^3 = 3; P^3—P^4 = 2.

Entwicklungsgeschichtlicher Rückblick

Mit großer Wahrscheinlichkeit dokumentiert das Genus *Pseudocyonopsis* einen auf europäischem Boden entstandenen Amphicyoniden-Zweig, dessen Beginn in einer jener Formen des Quercy zu suchen ist, die gemeinhin unter dem Namen *Amphicyon ambiguus* vereinigt werden. Er setzt sich mit zunächst geringem Entwicklungstempo fort über den oberstampischen *landesquei* und ändert dann schneller ab bis zur Endform *gerandianus* des Mittleren Aquitaniums. Die Gebiß-Umformung besteht in der Verkürzung und Erniedrigung der Prämolaren und in der Verkürzung der hinteren Molaren unter gleichzeitiger Verbreiterung. Die *Pseudocyon*-Ähnlichkeit der Endform ist als Konvergenz zu werten.

XII. Genus *Pseudarctos* SCHLOSSER 1899

1899 SCHLOSSER, Bären, S. 117.

Typus durch Monotypie: *Pseudarctos bavaricus* SCHLOSSER 1899.

Diagnose: Kurzschnauziger Amphicyonide mit vielleicht nur 2/2 I. P (außer P^4) einfach und ohne Nebenhöcker, Diasteme kurz bis fehlend. P^4 sehr gedrungen, vordere Basis stark verbreitert, kräftiger Deuteroconus vorhanden. Alle Molaren mit flachem Relief. M^1 gerundet-dreieckig bis fast rechteckig, Metaconulus $\pm$ deutlich abgegliedert. M^2 nahezu rechteckig, sein Protoconus U-förmig, Metaconulus vorhanden. Größenverhältnis von M^1 zu M^2 im Jüngeren Miozän ziemlich ausgeglichen. Umriß des M^3 quer-elliptisch. Trigonid des M_1 meist schmaler als Talonid, dieses zum Teil noch mit Hypoconulid; M_1-Metaconid kräftig und von der Außenseite nicht sichtbar. M_2 groß, gerundet-rechteckig. M_3 rundlich bis oval.

Bemerkung: Belege dieses Genus umspannen dem heutigen Kenntnisstande nach den Zeitraum vom Burdigalium bis zum Pontium. Die burdigalen Vertreter besitzen noch ein Hypoconulid, welches DEHM (1950) mit Recht als „ursprüngliches Merkmal“ ansprach. Ab Helvetium tritt es nicht mehr regelmäßig in Erscheinung. Zu keinem der hier behandelten Amphicyoniden — nicht einmal zu den oberstampischen — ergibt sich in diesem Punkte eine Parallele. Offenbar hat die Abspaltung des *Pseudarctos* schon vor dem Oberstampium stattgefunden, viel früher also, als HELBING (1937) und DEHM (1942) angenommen haben. Alle phylogenetischen Varianten gehören zur gleichen Art.

Für die Gattungsvertreter des Burdigaliums und Helvetiums sind längst fällige taxonomische Konsequenzen zu ziehen. Auf DEHM (1942 und 1950) geht der Gedanke zurück, daß zwischen dem mittelmiozänen „*Amphicyon*" *socialis* SCHLOSSER und dem obermiozänen *Pseudarctos bavaricus* SCHLOSSER enge verwandtschaftliche Beziehungen bestehen müßten. Trotzdem wurde *A. socialis* noch im Genus *Amphicyon* belassen. VIRET (1951, S. 32) gelangte zu der gleichen Ansicht. Er forderte jedoch, *A. socialis* zumindest als Untergattung gegen die übrigen *Amphicyon*-Arten zu isolieren. — Es verwundert eigentlich, daß SCHLOSSER als Autor beider Arten niemals deren enge Beziehungen untereinander aufgefallen sind[14].

Nachdem sich unsere Kenntnis der oberen Molaren von *Ps. bavaricus* durch HELBING (1937), VIRET (1933 und 1951) und THENIUS (1952) hinreichend erweitert hat und, wie ich glaube, auch dem helvetischen *A. socialis* sehr nahestehende Dokumente aus dem Burdigalium von DEHM (1950) und CRUSAFONT, VILLALTA & TRUYOLS (1952) beigebracht wurden, läßt sich leicht übersehen, daß es sich um Glieder einer Entwicklungskette handelt, die auch taxonomisch vereinigt werden müssen. Dabei erweisen sich schon die älteren Formen als echte Pseudarctiden, sobald sie in unser Gesichtsfeld treten.

Die erwähnten spanischen Kollegen haben den erforderlichen Schritt der Herauslösung aus dem Genus *Amphicyon* für ihr Material bereits eingeleitet — wenn auch nicht in unserem Sinne. Sie ordneten es dem neuerrichteten Subgenus „*Ictiocyon*" zu in der Meinung, daß *Pseudarctos* etwas völlig anderes darstelle. Ihre Hauptgründe bezogen sich einmal auf den P^4, der sich in seiner Gedrungenheit angeblich „außerhalb jeglichen Vergleichs" hielte, und zum anderen auf den Index Länge M_2 : Länge M_1 (= 0,76), der höher liegen solle als bei allen Amphicyoniden von Wintershof-West. Dabei übersahen sie aber, daß *Pseudarctos bavaricus* (nach den 1942 von DEHM mitgeteilten Werten) einen entsprechenden Index besitzt, der den ihren mit 0,81 noch erheblich übertrifft, daß ferner der P^4 in den von VIRET (1951, Taf. I, Fig. 5—6) abgebildeten und auf *Ps. bavaricus* bezogenen Stücken durchaus vergleichbare Gebiß-

[14] Bei THENIUS (1952, S. 55) findet sich folgende Bemerkung: „Letzterer (*A. socialis*, Verf.) wird durch SCHLOSSER (N. Jb. Min. etc., B. Bd. 19, 1904, S. 496) mit *Pseudarctos bavaricus* identifiziert ...". Leider kann ich im SCHLOSSERschen Text diese mir so willkommenen Äußerung nicht entdecken.

elemente hat. So blieb denn auch die Gleichartigkeit des spanischen Caniden mit dem „*A. socialis*“ von Wintershof-West unerkannt, obwohl schon allein die Maßtabelle ihre Zusammengehörigkeit kaum übersehen läßt. Freilich, einen M_2 enthielt das Wintershofer Mandibel-Fragment nicht, welcher den bemerkenswerten Längen-Index hätte belegen können, dafür aber schließt die Übereinstimmung in dem höchst charakteristischen Merkmal des M_1-Hyopoconulides jeden Zweifel aus.

Faßt man die Differenzen innerhalb der *A. (Ictiocyon) dehmi-A. socialis-Ps. bavaricus*-Gruppe als Produkt phylogenetischer Veränderung auf, so entsteht das Bild einer sich kontinuierlich wandelnden Art. Der Transformationsprozeß spielt sich in verhältnismäßig engen Grenzen ab. Sobald der erste Pseudarctide im Burdigal ins Bild tritt, besitzt er bereits ziemlich kurze und breite vordere Prämolaren mit relativ hohen und spitzen Kronen. P_4 erscheint bereits stark reduziert und ohne Hinterzacken. Auch das Relief der Molaren erweist sich von Anfang an als vergleichsweise flach. Die ungewöhnliche Breite des P^4 fällt besonders ins Auge. Kurzschnauzigkeit bleibt, soweit man im Augenblick übersehen kann, unveränderliches Charakteristikum von *Pseudarctos*. Der Abwandlungsprozeß äußert sich vor allem in begrenzter Reduktion der P (außer P^4), sowie in der Verbreiterung und weiteren Abflachung des kauenden Gebißanteils. Besonders bemerkenswert ist die zunehmende Größenangleichung von M^2 an M^1. Obwohl sie natürlich in gleicher Weise auch bei den unteren Antagonisten vollzogen wird, ist sie hier nicht so auffällig. — Tatsächlich sind dies Entwicklungstendenzen, die eine gewisse Parallele zu den Ursiden liefern. Jedoch schließt das träge Entwicklungstempo, das wir bis zum Burdigalium zurück verfolgen können, die Möglichkeit eines Abstammungsverhältnisses zwischen irgendwelchen Ursiden und *Pseudarctos* aus. In Analogie zu den Amphicyoniden dürfte sich künftig eher erweisen, daß der *Pseudarctos*-Zweig im Pliozän blind endigt.

Pseudarctos bavaricus SCHLOSSER 1899

1899 SCHLOSSER, Bären, S. 117.

Da die Gattung vorerst nur diese einzige Art besitzt, entsprechen sich Art- und Gattungsdiagnose.

Verbreitung: Burdigalium bis Unterpliozän.

Pseudarctos bavaricus dehmi (CRUSAFONT, VILLALTA & TRUYOLS) 1955

(Form des Burdigaliums)

Abb. 87

v 1950 *Amphicyon socialis* SCHLOSSER. — DEHM, Wintershof-West etc., S. 19ff, Abb. 8 (li. UK-Fragm. mit P_4—M_1).

v 1955 *Amphicyon* (*Ictiocyon* nov. subgen.) *dehmi* nova sp. — CRUSAFONT, VILLALTA & TRUYOLS, Vallés-Penedés, S. 103ff, Abb. 17—20, Taf. 3a, 5a, Fig. 1 (I^3, C sup. fragm., P^2—M^3, I_1, C inf., P_1—M_2).

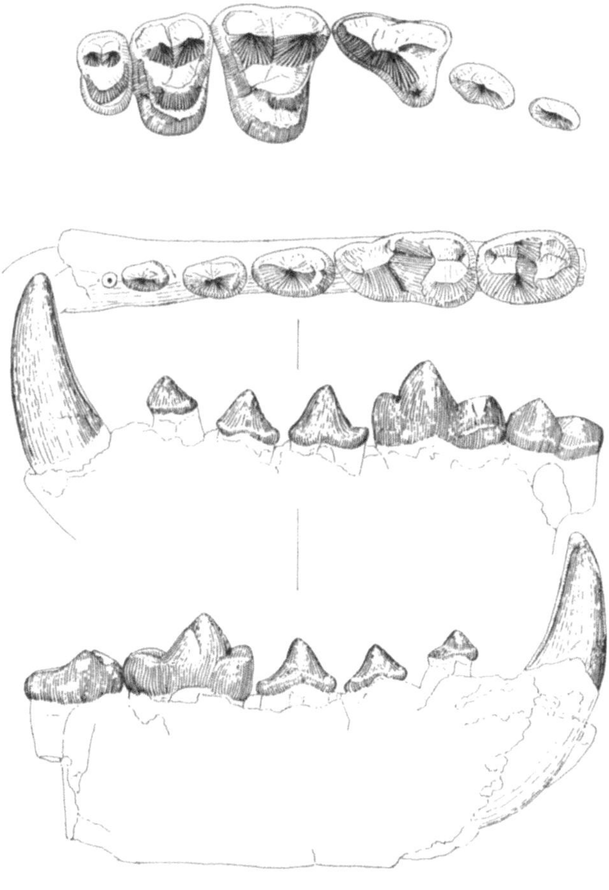

Abb. 87. *Pseudarctos bavaricus dehmi* (CRUSAFONT, VILLALTA & TRUYOLS) aus dem Burdigalium von El Canyet (Mus. Sabadell), Originale zu CRUSAFONT & Mitarb. 1955. Dort als „*Amphicyon* (*Ictiocyon* nov. subgen.) *dehmi* n. sp." bezeichnet. — Oben: P^2—M^3, Kombination von zwei getrennten Stucken, P^{2-4} spiegelbildlich. — Darunter: Li. UK-Ast mit C, Alv. P_1, P_2—M_2. — Alle 1:1.

Diagnose: Burdigale Unterart von *Ps. bavaricus* SCHLOSSER, die durch eine randständige Warze in der Mitte des M_1-Talonides

(Hyopoconulid) gekennzeichnet wird. Relief der Backenzähne etwas höher als bei den jüngeren Formen, Protoconi der M^1 weniger weit dem lingualen Rand genähert.

Holotypus: Die von CRUSAFONT & Mitarb. (1955, S. 103) aufgeführten Zähne, alle vom gleichen Individuum. Museo de Sabadell/Spanien. Hier Abb. 87.

Locus typicus: El Canyet (Castellbisbal), Spanien.

Stratum typicum: Burdigalium.

Diskussion: CRUSAFONT & Mitarb. haben Beziehungen ihres Caniden zu *Pseudarctos* betont in Abrede gestellt, obwohl sie zunächst selber daran dachten. Die phylogenetisch bedingten Unterschiede gegenüber der jüngeren Nominat-Unterart erschienen ihnen gravierender als die nicht zu leugnenden Gemeinsamkeiten, in denen sie nicht mehr als nur „eine gewisse Konvergenz" zu sehen bereit waren. Aus den schon vorhin auseinandergesetzten Gründen unterliegt es für mich keinem Zweifel, daß im Bauplan der Zähne prinzipielle Übereinstimmung besteht, die zunächst den Anschluß an *Ps. b. socialis* und darüber hinaus auch an *Ps. b. bavaricus* sichert. Auch die volle Übereinstimmung zwischen dem Vertreter von El Canyet und demjenigen von Wintershof-West wurde bereits betont. Der Vergleich der Originale macht die unterartliche Zusammengehörigkeit beider Dokumente noch viel deutlicher als die Abbildungen, weil die spanischen Stücke etwas verzeichnet sind. Erfreulicherweise erhalten wir durch den spanischen Caniden nun auch Kenntnis über diejenigen Gebißelemente, die das süddeutsche Material nicht geliefert hat. DEHM (1950, S. 129) beurteilte die verwandtschaftliche Beziehung seines Wintershofer Stückes durchaus zutreffend: „Mehr spezialisiert erscheint der kleine, breitkronige *socialis*, der in das Helvetium weiterdauert und vielleicht im obermiozänen † *Pseudarctos bavaricus* sein Ende findet."

Pseudarctos bavaricus socialis (SCHLOSSER) 1904

(Form des Helvetiums)

1899 „*Amphicyon* von ähnlichen Dimensionen wie *A. rugosidens* n. sp." — SCHLOSSER, Bären, S. 131.

1902 *A.* aff. *rugosidens* SCHLOSSER. — SCHLOSSER, Beiträge, S. 37, 133.

v* 1904 *Amphicyon socialis* n. sp. — SCHLOSSER, Notizen, S. 496—497, Taf. 26, Fign. 2, 6, 7 (UK dext. aus zwei verschiedenen Stücken kombiniert mit Alv. P_1, P_2—M_2, Alv. M_3; 2 Metapodien).

? 1926 *A. bavaricus* SCHLOSSER. — SCHLOSSER, Oggenhausen, S. 199, 201, Fign. A_1, B_1, C_1 (Scapholunatum).
1942 *Amphicyon socialis* SCHLOSSER. — DEHM, Amphicyoniden, S. 13ff.
pars 1950 *Amphicyon socialis* SCHLOSSER. — DEHM, Wintershof-West, S. 19, 20, 129 (non Wintershof-West, Abb. 8).
1951 *Amphicyon socialis.* — VIRET, Catalogue, S. 32.
1955 *Amphicyon socialis.* — TOBIEN, Carnivoren, S. 9.
1955 *Amphicyon socialis.* — CRUSAFONT, VILLALTA & TRUYOLS, Vallés-Penedés, S. 112.
? 1961 *Pseudarctos bavaricus* SCHLOSSER. — GINSBURG, Carnivores, S. 52/53, Taf. XVI, Fig. 1 (Ulna).

Diagnose: Unterart von *Ps. bavaricus* SCHLOSSER. — Terminale Warze am M_1-Talonid unbekannt. P niedriger als bei *Ps. b. dehmi* aber relativ länger und weniger gedrungen als bei *Ps. b. bavaricus*, ohne Cingulum.

Lectotypus: DEHM (1942, S. 13) wählte als Lectotypus das von SCHLOSSER (1904, Taf. 26, Fig. 2, 2a) abgebildete rechte Unterkiefer-Fragment mit M_1—M_2 und Alv. M_3 aus, das in der genannten Abbildung zusammen mit einer Prämolaren-Reihe P_2-P_4 zwar zu einem Stück kombiniert, jedoch individuell nicht zusammengehörig ist. Slg. München Nr. 1904 C 1.

Locus typicus: Spaltenfüllung von Solnhofen/Bayern.

Stratum typicum: Helvetium.

Diskussion: Das heute vorliegende Material beschränkt sich auf den von zwei Individuen kombinierten Unterkiefer der Münchener Sammlung, der schon SCHLOSSER vorlag[15]. Die Extremitätenreste — nach SCHLOSSER sollen sie sich auf mindestens acht Individuen verteilt haben — gingen im Kriege verloren. Eine so spärliche Dokumentation gestattet selbstverständlich nicht, daraus Kriterien zu einer umfassenden Diagnose herzuleiten. Während trotzdem eine Abgrenzung der Subspezies gegen *Ps. b. dehmi* leicht gelingt, bedarf sie gegenüber *Ps. b. bavaricus* weiterer Ergänzung. An den wenigen vergleichbaren Prämolaren treten zwar deutliche Unter-

[15] DEHM (1942, S. 13) machte darauf aufmerksam, daß der hier verwendete Name „*Amphicyon bavaricus*" wohl auf einem Versehen SCHLOSSERs beruht und eigentlich *A. socialis* hätte heißen sollen. Seltsamerweise liegt den erhaltenen Belegen von *A. socialis* in der Münchener Sammlung ein gedrucktes Etikett — was dort keineswegs die Regel ist — mit dem „falschen" Namen bei. Es fragt sich, ob nicht SCHLOSSER später vielleicht doch Bedenken gekommen sind, und er womöglich die Absicht gehabt hat, seinen *socialis* mit *bavaricus* im Genus *Pseudarctos* zu vereinigen. Denkbar wäre, daß nur äußere Umstände den 1926 bereits Zweiundsiebzigjährigen daran gehindert haben, seine Absicht zu publizieren.

schiede zutage, jedoch vermag ich Zweifel an der Richtigkeit der von HELBING (1937) vorgelegten und als *bavaricus* bestimmten P nicht recht zu unterdrücken. Situs-Funde können hier erst die erwünschte Klarheit schaffen. Da Oberkiefer-Molaren von *socialis* unbekannt sind, bleiben für die Beurteilung allein die unteren Backenzähne übrig. Sie unterscheiden sich morphologisch nicht sonderlich markant von denjenigen der jüngeren Unterart. Allerdings fällt der Index Lg. M_2: Lg. M_1 beträchtlich aus dem Rahmen. Mit 0,73 liegt er weit unter Erwartung. Es ist nicht wahrscheinlich, daß dieser Wert sich bei umfangreicherem Material als repräsentativ erweisen wird.

Zwei Metapodien, die SCHLOSSER seinerzeit abgebildet und *socialis* zugeschrieben hat, besitzen viel dünnere proximale Enden als vergleichbare Knochen anderer Amphicyoniden. Infolgedessen dürften die Autopodien von *socialis* im Verhältnis zu den Zeugo- und Stylopodien ungewöhnlich plump gewesen sein.

Maße in mm:

Holotypus (Slg. München, Nr. 1904 V 1): M_1=16,4 × 8,6; M_2=12,0 × 8,9; Alv. M_3= 7,5 × 5,5.

P_2—P_4 (Slg. München mit gleicher Nr.): P_2= 7,3 × 4,2; P_3=9,3 × 5,0; P_4=11,0 × 6,0.

Pseudarctos bavaricus bavaricus SCHLOSSER 1899

(Form des Tortoniums und Sarmatiums)

Abb. 88

1898 *Mustela zibethoides* FILH. — ROGER, Wirbelthierreste, II. Teil, S. 395.

* 1899 *Pseudarctos bavaricus* n. sp. — SCHLOSSER, Bären, S. 117, Taf. XIII, Fign. 17, 21, 22 (UK-Fragm. mit P_4—M_3, M^1).

non — *Pseudarctos* ? sp. — SCHLOSSER, l. c., S. 121.

1900 *Pseudarctos bavaricus*, SCHLOSSER. — ROGER, Wirbelthierreste, III. Teil, S. 57, Taf. III, Fig. 1 (M^1).

? *1914* Amphicyonide cfr. *Pseudarctos* SCHLOSSER. — STEHLIN, Übersicht, S. 191.

v 1933 *Pseudarctos* aff. *bavaricus* SCHLOSS. — VIRET, Contribution, S. 7ff, Taf. I, Fign. 1, 2 (M_1—M_2 sin., M_1 sin.).

v 1937 *Pseudarctos bavaricus* SCHLOSSER. — HELBING, Odontol. Charakteristik, S. 7—14, Abb. 1—4 (M_1—M_3, ? P_2—P_3, 2 I).

1942 *Pseudarctos bavaricus* SCHLOSSER. — DEHM, Amphicyoniden, S. 15ff.

1949 *Pseudarctos vindobonensis* n. sp. — THENIUS, Neudorf, S. 6.

1949 *Pseudarctos bavaricus* SCHLOSSER 1899. — THENIUS, Göriach, S. 720—722.

1950 *Pseudarctos bavaricus*. — DEHM, Wintershof-West, S. 129.

v 1951 *Pseudarctos* aff. *bavaricus* SCHLOSSER. — VIRET, Catalogue, S. 30ff, Taf. I, Fign. 5—7 (P^4, M^1), ?Taf. III, Fign. 9—10 (Humerus fragm., Femur, fragm.).
non — *Pseudarctos albanensis* nov. sp. — VIRET, l.c., S. 33/34, Taf. IV, Fig. 14 (M_1 fragm., ? Radius fragm.).
1952 *Pseudarctos* aff. *bavaricus* SCHL. — THENIUS, Neudorf, S. 56ff, Abb. 18—19 (M^1, M^2).
1955 *Pseudarctos bavaricus.* — CRUSAFONT, VILLALTA & TRUYOLS, S. 113ff.

Diagnose: Nominat-Unterart von *Pseudarctos bavaricus* SCHLOSSER 1899. P (außer P^4) alle relativ kurz und gedrungen, ringsum von einem kräftigen Cingulum umgeben. Größenverhältnis von M^1 und M^2 nahezu ausgeglichen, hinsichtlich der Grundfläche etwas zugunsten des M^2 verschoben. Molaren-Relief besonders flach. Umrisse von M_1-Talonid und M_2 ausgeprägt rechteckig.

Holotypus: Rechtes UK-Fragment mit P_4 (heute fragmentarisch) und M_1—M_3. Slg. München, Nr. 1898 I 35. — Abb. bei SCHLOSSER 1899, Taf. XIII, Fig. 17 und 22. — Hier Abb. 88.

Locus typicus: Flinz von Tutzing am Starnberger See (Bayern).

Stratum typicum: Oberes Vindobonium.

Diskussion: SCHLOSSERs Abbildung des Holotypus fügt sich überaus schlecht in den Rahmen der Art ein. Verschiedene Widersprüche zwischen Abbildung und Text erregen Mißtrauen. SCHLOSSER sagt beispielsweise über den M_2, er habe eine „ziemlich stark reduzierte Vorderhälfte (Trigonid) und einen sehr großen, flachen ...Talonid". Die Seitenansicht seiner Abbildung zeigt aber genau die umgekehrten Verhältnisse. Ebenso widerspricht die Darstellung des M_1 mit seinem extrem kurzen Talonid jeder Erwartung. — Ein Abguß[16] im Museum Basel (T. D. 1157) deckt folgende Verzeichnungen auf: P_4 verfügt nicht über einen runden, sondern glatten, gerundet-eckigen Hinterrand. Das Protoconid des M_1 erscheint höher und spitzer, als es der Wirklichkeit entspricht. Sein Paraconid ist vorn zu scharf dargestellt, das Hypoconid zu flach und das Talonid zu kurz. M_2 steht in natura dicht an M_1. Auch am M_2 ist der Höhenunterschied zwischen Proto- und Hypoconid übertrieben worden. Tatsächlich hat der Zahn geringere Breite, und sein hinteres Außeneck ist etwas abgestumpft. Das Metaconid

[16] Auf unerklärliche Weise ist mir der Holotypus beim Besuch der Münchener Sammlung entgangen. Herr Professor DEHM teilte mir auf Anfrage freundlicherweise mit, daß der Holotypus den Krieg wohlbehalten überdauert habe.

hängt im Vergleich zum Protoconid ein wenig zurück, und die Schneide des Hypoconides nähert sich mehr der Mitte. Auch am M_3 weist das Protoconid geringere Höhe auf, als es die Zeichnung angibt.

Beträchtliche Differenzen enthalten außerdem die absoluten Meßwerte von SCHLOSSER und DEHM. DEHM (1942) maß: Lg. $M_1 = 13{,}2$; Lg. $M_2 = 10{,}7$. Die entsprechenden Angaben von SCHLOSSER lauten: $M_1 = 14{,}7$; $M_2 = 10{,}5$. Daraus ergeben sich folgende Indices: Lg. M_2 : Lg. $M_1 = 0{,}811$ bei DEHM, 0,714 bei SCHLOSSER (vgl. auch S. 145). Dieser Unterschied ist so bedeutend, daß jedes Errechnen von Indices seinen Sinn verlieren würde, wenn man nicht den Werten DEHMs absolutes Vertrauen schenken könnte. —Insgesamt fällt nach Überprüfung der Holotypus der Nominat-Unterart viel weniger aus dem Rahmen, als SCHLOSSERs Zeichnung glauben läßt.

HELBING (1937, S. 8) hat die „sehr weitgehende Übereinstimmung der beiden Bezahnungen" von Tutzing und Göriach ausdrücklich betont. An Abweichungen des steierischen Materials nannte er: 1. Talonid des M_1 mit ungegliedertem Entoconid, geringem Höhenunterschied zwischen Hypo- und Entoconid sowie Vorhandensein einer scharfen medianen Talonid-Rinne. 2. M_2 mit noch undeutlicherem Paraconid und etwas stärker quergedehnter Krone. 3. Geringe Bau-Unterschiede der M_3-Krone. 4. Minimale Größenunterschiede. — All diesen Abweichungen mißt er mit Recht keine größere Bedeutung zu, als sie der individuellen Variabilität zukommt. Wir dürfen also ohne Zögern an der Übereinstimmung beider Dokumente festhalten, zumal ja TOBIEN (1955, Fußnote S. 8) schon darauf aufmerksam gemacht hat, daß in HELBINGs Abbildung die etwas irritierende basale Verdickung auf der Lingual-Seite des M_1-Paraconides nicht der Wirklichkeit entspricht.

Die diversen, von VIRET (1933 und 1951) publizierten *Pseudarctos*-Funde von La Grive können meines Erachtens ohne Einschränkung dem *Ps. b. bavaricus* angeschlossen werden. Vorbehalte, wie VIRET sie durch die Schreibweise „*Ps.* aff. *bavaricus*" zum Ausdruck brachte, beruhen wohl in erster Linie auf der etwas irreführenden Darstellung des Holotypus durch SCHLOSSER. Man muß VIRET vollkommen beipflichten, wenn er die Aufspaltung des Entoconides am M_1-Talonid des Tutzinger Holotypus nur als individuelle Variabilität wertet. Dasselbe gilt auch für die unbedeutenden Differenzen, die sich aus dem Vergleich mit dem Göriacher Dokument für die oberen Molaren von La Grive ergeben. Von besonderem Wert sind in dieser Hinsicht zwei Beobachtungen: Das Paraconid des M_2 kann zwischen schwacher Andeutung und völliger Reduktion variieren. Ferner bemerkte VIRET, ohne um die Zusammenhänge zu wissen, daß zwei M_1 von La Grive noch $\pm$ deutliche Spuren eines „Hypoconulides" aufwiesen, die er bei anderen Amphicyoniden nicht auffinden konnte. Nachdem wir nun homologe Bildungen von den burdigalen Gattungs-Vertretern her kennen, wundert uns

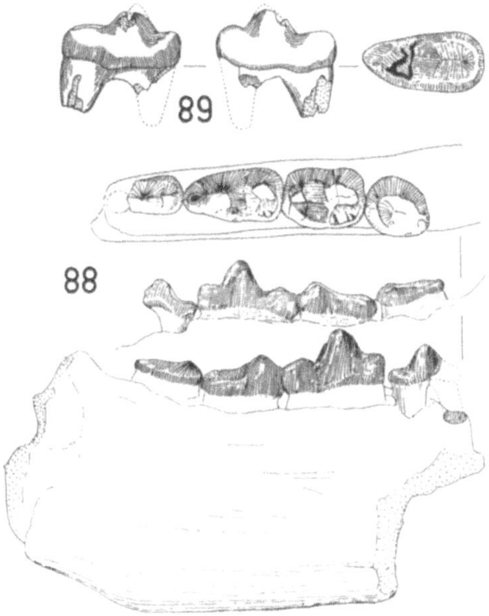

Abb. 88 u. 89.

Abb. 88. Re. UK-Fragment des *Pseudarctos bavaricus bavaricus* SCHLOSSER aus dem Flinz von Tutzing. Nach einem Abguß des Holotypus, Original in der Slg. München, Nr. 1898 I 35. P_4 fragm. und M_{1-3} in Aufsicht, von innen, von außen. — Abb. 89: M_1 sin. des *Pseudarctos bavaricus* aff. *bavaricus* SCHLOSSER aus dem Pontium von Gau-Weinheim. Mus. Mainz, 1934/439. Umgezeichnet nach TOBIEN (1955, Abb. 1 und Taf. I, Fig. 1), Innenseite, Außenseite, Kauflache. — Alle 1:1.

das nicht mehr. Auch in diesem Fall dürfte es sich um die wiederholt bestätigte Feststellung handeln, daß alte Merkmale immer wieder einmal durchbrechen. Daraus resultiert die Erwartung, es werden sich eines Tages ähnliche Palimpseste auch für die helvetische Unterart nachweisen lassen.

THENIUS (1952) berief sich bei Bestimmung seines Materials von Neudorf auf die gleichen Unterschiede gegenüber dem Holotypus wie VIRET. Deshalb erübrigt es sich, näher darauf einzugehen. — Den 1949 publizierten Artnamen „*Ps. vindobonensis* THENIUS" hat der Autor anläßlich der endgültigen Faunen-Bearbeitung selbst wieder aufgegeben.

Was nun den „*Pseudarctos albanensis* VIRET 1951“ anlangt, so kann ich nur nachdrücklichst auf die vom Autor (S. 34) selbst geäußerten Zweifel hinweisen: «Le grand '*Pseudarctos*' de la Grive appartiendrait-il, en réalité, à un genre différent ?». — Obwohl inzwischen keine weiteren Belege dieses Carnivoren bekannt geworden sind, denen VIRET die Entscheidung hatte überlassen wollen, möchte ich die Frage eindeutig bejahen. Aus dem Entwicklungsgang von *Ps. bavaricus* wird klar, daß eine derartige Form in seiner Gesellschaft nichts zu suchen hat. Es liegt ja auch keine andere Gemeinsamkeit vor als das sehr vage Merkmal eines hinten verbreiterten und eckig abgestutzten M_1-Talonides.

Die Hügel dieses Zahnabschnittes unterscheiden sich ebenso klar von der Norm des *Pseudocyon* wie das schwache und weit zurückgeschobene Metaconid. In Übereinstimmung mit VIRET würde auch ich nicht im Genus *Hemicyon* s. l. nach Parallelen suchen, weil der ganze Bau des Talonides gegen solche Verwandtschaft spricht. Wenn aber von einem „entoconide rudimentaire“ in Verbindung mit einem schwachen, weit zurückgestellten Metaconid gesprochen werden kann, dann drängt sich zwangsläufig der Gedanke an Thaumastocyoninae auf. Freilich gehört hier zu den Charakteristika auch ein komplett reduziertes Metaconid, aber wir wissen nicht, ob dieses Element, wie ADAM (1959) für *Cuon alpinus europaeus* nachweisen konnte, nicht doch immer wieder einmal zum Vorschein kommt. Unter Berücksichtigung des geringeren Alters von *albanensis* scheint der Vergleich mit *Thaumastocyon bourgeoisi* STEHLIN HELBING im übrigen keineswegs so ganz abwegig, zumal *albanensis* bereits Spuren einer mehr felinoiden Abkauung erkennen läßt. — Gleichgültig wie die taxonomische Stellung von *albanensis* auch geklärt werden mag, ein *Pseudarctos* ist er jedenfalls nicht!

Maße in mm:

Holotypus, Slg. München, Nr. 1898 I 35: $P_4 = 9{,}0 \times 5{,}5$; $M_1 = 14{,}7 \times 7{,}8$; $M_2 = 10{,}5 \times 7{,}8$; $M_3 = 9{,}0 \times 7{,}5$ (= Maße nach SCHLOSSER). $P_4 = 8{,}9$; $M_1 = 13{,}2$; $M_2 = 10{,}7$ (= Zahnlängen nach DEHM 1942).

Göriach (HELBING 1937, Mus. Basel T.O. 965): $M_1 = 14{,}2 \times 7{,}2$; $M_2 = 11{,}5 \times 8{,}4$; $M_3 = 8{,}6 \times 7{,}6$. — $M^1 = 10{,}6 \times 14{,}0$; $M^2 = 10{,}0 \times 12{,}2$; $M^3 = 6{,}5 \times 10{,}8$.; La Grive (Lab. Géol. Lyon 5017 u. 5018): $M_1 = 14{,}8 \times 7{,}6$; $M_2 = 11{,}0 \times 8{,}5$ $M_1 = 16{,}0 \times 7{,}8$.

Pseudarctos bavaricus aff. *bavaricus* SCHLOSSER 1899

(Form des Unterpliozäns)

Abb. 89

v 1955 *Pseudarctos* aff. *bavaricus* SCHLOSSER 1899. — TOBIEN, Carnivoren, S. 7—9, Abb. 1, Taf. I, Fig. 1 (M_1 sin. in falschem Abbildungsmaßstab).

Dieser aus den unterpliozänen Dinotheriensanden Rheinhessens stammende M_1 von Gau-Weinheim schließt (einstweilen?) die Entwicklungsreihe des *Pseudarctos bavaricus* ab. TOBIEN hat auf die große Ähnlichkeit des Stückes mit dem Homologon von Göriach schon hingewiesen. Hervorstechend sind die „eigentümlich weichen, unscharfen Formen der Kronenelemente", die gewiß primären Ursprungs sind. Das Hypoconid erweist sich hier als noch weitgehender reduziert, während das Talonid, wie mir scheint, an Länge etwas gewonnen hat. Größenmäßig läßt sich keine konstante Zunahme ableiten. (Die Abbildungen TOBIENs haben den Maßstab 3:2 und nicht 1:1, wie angegeben).

Aller Wahrscheinlichkeit nach wird sich dieser Carnivore bei besserer Dokumentation als gut abgrenzbare Unterart zu erkennen geben. Weitere Reduktion der P — vielleicht unter Verlust von P 1 —, Verlängerung der hinteren Molaren und Zunahme der Relief-Abflachung müssen als spezielle Abänderungen erwartet werden.

Maße in mm:

M_1 sin. (Mus. Mainz, Nr. 1934/439): 15,7 × 7,5.

Entwicklungsgeschichtlicher Rückblick

Das Genus *Pseudarctos* wird in Europa durch eine einzige Art vertreten: *Ps. bavaricus* SCHLOSSER. Ihre vorburdigalen Ahnen sind unbekannt. Die ersten Vertreter im Burdigalium präsentieren sich als merkwürdige Mischung von alten und neuen Wesenszügen. Antiquiert wirken die relativ hohen, massigen und engstehenden Prämolaren sowie der Besitz eines Hypoconulides im Talonid des M_1. Modern erscheint die Abflachung der Kronenelemente an den Molaren sowie die Reduktion des Hinterzackens am P_4. An der primären Kurzschnauzigkeit scheint sich späterhin nur wenig zu ändern. Die Tendenz zur Verkleinerung des schneidenden zugunsten des kauenden Gebiß-Anteils hat *Pseudarctos* mit den meisten Amphicyoniden gemeinsam. Konstant bleibt offenbar die absolute Größe. Alles deutet darauf hin, daß *Pseudarctos* schon im frühen Oligozän weitgehend differenziert gewesen sein muß. Wenn er sich im Jüngeren Miozän als kleine Form inmitten einer Gesellschaft von großen Konkurrenten behauptet hat, so wohl deshalb, weil er sich frühzeitig auf gemischte Kost — einschließlich Aas — einzustellen vermochte.

XIII. Oligozäne Spezies unsicherer Gattungszugehörigkeit

Alle bisher behandelten Formen verteilen sich chronologisch auf den Abschnitt Oberes Stampium bis Pontium. Alles, was älter ist, entzieht sich vorerst einer genauen Beurteilung. Das liegt wohl in erster Linie daran, weil aus dem Eozän, dem Sannoisium sowie dem

Älteren und Mittleren Stampium insgesamt nur fünf „Arten“ bekannt geworden sind. Nach den Erfahrungen, die wir im jüngeren Zeitraum gemacht haben, muß eine wesentlich höhere Zahl erwartet werden. Schon ein flüchtiger Blick belehrte mich darüber, daß sehr viel mehr Material — insbesondere aus dem Quercy — vorliegt, als man der Literatur nach vermuten würde. Hier ist noch sehr viel Arbeit zu leisten. Deshalb beschränke ich mich zunächst darauf, den publizierten Artbestand kurz zu diskutieren.

„*Amphicyon*“ *ambiguus* FILHOL 1877

Als Typus dieser Art sind im Museum Paris ein linkes Maxillare mit Alv. C—P^1, P^2—P^3, Alv. P^4—M^1 und M^2 sowie ein rechtes UK-Fragment mit P_1—M_1 und Wurzel-Reste von M_2 bezeichnet. Beide Stücke entsprechen den Abb. 22—26 bei FILHOL (1877). Sie tragen die Inventar-Nummer 1903-20 und stammen aus den Phosphoriten des Quercy. Seit FILHOLs Publikation sind unglückseligerweise P^4, M^1 und M_2 nachträglich in Verlust geraten. Da die individuelle Zusammengehörigkeit beider Stücke nicht verbürgt ist, empfiehlt es sich, nur das UK-Fragment als Typus zu betrachten.

FILHOLs Abbildungen stellen alle Zähne zu kräftig dar. P_3 besitzt in Wirklichkeit noch schwache Überreste eines Hinterzakkens. Der basale Vorderzacken des P_4 ist in der Zeichnung stark übertrieben. Über die Zahl der Incisiven gibt der Holotypus leider keine Auskunft. — Auf die von HELBING (1928) vermutete enge Beziehung zwischen „*A.*“ *ambiguus* und *Pseudocyonopsis landesquei* wurde schon auf S. 140 hingewiesen. Wenn sie sich künftig erhärten läßt, würde *ambiguus* in das Genus *Pseudocyonopsis* gen. nov. zu stellen sein.

Wegen des schwächeren M_1-Metaconides wollte HELBING (1928a, S. 15) einen weiteren UK-Rest, den FILHOL (1877, Abb. 41—43) mit *ambiguus* vereinigt hatte, nicht in dieser Art belassen. Da ich das Stück bisher nicht auffinden konnte, möchte ich mich einer Stellungnahme enthalten.

Interessant ist ein „*ambiguus*“-Fragment im Pariser Museum (Nr. 1899-15/2). Es handelt sich um ein linkes UK-Bruchstück mit P_3—P_1, C und I_3 in situ. Außer dem mit einem außenseitlichen Nebenzacken versehenen I_3 dürfte vielleicht nur noch eine weitere Incisiven-Alveole vorhanden sein. Für echte *Amphicyon*-Vorläufer müssen auf jeden Fall drei I erwartet werden. Womöglich handelt es sich bei diesem „*ambiguus*“ eher um einen *Pseudocyon*.

„Amphicyon“ palaeolycos GERVAIS 1872

Als Holotypus hat jenes rechte UK-Fragment mit P_2—M_1, M_2 fragm., Alv.-Reste von C und P_1, sowie Alv. M_3 zu gelten, das GERVAIS 1872 mit dem Namen *„Canis (Amphicyon) palaeolycos“* versehen hat. Auch diese Form stammt aus den Phosphoriten des Quercy und befindet sich im Pariser Museum unter der Nr. 1875-8. GERVAIS äußerte Zweifel darüber, ob zwei oder drei Molaren vorhanden seien, deshalb seine Unsicherheit in der Gattungsbestimmung. Das erwähnte Stück besitzt mit Sicherheit drei Molaren, denn M_3 ist durch die Alveole belegt. Dieser Zahn dürfte kaum nennenswert kleiner gewesen sein als der Vorgänger M_2. Andere Mängel in GERVAIS' Darstellung resultieren in erster Linie aus der völligen Verzeichnung des M_1-Protoconides. Da seine Spitze (heute) fehlt, muß es als sehr viel höherer Hügel ergänzt werden, als es in GERVAIS' Zeichnung geschehen ist.

„A.“ palaeolycos stellt einen sehr primitiven Amphicyoniden dar. Er ist mittelgroß und kurzschnauzig. Alle Backenzähne stehen dicht aufgeschlossen. (Ein kurzes Diastem zwischen P_2 und P_3 dürfte auf Sediment-Druck zurückzuführen sein). P_1 wird nach Ausweis seiner Alveole außen etwas von P_2 überlappt. C inf. war kräftig und hat vermutlich sehr steil gestanden. P_2—P_4 verfügen noch über Hinterzacken, deren Größe von vorn nach hinten zunimmt. M_1 trägt *Cynodictis*-artige Züge durch das breite Trigonid, hohe Protoconid und kurze, schmale Talonid. Das Hypoconid bleibt an Höhe erheblich hinter dem Paraconid zurück. Der beschädigte M_2 ist auffallend niederkronig und relativ kurz. Infolge einer Beschädigung kann nur vermutet werden, daß seine Höcker-Anordnung viel Ähnlichkeit mit derjenigen des M_1 hatte. Mit Sicherheit hing das Metaconid hinter dem Protoconid ein wenig zurück. M_3 dürfte M_2 wiederum sehr ähnlich gewesen sein.

Vom typischen *ambiguus* unterscheidet sich *palaeolycos* durch einen stärkeren Kiefer-Knochen, lückenlose Zahnreihe, P_2 mit Hinterzacken, P_4 ohne Vorderzacken, M_1 mit höherem Protoconid und relativ breiterem Trigonid. Damit ist *palaeolycos* offensichtlich noch primitiver als *ambiguus*. Zu den kleineren Formen *minimus*, *helveticus* und *praecursor* dürften schon allein wegen der beträchtlicheren Größe keine näheren Beziehungen in Frage kommen.

Weitere Materialien, die GERVAIS auf *palaeolycos* bezogen hatte, bleiben einstweilen problematisch, da ich die Originale noch nicht aufgefunden habe. Die untere Zahnreihe mit fragm. P_4—M_2 und Alv. M_3 (GERVAIS, Taf. XVI, Fig. 8) gehört wahrscheinlich einer anderen Art an, weil M_3 hier sehr klein ausfällt. Das gleiche gilt für das OK-Fragment auf Taf. XVI, Fig. 7.

„*Amphicyon*" *helveticus* PICTET & HUMBERT 1869

Der sogenannte „*A.*" *helveticus* aus dem „terrain sidérolithique" des Kantons Vaud/Schweiz (PICTET 1855—57, PICTET & HUMBERT 1869) ist nur in Einzelzähnen belegt. Seine Zahnformel kann infolgedessen nicht angegeben werden. SCHLOSSER (1899, S. 134) verwies *helveticus* in das Genus *Pseudamphicyon*, doch scheint es zumindest fraglich, ob die schweizerischen Dokumente überhaupt als einheitliche Art gewertet werden dürfen. M^1 unterscheidet sich nicht nur grundlegend von *Pseudamphicyon*, sondern überhaupt von allen älteren Amphicyoniden. Am ehesten paßt dieser Zahn noch zu dem Homologon vom *Simamphicyon*, den VIRET (1941/42) aus dem Bartonien von Robiac-Gard beschrieben hat. Der taxonomische Ort dieses Genus scheint mir vorerst völlig unsicher.

„*Amphicyon*" *praecursor* SCHLOSSER 1902

basiert auf einem linken oberen M^1 aus dem Sannois (DEHM 1935) von Veringendorf. JÄGER (1853) hatte sowohl den Zahn, wie auch einige dazugehörige Extremitäten-Knochen ursprünglich als „?*Amphicyon intermedius*" bestimmt. Es handelt sich hier um eine kleine Form. Die Maße des M^1 betragen $11 \times 15{,}5$. SCHLOSSER erklärte sich „fast geneigt", im *praecursor* den Ausgangspunkt für „*Amphicyon*" *lemanensis* zu sehen. Andererseits veranlaßte ihn die unleugbare Ähnlichkeit mit *Cynodictis* zu der Vermutung, daß „es nicht ausgeschlossen wäre, daß sich diese Form und mithin *Amphicyon lemanensis* aus einem *Cynodictis* entwickelt hätte". — Vielleicht hat SCHLOSSER Recht mit seiner Vermutung, denn im Museum Marseille fand ich inedite Dokumente aus dem Mittleren Stampium von Saint Henri, die eventuell als Zwischenglieder dieser Entwicklungskette in Betracht kommen. Sie sind — angeblich von ROMAN — als „*Pseudocyon gerandianus*" bestimmt worden.

„*Amphicyon*" *minimus* DEHM 1942

1935 beschrieb DEHM diverse Zähne einer sehr kleinen Amphicyoniden-Art, die er zunächst *A. minor* nannte und 1942 unnötigerweise in *A. minimus* umtaufte. Das schöne Material stammte aus dem Chattium von Gunzenheim, ging jedoch während des Krieges in der Münchener Slg. verloren. — Auch dieser kleinste Amphicyonide trägt primitive Züge. So besitzt P_3 noch Spuren eines Hinterzackens. Das Protoconid des M_1 ragt verhältnismäßig hoch auf, seine Hinterfront fällt steil ab, das Hypoconid bleibt an Höhe hinter dem Paraconid klar zurück und das Talonid ist beträchtlich schmäler als das Trigonid. M_2 reflektiert ähnliche Eigenschaften und verfügt über relativ geringe Länge. Die OK-Zähne, z.T. in fragmentarischer Erhaltung, wirken moderner; nur der sehr niedere Deuteroconus des P^4 verrät noch das hohe Alter. Das innere Basalband von M^1 und M^2 umfaßt bereits den größeren Teil des Protoconus, außerdem haben beide Zähne schon den charakteristischen Umriß jüngerer Amphicyoniden. — DEHM sah in „*A.*" *minimus* einen Vorläufer der aquitanen Arten *rugosidens, lemanensis* und „*eseri*". Dagegen spricht die Erfahrung, daß die Größe stammesgeschichtlich verknüpfter Amphicyoniden sich in der Regel nur geringfügig ändert. Da Ausnahmen aber möglich sind, wäre das kein unbedingt gültiges Gegenargument. Für die chattischen Vorläufer der genannten Arten sollte man aber unbedingt einen M_1 erwarten, dessen Flanken in Seitenansicht wurzelwärts konvergieren. „*A.*" *minimus* verhält sich in diesem Punkt fortschrittlicher als die meisten der genannten aquitanen Formen. Deshalb vermag ich einstweilen nicht an ein direktes Verwandtschaftsverhältnis zu *rugosidens* oder (bzw. und) *lemanensis* zu glauben. Dies ist auch der Grund dafür, weshalb ich *minimus* nicht dem Genus *Cynelos* anschließe, sondern seine Gattungszugehörigkeit offen lasse.

Problematische Einzelzähne

Amphicyon elegans ROGER 1904

ist ausschließlich durch einen M^1 dext. aus dem Oberen Miozän der Reischenau (bei Augsburg) belegt. ROGER hatte ihn 1898 als *A. giganteus* bestimmt, später aber eine besondere Art darin sehen wollen. Ich selbst (KUSS 1962, S. 153) habe ihn provisorisch einem „Genus indet. I" zugeordnet und zugleich auf die Ähnlichkeit mit *Thaumastocyon bourgeoisi* hingewiesen. Diese Feststellung kann ich hier nur unterstreichen. Zwei andere Möglichkeiten scheinen aber auch nicht ganz ausgeschlossen: 1. könnte es sich tatsächlich um einen von der Norm stark abweichenden M^1 von *A. steinheimensis* handeln, über dessen Variationsgrenzen wir noch wenig wissen,

2. könnte auch die Beziehung zu *giganteus* zutreffen. In diesem Fall wäre es weniger die minimale Größe als vielmehr das obermiozäne Alter, was die zweite Möglichkeit recht unwahrscheinlich macht.

XIV. Schluß

In Europa verteilen sich die Amphicyoninae auf die herkömmlichen Genera *Amphicyon* LARTET, *Pseudocyon* LARTET und *Pseudarctos* SCHLOSSER. Hinzu treten zwei neue Genera: *Megamphicyon* gen. nov. und *Pseudocyonopsis* gen. nov. sowie das zwar überkommene, aber nie verwendete Genus *Cynelos* JOURDAN. Für die bisher nur in Asien belegte Gattung *Arctamphicyon* werden erstmalig europäische Vertreter nachgewiesen.

Die meisten Gattungen sind nur durch eine Art vertreten. *Amphicyon* und *Cynelos* haben je zwei Spezies, *Arctamphicyon* drei. Alle Arten lassen eine deutliche Abhängigkeit ihrer Zahnmerkmale vom zeitlichen Vorkommen erkennen, d.h. sie wandeln sich mit der Zeit. Merkmalsunterschiede, die bisher meist für die Abgrenzung von Arten in Anspruch genommen wurden, werden hier als chronologisch bedingte Varianten erkannt und infolgedessen nur als Unterarten gewertet. Die Art-Umwandlung verläuft zumeist langsam, stetig und über lange Zeiträume hinweg. Viele Spezies dauern vom Oberen Stampium bis zum Pontium aus. Da die Formen des Älteren Oligozäns nicht berücksichtigt sind, besteht Aussicht, daß sie teilweise bis in diese Zeit zurückverfolgt werden können. — Es sind aber auch einige Fälle sichtbar, bei denen der Verdacht besteht, daß neue Arten durch sprunghafte Entwicklung aus alten hervorgegangen sind. (Eine sichere Entscheidung darüber kann erst nach Vorliegen einer weltweiten Revision der Amphicyoninae gefällt werden.) Falls die Vermutung sich als richtig erweist, würde zugleich die Entstehung neuer Genera sichtbar werden. — Der hier erarbeitete Kenntnisstand vermittelt den Eindruck, als ob die europäischen Taxa bodenständig wären. Nur im Genus *Arctamphicyon* scheint es zur Abwanderung nach Asien und eventuell zur Rückwanderung nach Europa gekommen zu sein.

In der nachstehenden Abbildung wird versucht, die verwandtschaftlichen Beziehungen der revidierten Taxa zu verdeutlichen.

Niemals fanden sich Hinweise dafür, daß aus den Amphicyoniden valente Formen (etwa Ursiden) hervorgegangen sind. Gewisse urside Züge einiger Amphicyoniden gehen auf konvergente Entwicklungen zurück. — Zwei divergente Entwicklungsrichtungen

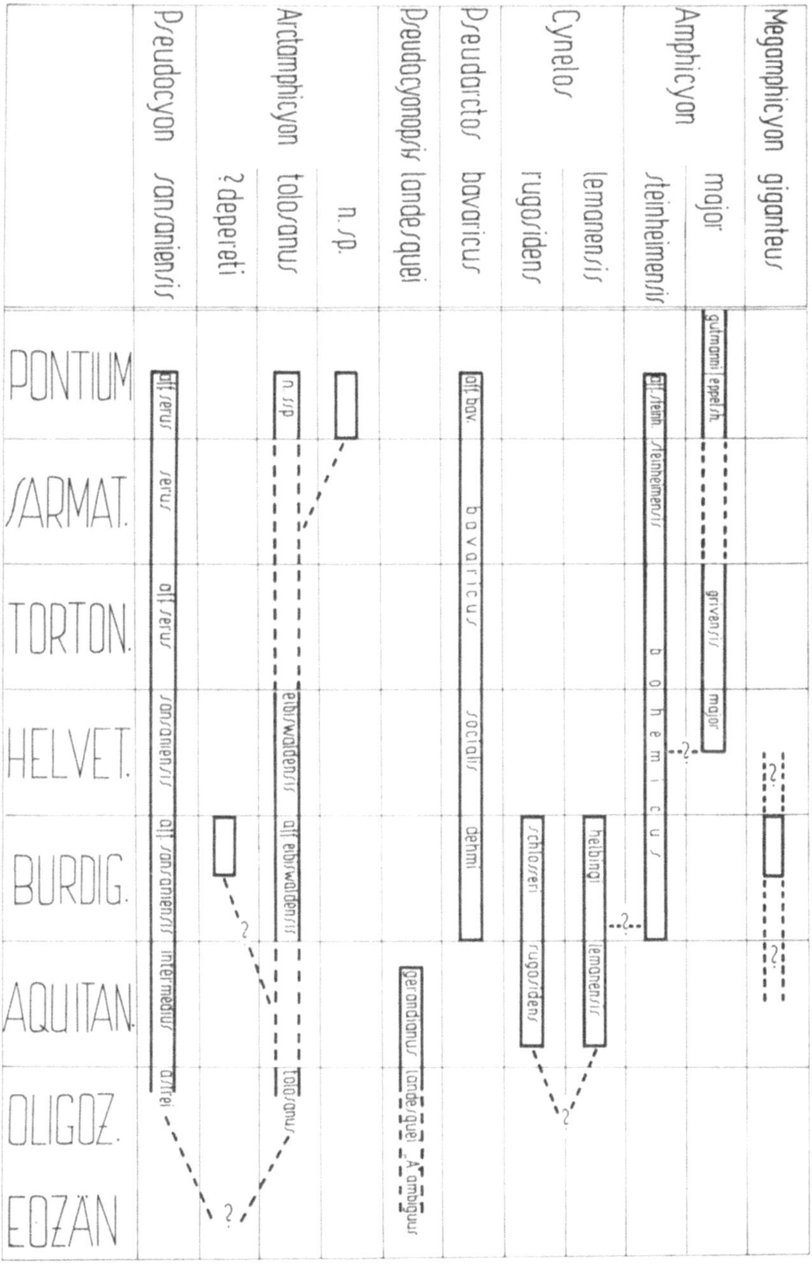

Abb. 90. Übersicht uber die stratigraphische Verteilung und die vermuteten Verwandtschaftsbeziehungen der europaischen Amphicyoniden.

zeichnen sich deutlich ab: 1. Umgestaltung des Gebisses vom caniden Grund-Typus zu einem quetschenden Kau-Modus. Dabei werden die Prämolaren verkürzt, ohne jedoch gänzlich in Verlust zu geraten, und die Molaren verlängert. 2. Umgestaltung des Gebisses vom caniden Grund-Typus zu einem „felinoiden" Kau-Modus mit schneidender Funktion. Es wird vermutet, daß die Thaumastocyoninae nur extreme, d.h. beschleunigte Fälle dieser Entwicklungstendenz darstellen und infolgedessen polyphyletischer Entstehung sind.

Eine plausible Erklärung für das plötzliche Verschwinden der Amphicyoninae im Pontium ist nicht erkennbar geworden.

Angeführte Schriften

(Abkürzungen und Zeichensetzung decken sich teilweise nicht mit dem Manuskript und finden nicht generell die Billigung des Autors.)

Adam, K.D.: Mittelpleistocäne Caniden aus dem Heppenloch (Württ.). Stuttgarter Beitr. z. Naturk. **27**, 1—46, 10 Abb., 6 Taf., 4 Tab., Stuttgart 1959.

Astre, G.: Un *Amphicyon* au Mas-D'Auvignon. Bull. Soc. hist. nat. Toulouse **57**, 238—241, 1 Abb., Toulouse 1928.

— Terrains stampiens du Lauragais et du Toulouse. Bull. Soc. hist. nat. Toulouse **94**, 1—168, 41 Abb., 3 Taf., Toulouse 1959.

Bach, F.: *Pseudocyon sansaniensis* Lartet. Verh. geol. Reichsanst. 229—304, Wien 1908.

Bachmayer, F., u. H. Zapfe: Eine Höhle vor 10 Millionen Jahren. — Die Ausgrabung einer vorzeitlichen Tierwelt. Veröff. Naturhist. Mus. Wien, N.F. **1**, 6—9, 6 Abb., Wien 1958.

Beaumont, G. de: Nouveaux Restes de Daphoenidae Hough (Carnivora) de l'Oligocène européen. C. R. Soc. Paléont. Suisse **40**, Eclog. geol. Helv. **54**, 2, 546—551, 2 Taf., Basel 1961.

— Observations sur l'ostéologie crânienne et la position systématique des petits »*Amphicyon*« de l'oligocène européen. Bull. Soc. Vaud. sc. nat., 307, **68**, 81—92, 5 Abb., 1 Taf., Lausanne 1962.

Blainville, H. de: Rapport sur un nouvel envoi de fossiles provenant du dépôt de Sansan. C. R. Acad. Sci. (Paris) **5**, 417—427, Paris 1837.

— Ostéographie et déscription iconographique des Mammifères récents et fossiles. (*Subursus*). Paris 1941.

Bronn, H. G., u. F. Roemer: H.G. Bronns Lethaea geognostica oder Abbildung und Beschreibung der für die Gebirgs-Formationen bezeichnendsten Versteinerungen, 3. Aufl., Bd. III, 4, Caeno-Lethaea, IV: Molassenperiode. Stuttgart 1853—1856.

Cintract, R.: Catalogue des Échantillons Types des Collections de Paléontologie du Museum National d'Histoire Naturelle de Paris. Mammifères. Bull. Mus. Nat. Hist. Nat. Paris, Sér. II **22**, 6, Suppl. I, 1950, Paris 1950.

Crusafont, M., de Villalta J.F. et J. Truyols: El burdigaliense continental de la cuenca del Vallés-Penedés. Diput. Prov. Barcelona, Mem. y Comm. Inst. Geol. **12**, 272 S., 11 Taf., Barcelona 1955.

CUVIER, G.: Recherches sur les Ossemens fossiles ou l'on rétablit les charactères de plusieurs animaux dont les révolutions du globe ont détruit des espèces, 2. Aufl. Paris 1824.
DEHM, R.: Über tertiäre Spaltenfüllungen im Fränkischen und Schwäbischen Jura. Abh. bayer. Akad. Wiss., math.-nat. Abt., N. F. **29**, 1—86 (1935), 10 Abb., 5 Taf., 1 Kartensk., München 1935.
— Über einige Amphicyoniden aus süddeutschem Oligocän und Miocän. Zbl. Min. etc., Abt. B, 1942, 12—21, 1 Abb., 2 Tab., Stuttgart 1942.
— Die Raubtiere aus dem Mittel-Miocän (Burdigalium) von Wintershof-West bei Eichstätt in Bayern. Abh. bayer. Akad. Wiss., math.-nat. Kl., N. F. **58**, 141 S., 240 Abb., 29 Tab., München 1950.
DEPÉRET, CH.: Recherches sur la succession des faunes de Vertébrés miocènes de la vallée du Rhône. Arch. Mus. Hist. Nat. Lyon **4**, Lyon 1887.
— La faune de Mammifères miocènes de La Grive-Saint-Alban (Isère) et de quelques autres localités du Bassin du Rhône. Arch. Mus. Hist. Nat. Lyon **5**, 2, 1—93, 4 Taf., Lyon 1892.
—, et H. DOUXAMI: Les Vertébrés oligocènes de Pyrimont-Challonges (Savoie). Mém. Soc. paléont. Suisse **29**, 1902.
—, et L. RÉROLLE: Note sur la géologie et sur les Mammifères fossiles du Bassin lacustre miocène supérieur de la Cerdagne. Bull. Soc. géol. Fr., Sér. III **13**, 488—505 (1884—1885), 2 Taf., Paris 1885.
DIETRICH, W. O.: Raubtiere aus den Bohnerzablagerungen der Ulmer und Eichstätter Alb. N. Jb. Min. etc., B.-Bd. **63**, Abt. B, 451—474, 3 Taf., Stuttgart 1930.
ERDBRINK, D. P.: A review of fossil and recent Bears of the Old World with remarks on their phylogeny based upon their dentition. 2 Bde. Deventer 1953.
FILHOL, H.: Recherches sur les Phosphorites du Quercy. Etude des fossiles qu'on y rencontre et spécialement des Mammifères. 558 S., 55 Taf., Paris 1877.
— Etudes des Mammifères fossiles de Saint-Gérand-le-Puy (Allier). Ann. sci. géol. **10/11**, Paris 1879/1880.
— Notes sur quelques Mammifères fossiles de l'époque miocène. Arch. Mus. Hist. Nat. Lyon **3**, 1881.
— Etudes sur les Mammifères fossiles de Sansan. Ann. Soc. géol. **21**, Paris 1891.
FRAAS, O.: Die Fauna von Steinheim. Mit Rücksicht auf die miocänen Säugethier- und Vogelreste des Steinheimer Beckens. Württ. naturw. Jhe. **26**, 2—3, 145—306, 9 Taf., Stuttgart 1870.
— Beiträge zur Fauna von Steinheim. Jhe. Ver. vaterl. Naturk. **41**, 313—326, 2 Taf., Stuttgart 1885.
FRICK, CH.: The Hemicyoninae and the American tertiary bear. Bull. Amer. Mus. Nat. Hist. **56**, 1—119, 63 Abb., New York 1926.
GAILLARD, C.: Mammifères miocènes nouveaux ou peu connus de la Grive-Saint-Alban (Isère). Arch. Mus. Hist. Nat. Lyon **7**, Lyon 1899.
GAUDRY, A.: Animaux fossiles et géologie de l'Attique. Paris 1862.
— Les enchaînements du Monde Animal dans les temps géologiques. Mammifères tertiaires. Paris 1878.
GERVAIS, P.: Zoologie et Paléontologie françaises. 1. Ausg., Paris 1848—1852; 2. Ausg., Paris 1859.
— Zoologie et Paléontologie générales. Nouvelles recherches sur les Animaux vivantes et fossiles. Paris 1867—1869.

GERVAIS, P.: Sur les Mammifères dont les Ossements accompagnent les dépots de Chaux Phosphatée des Départements de Tarn-et-Garonne et du Lot. J. Zool. **1**, 261—268, Paris 1872 [1872a].

— Note sur la Collection des Mammifères fossiles conservés au Musée Saint-Pierre, à Lyon. J. Zool. **1**, 254—261, Paris 1872 [1872b].

GINSBURG, L.: De la subdivision du genre *Hemicyon* LARTET (Carnassier du Miocène). C. R. Bull. Soc. Géol. Fr., Sér. VI **5**, 85—97, 6 Abb., Paris 1955.

— La faune des Carnivores miocènes de Sansan (Gers). Mém. Mus. Nat. Hist. Nat. Paris, N. S. C **9**, 1—187, 72 Abb., 20 Taf., Paris 1961.

HELBING, H.: Zur Kenntnis einiger Carnivoren aus dem Phryganidenkalk des Allierbeckens. Verh. naturforsch. Ges. Basel **28**, 2, Basel 1917.

— Zur Milchbezahnung von *Amphicyon lemanensis* POMEL. Eclog. geol. Helv. **18**, 2, 295—300, 2 Abb., Basel 1923 (1923a].

— Bemerkungen über oberoligocäne Amphicyoniden. Verh. Schweiz. Naturforsch. Ges. Zermatt 1923 [1923b].

— Carnivoren des oberen Stampien. Abh. Schweiz. paläont. Ges., **47**, 83 S., 61. Abb., 4 Taf., Basel 1928 [1928a].

— Carnivoren aus der miocänen Molasse der Schweiz. Eclog. geol. Helv. **21**, 1. 232—244, 12 Abb., Basel 1928 [1928b].

— Zur Carnivorenfauna süddeutscher Miocänfundorte. Verh. Schweiz. Naturforsch. Ges. Lausanne 1928 [1928c].

— Carnivoren aus dem Miocän von Ravensburg und Georgensgmünd. Eclog. geol. Helv. **21**, 2. 377—385, 5 Abb., Basel 1928 [1928d].

— *Pseudocyon sansaniensis* LARTET von Steinheim am Albuch. Eclog. geol. Helv. **22**, 180—184, 3 Abb., Basel 1929 [1929a].

— Zur Osteologie von *Amphicyon crassidens* POMEL. Verh. naturforsch. Ges. Basel **40**, 2, 280—294, 6 Abb., Basel 1929 [1929b].

— Zur odontologischen Charakteristik des Genus *Pseudarctos* SCHLOSSER. Verh. naturforsch. Ges. Basel **48**, 7—14, 4 Abb., Basel 1937.

HOFMANN, A.: Über einige Säugethierreste aus den Miocänschichten von Feisternitz bei Eibiswald in Steiermark. Jb. k. k. geol. Reichsanst. **40**, 1890, 519—525, 1 Taf., Wien 1891.

HOUGH, J.R.: The auditory region in some members of the Procyonidae, Canidae, and Ursidae. Its significance in the phylogeny of the Carnivora. Bull. Amer. Mus. Nat. Hist. **92**, 2, 71—118, 11 Abb., 7 Taf., New York 1948 [1948a].

— A systematic revision of *Daphoenus* and some allied genera. J. Paleont. **22**, 5, 573—600, 3 Abb., 4 Taf., Tulsa 1948 [1948b].

HÜRZELER, J.: Über felinoide Caniden des europäischen Miocäns. (Vorläufige Mitteilung.) Verh. schweiz. naturforsch. Ges. Locarno, 150—151, 1940.

— Zur Kenntnis des Extremitätenskeletts einiger oligocaener und miocaener Carnivoren Europas. Eclog. geol. Helv. **38**, 2, 635—655, 24 Abb., Basel 1945.

JÄGER, G.: Über die fossilen Säugethiere Württembergs. Als Nachtrag zu dem 1839 unter gleichem Titel erschienenen Werke. Breslau und Bonn 1850.

— Über einige fossile Knochen und Zähne des Donauthals. Jhe. Ver. vaterl. Naturk. Württ. **9**, 129—172 (1853), 2 Taf., Stuttgart 1853.

JOURDAN, M.: La déscription de restes fossiles de grands Mammifères. (2. Les terrains sidérolithiques). Rev. Soc. sav., publ. Min. instr. publ. et desc. **1**, 126—130, 1862.

KAUP, J.: Beiträge zur näheren Kenntnis der urweltlichen Säugethiere. Darmstadt 1861.

KITTL, E.: Die jungtertiären Säugethierfunde in der Mannersdorfer Ziegelei bei Angern. Ann. k. k. Naturhist. Hofmus. **6**, Notizen, 92—97, 4 Abb., Wien 1891.

KLÄHN, H.: Die Säuger des badischen Miocäns. Palaeontogr. **66**, 163—242, 2 Taf., Stuttgart 1925.

KÖNIGSWALD, R. VON: Die Tapirreste aus dem Aquitan von Ulm und Mainz. Palaeontogr. **73**, Stuttgart 1930.

KUSS, S.E.: Eine neuentdeckte Säugetierfauna aus dem Aquitan von Büchelberg in der Pfalz. Notizbl. hess. L.-Amt Bodenforsch. Wiesbaden **88**, 29—62, 2 Abb., 12 Tab., 5 Taf., Wiesbaden 1960.

— Deux nouveaux Canidés (Carnivora) du Stampien de Toulouse. — Bull. Soc. hist. nat. Toulouse **97**, 3—4, 330—344, 3 Abb., Toulouse 1962 [1962a].

— Problematische Caniden des europäischen Tertiärs. Ber. naturforsch. Ges. Freiburg i. Br. **52**, 123—172, 16 Abb., 1 Tab., Freiburg 1962 [1962b].

— Ein Beitrag zur Korrelierung des südwestdeutschen Aquitans. N. Jb. Geol. Paläont. Mh. 1963, 1, 11—18, 4 Abb., Stuttgart 1963.

LARTET, E.: Nomenclature des Mammifères et des Coquilles qu'il a trouvés dans un terrain d'eau douce près de Simorre et de Sansan (Gers). Bull. Soc. Géol. Fr. **7**, 1835—1836, 217—220, Paris 1836.

— Notice sur la colline de Sansan. Auch 1851.

LASKAREV, V.: Über das Auftreten der „steierischen" miocänen Säugetierfauna in den Braunkohlenablagerungen des nördlichen Serbiens. Zbl. Min. etc., Abt. B, 1942, 50—57, Stuttgart 1942.

LAURILLARD, CH. L.: Dictionnaire universel d'histoire naturelle. 1843.

LECHE, W.: Zur Frage nach der stammesgeschichtlichen Bedeutung des Milchgebisses bei den Säugetieren. II. Viverridae, Hyaenidae etc. Zool. Jb., Systematik **38**, 1915.

LYDEKKER, R.: Indian tertiary and post-tertiary Vertebrata. Siwalik and Narbada Carnivora. Mem. Geol. Surv. India (Palaeont. Indica) **10**, 178—355, 21 Abb., 21 Taf., Calcutta 1884.

— Catalogue of the fossil Mammalia in the British Museum. I, London 1885.

MATTHEW, W. D.: Third contribution to the Snake Creek Fauna. Bull. Amer. Mus. Nat. Hist. **50**, 2, 59—210, 63 Abb., New York 1924.

— Critical observations upon Siwalik Mammals. Bull. Amer. Mus. Nat. Hist. **56**, 1926—1929, 437—560, 55 Abb., New York 1930.

MAYET, L.: Étude sur les Mammifères miocènes des Sables de l'Orléanais et des faluns de Touraine. Ann. Univ. Lyon, N. S. **24**, 336 S., 12 Taf., Lyon u. Paris 1908.

MEYER, H. VON: Die fossilen Zähne und Knochen und ihre Ablagerung in der Gegend von Georgensgmünd in Bayern. 122 S., 14 Taf., Frankfurt a. M. 1834.

— Summarische Übersicht der fossilen Wirbelthiere des Mainzer-Tertiär-Beckens, mit besonderer Rücksicht auf Weisenau. N. Jb. Min. etc. 1843, 379—410, Stuttgart 1843.

— N. Jb. Min. etc. S. 548, Stuttgart 1849.

MOTTL, M.: Neue Säugetierfunde aus dem Jungtertiär der Steiermark. — VI. Neue Säugetierfunde aus dem Glanzkohlenbergbau von Fohnsdorf. Mitt. Mus. Bergbau, Geol. u. Technik „Joanneum" Graz, Mitt.-H. **22**, 3—21, 2 Tab., Graz 1961.

NOULET, J.B.: Notes sur des gisements nouveaux du *Canis palaeolycos* et du *Cadurcotherium cayluxi*. Mém. Acad. Sci., Insc. et B.-L. Toulouse, Sér. VII **8**, 3—6, 2 Abb., 1 Taf., Toulouse 1876.

OLSEN, ST. J.: The Fossil Carnivore *Amphicyon intermedius* from the Thomas Farm Miocene, part I: Skull and Dentition. Bull. Mus. Comp. Zool. Harvard Coll. **118**, 4. Cambridge 1958.

PETERS, K.F.: Zur Kenntniss der Wirbelthiere aus den Miocänschichten von Eibiswald in Steiermark. — II. *Amphicyon. Viverra.* — *Hyotherium.* — Denkschr. math.-nat. Cl. kais. Akad. Wiss. **29**, 1—26, 3 Taf., Wien 1868.

PICTET, F.-J.: Traité de Paléontologie ou histoire naturelle des Animaux fossiles considérés dans leurs rapports zoologiques et géologiques, II. Aufl., Bd. I. Paris 1853.

—, C. GAUDIN et PH. DE LA HARPE: Mémoire sur les Animaux Vertébrés trouvés dans le Terrain Sidérolithique du Canton de Vaud et appartenant a la Faune Éocène. Genève 1855—1857.

—, et A. HUMBERT: Mémoire sur les Animaux Vertébrés trouvés dans le Terrain Sidérolithique du Canton de Vaud et appartenant a la Faune Éocène. Mat. Paléont. Suisse, monogr. foss. Jura et Alpes, **5**, Suppl., 125—197, 15 Taf., Bale et Genève 1869.

PILGRIM, G.E.: Preliminary Note on a Revised classification of the Tertiary Freshwater Deposits of India. Rec. Geol. Surv. Ind. **40**, 3, 185—205, Calcutta 1910.

— Catalogue of the Pontian Carnivora of Europe in the Departement of geology. Brit. Mus. (Nat. Hist.), 174 S., 2 Taf., London 1931.

— The fossil Carnivora of India. Mem. Geol. Surv. Ind. **48**, 232 S., 10 Taf., Calcutta 1932.

PIVETEAU, J.: Carnivora. In: PIVETEAU, Traité de Paléontologie **6**, 1, 641—820, Paris 1961.

PLIENINGER, TH.: Ueber *Amphicyon*. Jhe. Ver. vaterl. Naturk. Württ. **5**, S. 216, Taf. 1, Stuttgart 1850.

POMEL, A.: Note sur des Animaux fossiles découverts dans le Département de l'Allier (addition au Mémoire sur la géologie paléontologique etc.). Bull. Soc. Géol. Fr. **4**, 2 (1846—1847), Paris 1946.

— Catalogue méthodique et descriptif des Vertébrés fossiles découverts dans le Bassin Hydrographique supérieur de la Loire et de l'Allier. Paris 1853.

REINACH, A. VON: Erläuterungen zur geol. Specialkarte von Preußen etc., Nr. 5719, Blatt Windecken. Berlin 1899.

RICHARD, M.: Contribution à l'étude du Bassin d'Aquitaine. Les gisements de Mammifères tertiaires. Mém. Soc. Géol. Fr., N.S., 24, **52**, 380 S., Paris 1948.

ROGER, O.: Verzeichnis der bisher bekannten fossilen Säugethiere. — 32. Ber. naturw. Ver. Schwaben u. Neuburg in Augsburg, Augsburg 1896.

— Wirbelthierreste der Dinotheriensande der bayerisch-schwäbischen Hochebene. 33. Ber. naturw. Ver. Schwaben u. Neuburg in Augsburg, 3—46, 3 Taf., Augsburg 1898.

— Wirbelthierreste aus dem Obermiocän der bayerisch-schwäbischen Hochebene. 35. Ber. natuwiss. Ver. Schwaben u. Neuburg in Augsburg, 1—62, 3 Taf., Augsburg 1902.

— 36. Ber., ebenda 1904.

ROMAN, F.: Sur quelques Mammifères du Miocène de Bordelais. Act. Soc. Linn. Bordeaux, 231—240, 1 Taf., Bordeaux 1922.

— Sur quelques restes de Mammifères découverts par le R. P. LONGINOS NAVAS, dans les Argiles Pontiques de Libros (Province de Teruel, Espagne). Bull. Soc. Géol. Fr. (4), **27**, 379—385, 2 Abb., 1 Taf., Paris 1927.

ROMAN, F. et J. VIRET: La faune de Mammifères du Burdigalien de la Romieu (Gers). Mém. Soc. Géol. Fr., N. S., 9, **21**, 2/3, 1—67, 12 Taf., Paris 1934.

ROTH, J., u. A. WAGNER: Die fossilen Knochenüberreste von Pikermi. — Abh. bayer. Akad. Wiss. Munchen, **7**, 371—464, 8 Taf., München 1855.

SCHINDEWOLF, O.H.: „Neue Systematik". Paläont. Z. **36**, 1/2, 59—78, Stuttgart 1962.

SCHINZ, R.H.: CUVIERs Thierreich. IV, 1825.

SCHLOSSER, M.: Die Affen, Lemuren, Chiropteren, Insectivoren, Marsupialier, Creodonten und Carnivoren des europäischen Tertiärs und deren Beziehungen zu ihren lebenden und fossilen außereuropäischen Verwandten. Beitr. Paläont. Österr.-Ung. u. d. Orients, II, 1—164, 7 Taf., Wien 1888/1889.

— Ueber die Bären und bärenähnlichen Formen des europäischen Tertiärs. Palaeontogr. **13—14**, 1 Abb., Stuttgart 1899.

— Beiträge zur Kenntniss der Wirbelthierfauna der böhmischen Braunkohlen-Formation. Abh. dtsch. naturw.-med. Ver. f. Böhmen „Lotos" **2**, 3, 43 S., 1 Taf., Prag 1901.

— Beiträge zur Kenntniss der Säugethiere aus den süddeutschen Bohnerzen. Geol. paläont. Abh. **9**, 3 (N.F. V), 144 S. 2 Abb., 5 Taf., Jena 1902.

— Notizen über einige Säugethiere aus dem Miocän von Württemberg und Bayern. N. Jb. Min. etc., B.-Bd. **19**, 485—502, 1 Taf., Stuttgart 1904.

— Über fossile Wirbeltierreste aus dem Brüxer Braunkohlenbecken. Abh. dtsch. naturw.-med. Ver. f. Böhmen „Lotos" **58**, 229—245, 1 Taf., Prag 1910.

— Über das geologische Alter der Wirbeltierfauna von Oggenhausen auf der Heidenheimer Alb und über die Faunen aus dem bayrischen Flinz. Zbl. Min. etc., Abt. B, 198—208, 2 Abb., Stuttgart 1926.

SIMPSON, G.G.: The principles of classification and a classification of Mammals. Bull. Amer. Mus. Nat. Hist. **85**, 350 S., New York 1945.

STEHLIN, H.G.: Notices paléomammologiques sur quelques dépôts miocènes des bassins de la Loire et de l'Allier. Bull. Soc. Géol. Fr. **7**, Paris 1907.

— Übersicht über die Säugetierreste der schweizerischen Molasseformation, ihre Fundorte und ihre stratigraphische Verbreitung. Verh. naturforsch. Ges. Basel, **25**, 179—202, Basel 1914.

— et H. HELBING: Catalogue des ossements des Mammifères tertiaires de la collection BOURGEOIS. Bull. Soc. Hist. Nat. et d'Anthrop. Loire-et-Cher **18**, 7—277, 31 Abb., Blois 1925.

STROMER VON REICHENBACH, E.: Die Wirbel der Landraubtiere, ihre Morphologie und systematische Bedeutung. Zoologica **36**, 276 S., 3 Tab., 5 Taf., Stuttgart 1902.

— Wirbeltiere im obermiocänen Flinz Münchens. Abh. Bayer. Akad. Wiss. **32**, 1, 3—64, 3 Abb., 3 Taf., München 1928.

STUDER, TH.: Die Säugethierreste aus den marinen Molasseablagerungen von Brüttelen. Abh. schweiz. palaeont. Ges. **22**, 1—47, 10 Abb., 3 Taf., Zürich 1896.

SUESS, E.: Über die großen Raubthiere der österreichischen Tertiär-Ablagerung. S.-B. kais. Akad. Wiss. **43**, 217-232, 2 Taf., Wien 1861.

TEILHARD DE CHARDIN, P.: Les Carnassiers des Phosphorites du Quercy. Ann. Paléont. **9**, 3/4, 103—192, 13 Abb., 9 Taf., Paris 1915.

THENIUS, E.: Die Carnivoren von Göriach (Steiermark). S.-B. öst. Akad. Wiss., math.-nat. Kl., Abt. I **158**, 9/10, 695—762, 15 Abb., Wien 1949 [1949a].

THENIUS, E.: Die tortone Säugetierfauna von Neudorf an der March (ČSR.) und ihre Bedeutung für die Helvet-Torton-Grenze. (Vorläufige Mitteilung). Anz. math.-nat. Kl. öst. Akad. Wiss. Jg. 1949, **7**, 160—171, Wien 1949 [1949b].

— Die Säugetierfauna aus dem Torton von Neudorf an der March (ČSR.). N. Jb. Geol. u. Paläont., Abh. **96**, 27—136, 70 Abb., Stuttgart 1952.

— Tertiär II, Wirbeltierfaunen. In: Handbuch der Stratigraphischen Geologie III. Stuttgart 1959.

— u. H. Hofer: Stammesgeschichte der Säugetiere. Berlin-Göttingen-Heidelberg 1960.

TOBIEN, H.: Neue und wenig bekannte Carnivoren aus den unterpliocänen Dinotheriensanden Rheinhessens. Notizbl. hess. L.-Amt Bodenforsch. **83**, 7—31, 3 Abb., 1 Taf., Wiesbaden 1955.

— Über älteres Miozän im Stadtgebiet von Frankfurt a. M. Z. d. g. G., **111**, 770—771, Hannover 1959.

— u. K. WEITZEL: *Indarctos* und *Ursavus* (Carnivora, Mamm.) aus den unterpliozänen Dinotheriensanden Rheinhessens. Notizbl. hess. L.-Amt Bodenforsch. **6**, 3, 7—14, 1 Taf., Wiesbaden 1952.

TOULA, F.: Über *Amphicyon*, *Hyaemoschus* und *Rhinoceros* (*Aceratherium*) von Göriach bei Turnau in Steiermark. S.-B. kais. Akad. Wiss., **90**, Abt. I, 1—23, 4 Taf., Wien 1884.

TROUESSART, E. L.: Catalogus mammalium tam viventium quam fossilium. Nov. ed. (prima compl.) Berolini 1898—1899. — Supplementum, Berolini 1904—1905.

VILLALTA, J. F. DE, et M. CRUSAFONT: Nuovos carnivoros del Vindoboniense de la cuenca Vallés-Panadés (Prov. de Barcelona). Notes y comm. Inst. Geol. y Min. **13**, Barcelona 1944.

VIRET, J.: *Tomocyon grivensis* et les Canidés de la Grive Saint-Alban. Bull. Soc. Géol. Fr. **29**, Sér. IV, 217—226, 2 Abb., 1 Taf., Paris 1929 [1929a].

— Les faunes de Mammifères de l'oligocène supérieur de la Limagne Bourbonnaise. Ann. Univ. Lyon, N. S., I. Sci. Méd. **47**, 1—328, 32 Abb., 32 Taf., Lyon u. Paris 1929 [1929b].

— Contribution à l'Étude des Carnassiers miocènes de la Grive Saint-Alban (Isère). Trav. Lab. Géol. Fac. Sci. Lyon **21**, 18, 31 S. 2 Taf., Lyon 1933.

— Observations sur les Canidés du genre *Pseudamphicyon*. Ann. l'univ. 1941—1942, 1—14, 6 Abb., Lyon 1942.

— Catalogue critique de la faune des Mammifères miocènes de la Grive Saint-Alban (Isère). Nouv. Arch. Mus. Hist. Nat. Lyon **3**, 1—102, 23 Abb., 4 Taf., Lyon 1951.

WAGNER, A.: Neue Beiträge zur Kenntniss der fossilen Säugethier-Überreste von Pikermi. Abh. bayer. Akad. Wiss. **8**, 111—158, 7 Taf., München 1857.

WEITZEL, K.: Neue Amphicyoniden aus dem Mainzer Becken. Notizbl. Ver. u. d. hess. geol. L.-A. Darmstadt **5**, 13, 80—102, 7 Taf., Darmstadt 1930.

ZAPFE, H.: Die Fauna der miozänen Spaltenfüllung von Neudorf a. d. March (ČSR.). Carnivora. S.-B. öst. Akad. Wiss., math.-nat. Kl., Abt. I, 1—5, 109—141, 17 Abb., Wien 1950.

ZITTEL, K. A.: Handbuch der Palaeontologie. Palaeozoologie IV. München u. Leipzig 1893.

— von: Grundzüge der Paläontologie. II. Vertebrata. München u. Berlin 1923.

Tafel I

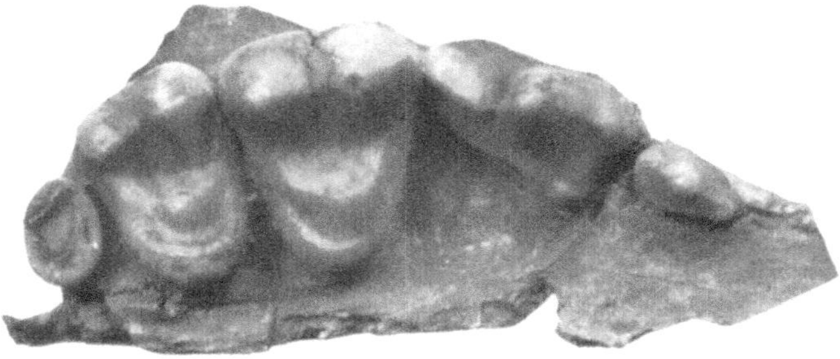

a

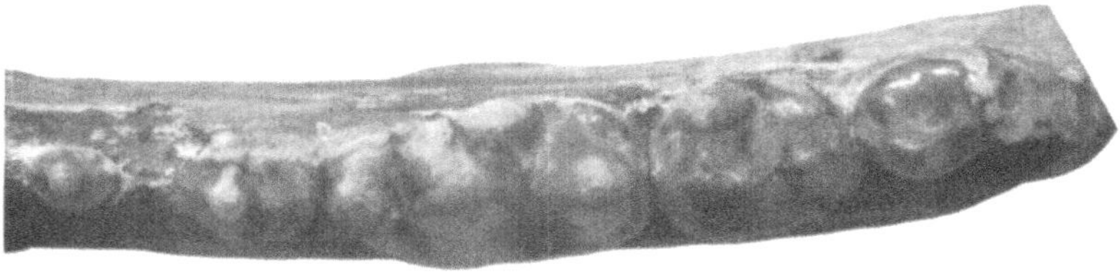

b

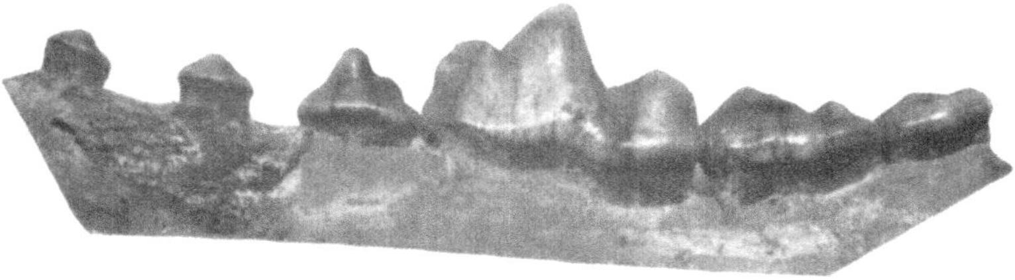

c

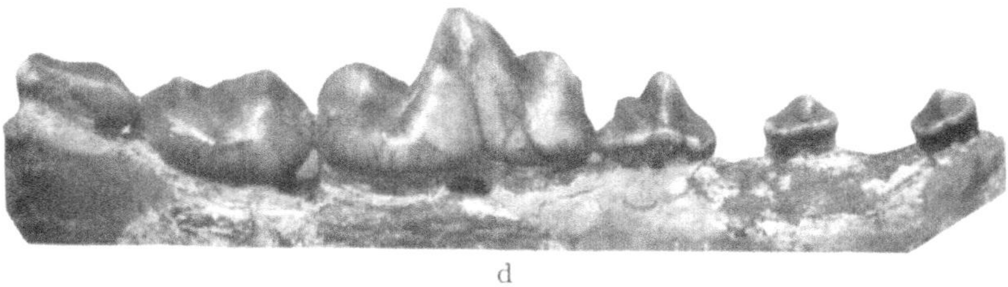

d

Amphicyon steinheimensis steinheimensis FRAAS aus dem Sarmatium von Steinheim am Albuch. Fig. a: Ausschnitt aus der rechten Oberkieferhälfte mit P^3—M^3. Fig. b—d: Ausschnitt aus der linken Unterkieferhälfte mit P_2—M_3. — b = Aufsicht, c = Außenseite, d = Innenseite. Holotypus (Mus. Stuttgart, zur Zeit im Mus. Basel), Originale zu FRAAS 1870 und 1885. 1:1.

Tafel II

a

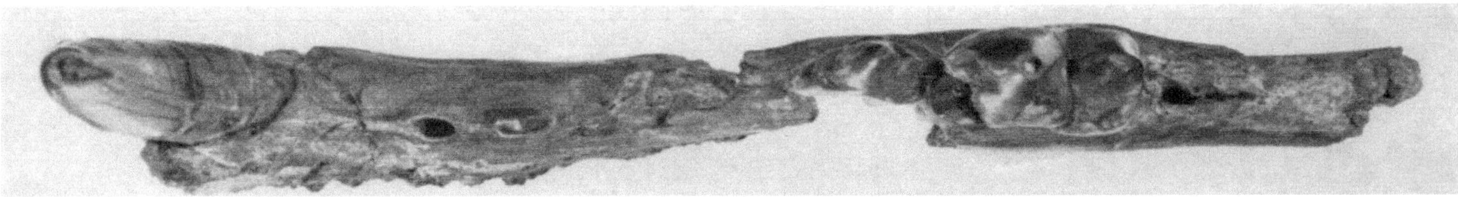

Rechter Unterkiefer-Ast mit C, Alv. P_1, P_2, Alv. P_3, P_4 und M_1 fragm. von *Arctamphicyon tolosanus eibiswaldensis* (TROUESSART) aus dem Helvetium von Eibiswald. — Holotypus (Geologische Bundesanstalt Wien), Original zu PETERS 1868.
Fig. a = Innenseite, Fig. b = Aufsicht. 7:8.

Tafel III

Rechter Unterkieferast von *Arctamphicyon tolosanus eibiswaldensis* (TROUESSART) aus dem Helvetium von Eibiswald.
Vgl. Tafel II. — Aufsicht. 7:8

Inhalt des Jahrgangs 1950:

1. W. Troll und W. Rauh. Das Erstarkungswachstum krautiger Dikotylen, mit besonderer Berücksichtigung der primären Verdickungsvorgänge. DM 13.40.
2. A. Mittasch. Friedrich Nietzsches Naturbeflissenheit. DM 8.80.
3. W. Bothe. Theorie des Doppellinsen-β-Spektrometers. DM 1.90.
4. W. Graeub. Die semilinearen Abbildungen. DM 7.20.
5. H. Steinwedel. Zur Strahlungsrückwirkung in der klassischen Mesonentheorie. — Die klassische Mesondynamik als Fernwirkungstheorie. DM 1.80.
6. B. Haccius. Weitere Untersuchungen zum Verständnis der zerstreuten Blattstellungen bei den Dikotylen. DM 6.20.
7. Y. Reenpää. Die Dualität des Verstandes. DM 6.80.
8. Petersson. Konstruktion der Modulformen und der zu gewissen Grenzkreisgruppen gehörigen automorphen Formen von positiver reeller Dimension und die vollständige Bestimmung ihrer Fourierkoeffizienten. DM 9.80.

Inhalt des Jahrgangs 1951:

1. A. Mittasch. Wilhelm Ostwalds Auslösungslehre. DM 11.20.
2. F. G. Houtermans. Über ein neues Verfahren zur Durchführung chemischer Altersbestimmungen nach der Blei-Methode. DM 1.80.
3. W. Rauh und H. Reznik. Histogenetische Untersuchungen an Blüten- und Infloreszenzachsen sowie der Blütenachsen einiger Rosoideen, I. Teil. DM 10.—.
4. G. Buchloh. Symmetrie und Verzweigung der Lebermoose. Ein Beitrag zur Kenntnis ihrer Wuchsformen. DM 10.—.
5. L. Koester und H. Maier-Leibnitz. Genaue Zählung von β-Strahlen mit Proportionalzählrohren. DM 2.25.
6. L. Heffter. Zur Begründung der Funktionentheorie. DM 2.30.
7. W. Bothe. Die Streuung von Elektronen in schrägen Folien. DM 2.40.

Inhalt des Jahrgangs 1952:

1. W. Rauh. Vegetationsstudien im Hohen Atlas und dessen Vorland. DM 17.80.
2. E. Rodenwaldt. Pest in Venedig 1575—1577. Ein Beitrag zur Frage der Infektkette bei den Pestepidemien West-Europas. DM 28.—.
3. E. Nickel. Die petrogenetische Stellung der Tromm zwischen Bergsträßer und Böllsteiner Odenwald. DM 20.40.

Inhalt des Jahrgangs 1953/1955:

1. Y. Reenpää. Über die Struktur der Sinnesmannigfaltigkeit und der Reizbegriffe. DM 3.50.
2. A. Seybold. Untersuchungen über den Farbwechsel von Blumenblättern, Früchten und Samenschalen. DM 13.90.
3. K. Freudenberg und G. Schuhmacher. Die Ultraviolett-Absorptionsspektren von künstlichem und natürlichem Lignin sowie von Modellverbindungen. DM 7.20.
4. W. Roelcke. Über die Wellengleichung bei Grenzkreisgruppen erster Art. DM 24.30.

Inhalt des Jahrgangs 1956/1957:

1. E. Rodenwaldt. Die Gesundheitsgesetzgebung des Magistrato della sanità Venedigs 1486—1550. DM 13.—.
2. H. Reznik. Untersuchungen über die physiologische Bedeutung der chymochromen Farbstoffe. DM 16.80.
3. G. Hieronymi. Über den alternsbedingten Formwandel elastischer und muskulärer Arterien. DM 23.—.
4. Symposium über Probleme der Spektralphotometrie. Herausgegeben von H. Kienle. DM 14.60.

GPSR Compliance

The European Union's (EU) General Product Safety Regulation (GPSR) is a set of rules that requires consumer products to be safe and our obligations to ensure this.

If you have any concerns about our products, you can contact us on ProductSafety@springernature.com

In case Publisher is established outside the EU, the EU authorized representative is:

Springer Nature Customer Service Center GmbH
Europaplatz 3
69115 Heidelberg, Germany

Batch number: 10682411

Printed by Printforce, the Netherlands